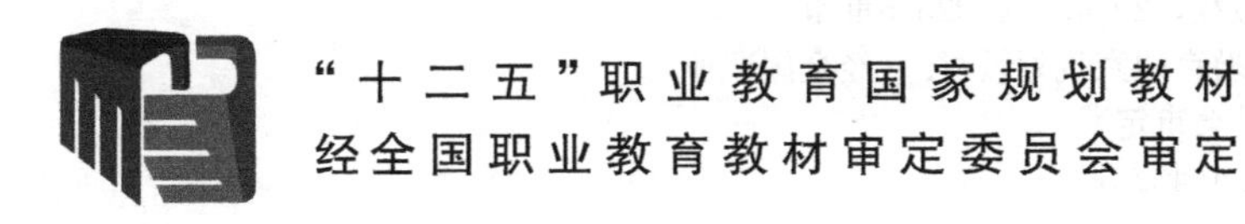

施工组织设计文件的编制

李顺秋　主　编
赵树伟
吴耀伟　主　审

中国建筑工业出版社

图书在版编目（CIP）数据

施工组织设计文件的编制/李顺秋主编. —北京：中国建筑工业出版社，2014.5（2025.5重印）
"十二五"职业教育国家规划教材.（经全国职业教育教材审定委员会审定）
ISBN 978-7-112-16432-5

Ⅰ.①施… Ⅱ.①李… Ⅲ.①建筑工程-施工组织-设计-高等学校-教材 Ⅳ.①TU721

中国版本图书馆CIP数据核字(2014)第030531号

本教材共分为6个单元，内容包括：课程导入、砌体结构工程流水施工计划的编制、框架（剪力墙）结构工程网络进度计划的编制、单位工程施工组织设计的编制、专项工程施工组织设计的编制及施工组织总设计的编制等。开篇就以案例和引导性问题等形式切入，服务于课程导入单元的认知课程、熟悉课程任务、课程目标及课程学习方法要求等，其余5个单元均为职业活动中的典型工作项目或任务。本书内容全面，重点突出，插图丰富，职业特色鲜明，现代气息浓郁。

本教材主要作为高等职业教育土建类专业的教学用书，也可作为相关本科、中职、岗位培训等教材，或作为土建类工程技术人员的参考用书。

为更好地支持相应课程的教学，我们向采用本书作为教材的教师提供教学课件，有需要者可与出版社联系，邮箱：jckj@cabp. com. cn，电话：(010)58337285，建工书院 https：//edu. cabplink. com。

责任编辑：朱首明 张 晶 张 健
责任设计：李志立
责任校对：张 颖 赵 颖

"十二五"职业教育国家规划教材（经全国职业教育教材审定委员会审定）
施工组织设计文件的编制
李顺秋 主 编
赵树伟
吴耀伟 主 审
*
中国建筑工业出版社出版、发行（北京西郊百万庄）
各地新华书店、建筑书店经销
北京红光制版公司制版
建工社（河北）印刷有限公司印刷
*
开本：787×1092毫米 1/16 印张：15¾ 插页：2 字数：387千字
2015年8月第一版 2025年5月第六次印刷
定价：**31.00**元（赠教师课件）
ISBN 978-7-112-16432-5
(25128)

教材编审委员会名单

序　　言

住房和城乡建设部高职高专教育土建类专业教学指导委员会工程管理类专业分委员会（以下简称工程管理类分指委），是受教育部、住房和城乡建设部委托聘任和管理的专家机构。其主要工作职责是在教育部、住房和城乡建设部、全国高职高专教育土建类专业教学指导委员会的领导下，按照培养高端技能型人才的要求，研究和开发高职高专工程管理类专业的人才培养方案，制定工程管理类的工程造价专业、建筑经济管理专业、建筑工程管理专业的教育教学标准，持续开发“工学结合”及理论与实践紧密结合的特色教材。

高职高专工程管理类的工程造价、建筑经济管理、建筑工程管理等专业教材自2001年开发以来，经过“专业评估”、“示范性建设”、“骨干院校建设”等标志性的专业建设历程和普通高等教育“十一五”国家级规划教材、教育部普通高等教育精品教材的建设经历，已经形成了有特色的教材体系。

通过完成住建部课题“工程管理类学生学习效果评价系统”和“工程造价工作内容转换为学习内容研究”任务，为该系列“工学结合”教材的编写提供了方法和理论依据。使工程管理类专业的教材在培养高素质人才的过程中更加具有针对性和实用性。形成了“教材的理论知识新颖、实践训练科学、理论与实践结合完美”的特色。

本轮教材的编写体现了“工程管理类专业教学基本要求”的内容，根据2013年版的《建设工程工程量清单计价规范》内容改写了与清单计价和合同管理等方面的内容。根据“计标［2013］44号”的要求，改写了建筑安装工程费用项目组成的内容。总之，本轮教材的编写，继承了管理类分指委一贯坚持的“给学生最新的理论知识、指导学生按最新的方法完成实践任务”的指导思想，让该系列教材为我国的高职工程管理类专业的人才培养贡献我们的智慧和力量。

住房和城乡建设部高职高专教育土建类专业教学指导委员会
工程管理类专业分委员会

前　言

《施工组织设计文件的编制》一书是以国家“十二五”发展规划为指导，按高职高专教育土建类专业教学指导委员会关于“十二五”规划教材建设的有关要求编制的。建筑施工组织是高等职业教育土木类专业的重要学科之一，是建筑工程技术、建筑工程管理及工程监理等专业的一门主干专业课程，其核心职业能力是编制和应用施工组织设计文件，本教材正是基于这一职业教学目标，运用建筑施工组织学科的基本原理，结合当前高等职业教育改革的前沿成果，充分兼顾现代高职教学的方法，构建了五个与职业活动紧密相关的典型主题学习单元，各单元相对独立完整，相互之间又关联密切，渐近包涵，由浅入深，真正体现了简单到复杂，单项到综合的认知规律。本教材的显著特点是：每个单元（或每个分解任务）开头均设计了体现职业活动的教学任务，教师或学生带着具体任务开展教学活动，教学目标明确；将若干个引导性问题（不同于复习思考题）随机地融入到了教材内容之中，启迪性教育作用突出；案例丰富并取材于工程实际，教学载体明确具体，清晰可见；详略得当，主次分明，将重点的又不易理解的内容，用众多分解形态的图示进行表现，针对性强；每个任务后均编写了教学指导建议（不同于本章小结），将教学的思路有机融入到了教材之中，完全适应行动导向教学在本课程中应用。

全书由课程导入、砌体结构工程流水施工计划的编制、框架（剪力墙）结构工程网络进度计划的编制、单位工程施工组织设计的编制、专项工程施工组织设计的编制以及施工组织总设计的编制等6个单元构成，每个单元分解为几个职业任务，各任务之间连续性强，所承载的知识和原理渐进式扩展。

本书由黑龙江建筑职业技术学院李顺秋主编，黑龙江建筑职业技术学院谷学良、张彬任副主编，其中单元1、单元3、单元5由李顺秋编写；单元2由张彬编写，并负责绘制全书插图；单元4由谷学良编写；单元6由黑龙江省建工集团张宏编写。全书由黑龙江省建工集团赵树伟和黑龙江建筑职业技术学院吴耀伟主审。本书在编写过程中，参考了有关文献（附后）的部分资料，在此向所有参考文献的作者表示衷心的感谢。

由于编写时间仓促，编者水平有限，书中不足之处在所难免，恳请各位同行和读者批评指正，为修订改进提供宝贵经验。

目　录

1 课 程 导 入

【教学任务】 深入社会、企业调查、访谈建设工程领域工程师，结合网络学习、咨询等多种方式，认知施工组织设计文件，认知建设程序、建设项目构成及施工生产特点等，明确本课程的任务。

某建筑物如图 1-1 所示，看到这两个建筑物的图面，请尽情地发散思维，会联想到哪些事情呢？也许大家会想到诸如“这是拍摄的照片还是人工绘制的图片?”、“这座建筑是干什么用的?”、“谁在使用?”、“是要出售或招租吗?”、“能有多少层?”、“地点在哪?”、“在旅游区吗?”、“允许进入内部参观吗?”、“是用什么材料建成的?”、“属于什么结构形式?”、“多长时间才能建造完成?”、“要花费多少钱?”、“建造的过程需要多少人?”、“要用多少水泥和钢筋?”、“是由哪个单位承建的?”等许许多多的问题，其中有些问题与专业方面没有联系，有些问题已经逐渐与专业方面有关联，而有些问题就与本课程的研究内容紧密联系在一起。

(*a*)

(*b*)

图 1-1 某建筑物

【案例 1-1】 某 28 层的写字楼工程位于×××省×××市，建筑面积 55000m^2，钢筋混凝土框架剪力墙结构，地下 2 层，地上 28 层，预制静压管桩基础，围护墙及内墙采用陶粒砌块砌筑，外墙面为浅灰色真石漆，内墙及天棚均为刮大白刷白色涂料，水泥砂浆地面，一层室内大厅墙面为干挂浅黄色大理石，地面为 800mm×800mm 的西班牙米黄大理石，屋面为 SBS 卷材防水层及 60mm 厚的刚性防水层。

通过学习有关课程，已经知道如何进行定位放线，如何完成开挖基坑，如何进行基坑支护和降水，如何完成桩基础施工，如何完成主体框架的钢筋绑扎、模板安装及浇筑混凝土，如何完成墙体的砌筑，如何做好屋面及地下工程的防水施工以及如何完成抹灰贴砖等。

针对这个案例，我们暂不用求解更多，但请认真思考以下问题：

【问题 1-1】 该写字楼工程中所涉及的打桩、支护、降水、柱墙梁板绑筋、支模、浇筑混凝土、做防水、抹灰、涂料等一系列工作内容组合在一起时，将怎样组织安排施工？即先干啥？后干啥？

【问题 1-2】 在实施过程中怎样安排人力、设备及材料的供应？

【问题 1-3】 怎样组织实施才能达到高质、快速、节约的目标？

【问题 1-4】 这座建筑从无到有经历怎样的建设程序步骤？

1.1 建筑施工组织的任务与研究对象

现代建筑产品，由于其体形规模庞大，生产周期长，涉及的专业门类多，施工建造的过程又将涉及多人员、多工种、多设备的密切配合，还要运用先进的技术，是一项综合而又复杂的系统工程，因此协调管理工作突出。为了提高工程质量，加快工程建设速度，降低工程成本，实现安全文明施工，就必须运用科学的方法进行全过程的施工组织和管理，实现预期的建设目标。

建筑施工组织就是研究建筑工程施工组织与管理的客观规律的一门科学。就是要针对工程建设的复杂性，运用科学的组织管理方法，对建筑产品施工的全过程进行统筹安排、合理规划、精心组织和系统管理。现代建筑企业的管理人员必须具备这种科学素质。一项建设工程完成的效果如何，是企业管理水平的重要标志。在市场经济条件下，企业必须不断地开发运用先进技术，加强科学组织与管理方法的应用。

虽然，一个现代化的建筑，其本身的构成较复杂，规模庞大，而且受到所在地理位置的不同、使用功能的差异等诸多因素的影响，给建筑物的施工建造带来了复杂性。但是任何一项复杂工程的建造过程，都可以由较大的、整体的建造过程向较小的建造单元进行划分，经过几次分割，直到将一个建筑物的整体建造过程分解成所有建筑物都可涵盖的一些基本的建设单元，即划分到分项工程。建筑施工组织就是以不同的建筑物整体、不同的分部工程以及不同的基本单元作为研究对象，研究其施工组织规律。也正是由于不同的各分项工程均有多种不同的施工方法可供选择，引入施工组织这门学科，达到合理选择最佳的施工组织方案，使施工组织安排在技术上可行，在经济上合理的建设目标。

建筑施工组织的任务就是在党和政府有关的方针政策指导下，根据工程的具体条件，从施工的全局出发，对施工生产的各项活动做出全面的、科学的规划和部署，使人力、物力、财力、技术等各项资源得到充分的利用，达到优质、快速、低耗、安全文明地完成建设任务，实现技术与经济的高度统一。

由于建筑工程项目的施工生产过程时间长，投入的资源种类繁多、数量巨大，项目内外的协作关系复杂，因此为实现优质、快速、低耗、安全文明地完成建设任务，就必须在建造之前制定详细的施工组织规划，把施工生产全过程的各项活动作出具体的安排，并形成规范化的文件，即施工组织设计文件，按照该文件的部署组织实施。

【问题 1-5】 为了实现建筑施工组织的任务，人们要做什么？

1.2　施工组织设计文件

施工组织设计是规划和指导拟建工程施工全过程的技术经济文件。它是科学管理方法在工程实践中具体应用的重要体现。多年来，我国在建设行业管理过程中，已形成了惯例制度，即每项建设工程在正式开始建设之前，必须编制施工组织设计文件，并审批完毕。施工组织设计具有如下特征：

1. 由专门的人员负责编制

施工组织设计文件的编制是一项技术性较强的工作，主要由施工单位的有关人员进行编制。对一般工程由项目经理组织，项目技术负责人负责编制。对于结构复杂、施工难度大以及采用新工艺和新技术的工程项目，由企业总工程师组织企业技术部门、项目的有关人员及其他有经验的工程技术人员等召开专门的研讨论证会议，用集体的智慧，合理设计、统筹安排、扬长避短。

实行总分包的工程由总包单位全面负责组织编制，各分包单位负责编制承建部分的施工组织设计。

2. 经历专门的审批程序

施工组织设计必须经过严格审批后方可执行。首先要由项目经理部内部进行审批，再报送企业履行审批程序，最后报送项目监理部，由总监理工程师批准后执行。施工组织设计一经批准，任何人不得随意更改，必须认真贯彻执行。

3. 它是投标文件的重要组成部分

实行招投标的工程，施工企业参与投标，其编制的投标文件中也必须包含施工组织设计部分，就是我们所说的“技术标”部分，通常可称为标前施工组织设计。此时所编制的施工组织设计，比标后施工组织设计实施指导作用稍差，主要是因为该阶段的编制依据常常还不够详实具体，且标前施工组织设计以中标为目标。

4. 施工组织设计内容构成相对固定

为了加强对施工组织设计文件编制的技术管理工作，避免个人按照自己意愿喜好编制，避免遗漏疏忽，总结前人的经验，要对其内容作出基本的框架要求。

施工组织设计文件的内容会随着不同类型的工程，其繁简程度不同而有差异，但一个完整的施工组织设计文件一般应包括以下内容：

（1）工程概况；

（2）施工方案；

（3）施工进度计划；

（4）施工准备工作计划；

（5）各项资源需用量计划；

（6）施工平面布置图；

（7）主要技术组织保证措施；

（8）主要技术经济指标。

5. 施工组织设计编制过程要按照特定的程序进行

施工组织设计的各项内容之间存在着有机的联系和相互制约的关系，只有遵照客观规律，按程序进行编制，才能顺利完成、设计合理、省时省力。

6. 施工组织设计文件与工程项目之间是一一对应关系

施工组织设计的编制必须要有针对性，结合每一项工程的具体情况组织单独编制，形成该工程的施工组织设计指导文件。当然，施工组织设计文件在编制过程中，可以借鉴相同类型工程的文件，使得编制工作量相对减轻，但是不可将某工程的施工组织设计文件直接用作另一工程的指导文件，必须一一对应。

7. 施工组织设计的贯彻执行有专门的组织管理措施

施工组织设计是对拟建工程施工全过程实行科学管理的重要手段，是企业合理组织施工和加强项目管理的重要手段。通过认真贯彻执行施工组织设计，为建设工程项目的生产过程提供了经济合理的指导方案，同时也通过实践的过程检验其效果，不断积累经验，提高管理水平。施工组织设计的贯彻和执行必须制定专门的规章制度，从施工组织设计的编制、论证、审批、交底、实施和文件管理等各方面形成专门的制度并认真落实到位，这也是企业管理水平的综合体现。

1.3 基本建设项目及构成

【问题 1-6】 深化认识建设项目及构成对编制施工组织设计会有帮助吗？

1.3.1 基本建设项目及分类

基本建设的范畴十分广泛，包括民用建筑工程、工业建筑工程、铁路建设工程、道路桥梁建设工程、水利建设工程以及电力建设工程等。基本建设是指国民经济各部门实现新增固定资产的一种经济活动。按照该定义，基本建设体现了三个方面特征：

1. 实现固定资产。其一是建筑安装工程部分；其二是机械设备、工器具的购置和安装部分；其三是其他基本建设有关工作，如勘察设计、土地征购、拆迁补偿、建设单位管理、科研实验等工作。

通过这一系列建设活动，形成了有一定价值的工业与民用建设工程或基础设施工程等，从而构成了新的固定资产。

2. 是经济活动。以上的一系列基本建设活动，离不开经济建设的有关事宜，将会涉及投资、信贷、利润、利税、经济增长、GDP 指数等方面。

3. 内容宽泛。由于基本建设的范畴涉及面广，横向上国务院的许多部门直接置于其中且相互关联；纵向上各个层次之间存在着一系列的管理和审批工作，实施的具体环节中，更有大量的报请、批准以及管理等工作，社会协作关系多。

为了便于识别、分析研究和管理，常常将基本建设项目划分成以下类型：

按照基本建设项目的性质可分为新建、扩建、改建、迁建和恢复项目；按照基本建设项目的用途可分为生产性建设项目和非生产性建设项目，其中生产性的建设项目包括工业、农田水利、交通运输及邮电、商业和物资供应、地址资源勘探等，非生产性建设项目包括住宅、文教、卫生、公用生活服务事业等；按照基本建设项目的投资主体可分为国家投资、地方政府投资、境外投资、企业投资以及各类投资主体的建设项目；按照基本建设项目的规模大小可分为大型、中型和小型建设项目。

1.3.2 建设项目的构成

1. 建设项目

基本建设项目简称为建设项目，是指按一个总体设计并组织施工，建成后具有完整的系统，可以独立地形成生产能力和发挥效益的工程。若以一般工业与民用建筑工程项目为例，一所新建的学校，一个新建的工厂等就是一个建设项目，相当于社会上具有独立法人资格的企事业单位。

一个建设项目往往建设规模比较大，如一所新建的大学，包括教学楼、实验实训楼、图书馆、文化体育场馆、学生公寓、学生食堂、场区地面、校园道路、校园绿化等。为使分析研究、施工组织管理以及核算结算等工作易于开展，人们习惯地将一个建设项目从大到小按照一定规则进行分解，合理剖析其构成规律。一般地，一个建设项目分解为若干个单项工程，即若干个单项工程构成一个建设项目；一个单项工程又分解为若干个单位工程，即若干个单位工程构成了一个单项工程；一个单位工程分解为若干个分部工程；一个分部工程分解为若干个分项工程，一个分项工程在施工及验收时，又可以进一步分解为若干个检验批。

2. 单项工程

单项工程是指具有构成工程整体的独立设计文件，建成后可以独立发挥生产能力和使用效益的工程。如学校中的一个教学楼、一幢学生公寓、一座学生食堂等，工厂中的一个生产车间、一座办公楼、一幢职工住宅楼等。一个单项工程可以看成是相当于一个单体建筑工程，能够独立组织生产产品（或半成品）或发挥使用功能。

3. 单位工程

单位工程是指具有独立的施工图设计，也可以独立地组织施工，但建成后不能独立发挥生产能力和使用效益的工程，如教学楼中的土建工程、给排水工程、通风空调（或供暖）工程、电气照明工程等。每一单位工程都有相应专业的人员进行施工图设计，也都由具有独立资质（或综合资质）的企业组织施工安装，但每一单位工程完成后，各自都不具备生产和使用条件。

4. 分部工程

分部工程是指将单位工程按照特定规律进一步分割，形成具有一定综合性、完整性的独立单元。显然分部工程是单位工程的组成部分。例如土建单位工程可按照建筑工程结构的部位不同分为地基与基础工程、主体结构工程、屋面及建筑装饰装修工程等几个分部工程；主体结构分部工程按工程材料及施工方法的不同又可分为混凝土结构、劲钢（管）混凝土、砌体结构、钢结构、木结构以及网架和索膜结构等几个子分部工程。

5. 分项工程

分项工程是分部工程的组成部分，一般按照工程材料及施工方法的不同，对分部工程进一步分割成一些简单的施工过程，每个简单施工过程的生产条件相同，可由单一工种操作完成。例如混凝土结构子分部工程可分为模板工程、钢筋工程、混凝土工程、预应力工程等若干个分项工程，显然分项工程是建设项目的最基本构成单元。

关于分部工程、子分部工程和分项工程的划分，详见《建筑工程施工质量验收统一标准》GB 50300—2001。

6. 检验批

为了适应分层分段流水施工、质量控制以及检查验收的要求，常常将分项工程按照楼层、施工区段等划分成若干个检验批次。例如三层①—⑩轴梁板模板安装、八层①—⑩轴柱钢筋绑扎等。

建设项目的构成如图 1-2 所示。

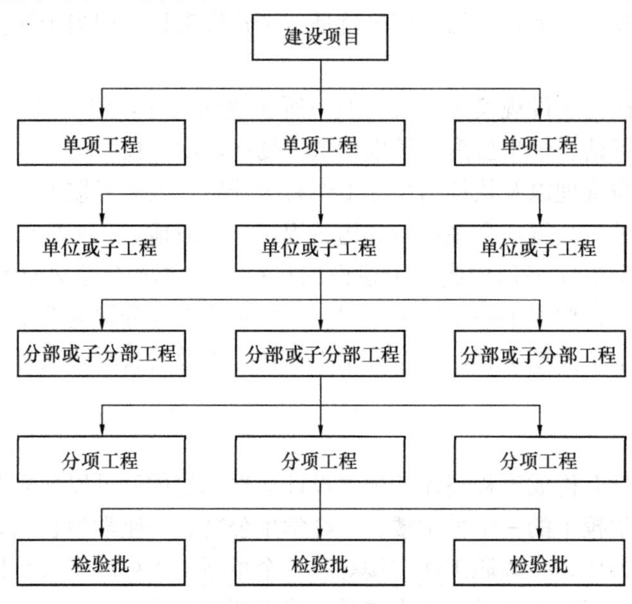

图 1-2 建设项目的构成

1.4 建设项目与施工项目

在我们后续的课程学习过程中，将会遇到“建设项目”、“施工项目”等词汇用语，在今后的学习和职业工作过程中，也将离不开这些专门的行业用语，本部分内容将阐述其区别。

建设项目是相对于建设单位、业主或投资主体而言的，建设项目的运行周期是从项目建议书开始至投产使用全过程的结束为止，管理的主体是建设单位。

施工项目是相对于建筑施工企业而言的，施工项目的运行周期是从施工投标开始至交付使用直到保修期满为止。施工项目管理的主体是施工单位。施工项目的范围是由工程承包合同界定的，它可能是建设项目的全部施工任务，也可能是建设项目中的一个单项工程或单位工程的施工任务。

建设项目管理与施工项目管理的区别见表 1-1 所示。

建设项目管理与施工项目管理的区别 **表 1-1**

区别特征	建设项目管理	施工项目管理
管理主体	建设单位或其委托的咨询单位	建筑施工企业
管理任务	取得符合要求并能发挥应有效益的固定资产	产出合格的建筑产品并取得利润
管理周期	自研究立项至建设全过程	自投标开始至竣工验收直到保修期满

续表

区别特征	建设项目管理	施工项目管理
管理内容	决策立项、勘察、设计、招标、建设准备、实施、生产等全过程的组织以及质量、进度、投资、安全等目标的管理	投标、施工准备、施工、竣工验收、保修等全过程的组织以及质量、进度、成本、安全等目标的管理
管理范围	由可行性研究报告确定的整个建设项目	由工程承包合同界定的工程范围，是建设项目或单项工程或单位工程

1.5 建设程序与施工项目管理程序

1.5.1 建设程序

在我们的日常生活中，经常可以看到很多与建筑产业有关联的企业单位、政府机构，如计划委员会或发改委、规划局、土地管理局、勘察公司、建筑设计院、招投标办、招投标代理公司、建筑技术咨询公司、建筑集团公司、监理公司、质量监督检查站等，这些机关和企业单位与建设项目的实施均有关联。

【问题 1-7】 这些单位、机构或部门是在什么阶段、什么环境下，参与到项目建设的流程中呢？

【问题 1-8】 它们所处的地位和起到的作用是什么呢？

建设程序是指一个建设项目在整个建设过程中各项工作必须遵循的先后次序。它是客观存在的自然规律和经济规律的正确反映。

建设活动是一个多行业、多部门密切配合的综合性强的经济活动，涉及面广、周期长，因此必须有组织、有计划、按照一定的程序步骤进行。建设程序是人们经过大量的工程实践总结出来的。目前，我国已形成了一整套科学的建设程序，用于指导我国的各项建设活动。我国建设程序可概括为三个阶段、八个步骤。三个阶段包括项目决策、建设准备和工程实施。八个步骤包括项目建议书、可行性研究、勘察设计、施工准备（包括招投标）、建设实施、生产准备、竣工验收和后评价。建设程序详见图 1-3 所示。

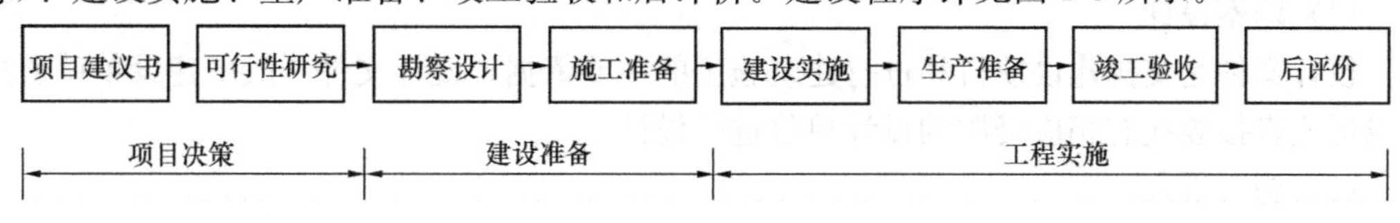

图 1-3 建设程序

1. 项目决策阶段

项目决策阶段是以立项审批为起点，以可行性研究为工作中心，其中包括调查研究、提出设想、确定建设地点、编制可行性研究报告等。

（1）项目建议书

项目建议书是建设单位向主管部门提出的要求建设某一项目的建议性文件，是对拟建项目轮廓设想。项目建议书经批准后，才能进行可行性研究。项目建议书不是项目的最终决策，仅仅是为可行性研究提供依据和基础。

项目建议书的内容一般包括以下几方面：

1）建设项目提出的必要性和依据；

2）拟建工程规模和建设地点的初步设想；

3）资源情况、建设条件、协作关系等的初步分析；

4）投资估算和资金筹措的初步设想；

5）经济效益和社会效益的估计。

在项目建议书编制完成后，报送有关部门审批。

（2）可行性研究

可行性研究是项目决策的核心，是对建设项目在技术上、经济上进行全面科学的分析和论证，为项目决策提供可靠的技术经济依据。研究的主要内容包括：

1）建设项目提出的背景、必要性、经济意义和依据；

2）拟建项目规模、产品方案、市场预测；

3）技术工艺、主要设备、建设标准；

4）资源、材料、燃料供应和运输及水电条件；

5）建设地点、场地布置及项目设计方案；

6）环境保护、防洪、防震等要求与相应措施；

7）劳动定员及培训；

8）建设工期和建设进度；

9）投资估算和资金筹措方式；

10）经济效益和社会效益分析。

可行性研究要对多种方案进行比较分析，提出科学的评价，确定最佳方案。据此编制可行性研究报告，报送有关部门审批。

2. 建设准备

根据批准的可行性研究报告，成立项目法人，进行工程地质勘察、初步设计和施工图设计，编制设计概算，安排年度建设计划及投资计划，进行工程发包，准备设备、材料，做好施工准备等工作。

（1）勘察设计

设计文件是安排建设项目和进行建筑施工的主要依据。设计文件一般由建设单位通过招投标或直接委托有相应资质的设计单位进行设计。

（2）施工准备

施工准备工作是为工程施工创造条件，保证建设项目连续、均衡、有节奏地进行。施工准备工作可在可研报告批准后即可着手进行。施工准备工作完成后，具备了工程开工条件，由建设单位向主管部门提交开工报告，批准后正式开工。施工准备工作的主要内容包括：

1）征地、拆迁和场地平整；

2）工程地质勘察；

3）完成施工用水、电、通信及道路等工程；

4）收集设计基础资料，组织设计文件的编审；

5）组织设备和材料订货；

6）组织施工招投标，择优选定施工单位；

7）办理开工报建手续。

3. 工程实施

工程实施阶段是项目建设、投产并发挥效益的关键环节，该阶段在整个建设程序中时间最长、工作量最大、资源消耗最多。

（1）建设实施

建设实施就是我们所说的建筑施工，是将计划和设计施工图转化为实物的过程。它是建设程序中的重要环节。

（2）生产准备

生产准备是衔接建设和生产的桥梁，是建设阶段转入生产经营的必要条件。生产准备由建设单位组织进行，成立专门机构做好各项生产准备工作。生产准备的内容根据不同的项目、不同类型的工程各有区别。

（3）竣工验收

竣工验收是全面考核建设成果、检验工程设计和工程实施质量的关键环节，是投资转入生产或使用的标志。

依据批准的设计文件和合同，对生产性建设项目经负荷试运转和试生产合格，产出合格产品。对非生产性建设项目要符合设计要求，满足正常使用条件。验收合格后，办理固定资产移交手续。

（4）后评价

项目建设完成后，经过一年的生产运行，要进行一次系统的评价。其目的是总结经验、肯定成绩、汲取教训，不断提高项目决策水平和投资效果。项目后评价一般包括项目法人自我评价、项目行业评价和计划部门评价，评价内容有影响评价、经济效益评价和项目建设过程评价。

1.5.2 施工项目管理程序

施工项目管理程序是拟建工程项目在整个施工阶段必须遵守的客观规律，反映了施工阶段各项工作及其管理工作的先后次序，它是长期的施工实践经验的总结。施工项目管理程序主要由以下各环节构成。

1. 编制施工项目管理规划

施工项目管理规划分为项目管理规划大纲和项目管理实施规划。项目管理规划大纲由企业管理层在投标之前编制，是投标管理和项目管理的重要依据性文件。项目管理规划大纲的内容应包括：项目概况、项目实施条件、项目投标及签订合同的策略、项目管理目标、项目组织结构、质量目标和施工方案、工期目标和施工总进度计划、成本目标、项目风险预测和安全目标、项目现场管理和施工平面布置图以及投标、签订合同、文明施工、环境保护等内容。施工项目管理规划大纲有时可用标前施工组织设计代替，但应注意调整相关内容，使其符合预期目标要求。

2. 编制投标文件，组织工程投标，签订工程施工合同

施工企业通过工程投标取得施工项目是我国普遍推行的一种机制，所以施工企业要通过广泛的调查研究获取大量信息，编制既能使企业盈利，又具有投标竞争力的投标文件。一旦中标，应与招标人依法签订施工合同。中标书是确定招标人和投标人（即施工企业）

合同关系的法定性文件，施工合同是确立双方经济关系的法定性文件。

3. 确定项目经理，组建项目经理部，签订项目管理目标责任书

签订施工合同后，施工企业应根据企业经营管理目标和施工项目管理目标要求，遴选合格的项目经理，项目经理接受施工企业法人代表的委托组建项目经理部（即项目管理组织机构）。项目经理是施工项目管理活动的全权代表，通过与企业法人代表签订“项目管理目标责任书”，明确项目经理部应达到的成本、质量、进度和安全等控制目标。

4. 编制项目管理实施规划，落实各项开工准备工作

项目经理组织项目经理部的人员，安排落实各项开工前的准备工作，为顺利开工创造一切条件。编制项目管理实施规划（或标后施工组织设计）是开工前的重要技术性准备之一。此外，还应完成施工队伍、施工资源、施工现场等方面的准备以及建立完善的质量保证体系。具备开工条件后提出开工报告，经审查批准后方可正式开工。

5. 组织项目施工及过程管理

这是将施工项目转化为真实建筑产品的过程，是施工项目管理程序中的主要阶段。要按照有关的建设工程规范、标准、法律法规、施工合同等要求，以项目管理实施规划（或标后施工组织设计）文件为指导，精心组织、强化管理，确保质量目标、进度目标、成本目标和安全目标的实现。

6. 竣工验收与竣工结算

承包人按照施工合同完成了项目全部任务并整理完成工程技术资料后，先组织预验收，合格后由发包人组织设计、监理、施工等单位进行正式验收。

通过验收程序后，完成竣工结算，办理工程移交手续。

7. 项目考核评价

施工项目完成后，项目经理部应对其进行技术经济分析，作出项目管理总结报告。企业管理层组织项目考核评价委员会，对项目管理工作进行考核评价。考核评价的目的是规范项目管理行为，鉴定项目管理水平，确认项目管理成果。

考核评价完成后，兑现“项目管理目标责任书”中的奖惩承诺。

8. 回访保修

施工项目竣工验收后，承包人要对工程使用状况和质量状况向用户访问，按照施工合同的约定和“工程质量保修书”的承诺，应在保修期内对发生的质量问题进行保修，并承担相应的经济责任。

1.6 建筑产品及其生产特点

【问题 1-9】 建筑工程施工与工业生产有什么不同？

【问题 1-10】 认识和了解建筑工程自身的特点，与编制施工组织设计有关系吗？

1.6.1 建筑产品的特点

1. 建筑产品的固定性

由于建筑产品与其坐落的土地不可分割，所以建造的过程和使用过程均不能移动，必须固定在选址位置，这是与一般工业产品的显著区别。

2. 建筑产品的多样性

建筑产品不仅要满足人们对使用功能的要求，不同的历史阶段、不同的民族等更赋予其丰富的文化内涵。同时也由于不同地域的自然条件差异，使得建筑产品在建筑用料、建设规模、基础类型、结构体系、构造型式以及装饰风格等诸多方面千变万化，多姿多彩。即使是相同外形轮廓的建筑产品，也会由于建造地点、建设施工环境条件等的不同，而体现出产品本身或施工生产的差异性。

3. 建筑产品体形庞大

这是建筑产品使用功能要求所决定的，即便是相对简单的建筑产品，也会占据较大的平面和空间，以满足人们日常生产、生活的要求。

4. 建筑产品的综合性

一定规模的建筑产品，不仅应用了多种类的建筑工程材料，更是集成了众多专业领域的技术、产品和设备，与各类社会机构及产业有着密不可分的关联，承载着人们的思维和文化理念，又具有强大的使用功能，从而使建筑产品具备了较强的综合性。

1.6.2 建筑产品的生产特点

1. 建筑产品生产的流动性

建筑产品的固定性决定了建筑产品生产的流动性。参与施工生产的人员、机械设备等不仅要随着建筑产品建造地点的不同而流动，而且还要随着建筑产品施工部位的改变而经常性地流动，这就对我们提出了如何合理动态调配，保证施工活动有条不紊、连续、均衡进行的要求。

2. 建筑产品生产的单件性

建筑产品的多样性决定了建筑产品生产的单件性。建筑产品不可能像工业产品那样批量生产。为了满足建设单位的使用要求和规划，每一建筑产品均需单独设计与组织施工，要结合不同地区的自然、技术和经济条件，有针对性地制定施工方案，因地制宜地组织建筑产品的施工生产活动。

3. 建筑产品生产周期长

建筑产品体型庞大决定了建筑产品生产周期长。建筑产品必须按照特有的建设程序开发建设，其施工生产过程也要投入大量的人力、物力和财力，又受到生产技术水平、工艺流程组织和作业环境条件的制约，必然导致生产周期长，少则数月，多则数年，要求我们合理规划生产进度，尽早发挥效益。

4. 建筑产品生产露天作业多

建筑产品的固定性和体型庞大的特点，决定了建筑产品露天作业多的生产特点。除了少量的构件制作、部分装饰工程及设备安装工程外，大量的工程内容均在露天作业环境下进行，必将受到自然条件变化的影响，要求我们合理制定实施方案，技术上可行，又要降低工程成本。

5. 建筑产品生产高空作业多

建筑产品的体型庞大决定了建筑产品高空作业多的生产特点。随着我国国民经济的不断发展和建筑技术日益进步，高层和超高层建筑大量涌现，使得建筑产品生产高空作业的特点越来越突出，对我们提出了保证施工安全的更高要求。同时，相应的施工生产技术也要不断改进，满足高空作业的要求。

6. 建筑产品生产劳动强度大

新中国成立以来，我国在建筑机械化、工业化、工厂化、标准化等方面取得了长足的进步，但建筑产品的生产依然存在着大量的手工操作，工人的劳动强度较大。这也是一个世界性课题，要求我们在建筑材料、建筑机械、建筑结构、工艺流程等方面不断探索创新的同时，制定合理的施工组织方案，提高施工机械化程度。

7. 建筑产品生产的复杂性

建筑产品的综合性决定了建筑产品生产的复杂性。建筑产品的生产过程，消耗了大量的建设资源，涉及众多的专业技术应用，涉及企业内部各环节的控制与协调，涉及与社会众多机构、企业之间的相互配合，因此给施工组织工作带来了复杂的局面。

通过了解以上内容可以看出，由于建筑产品自身的特点，必然导致建筑产品施工生产有其独自的特点，我们应该更加清醒地认识到编制施工组织设计文件的重要意义。总体来说，就是要单独设计、事前策划、优化配置、技术先进、科学指导、精心组织、统筹协调，实现建设项目管理或施工项目管理的预期目标。

【教学指导建议】

1. 通过案例入手，并留给学生一定的时间思考，使学生深入领会施工组织的任务。

2. 要运用施工组织设计的实物样本完成对施工组织设计的认识。本单元重点认识施工组织设计的主要特点、特征，关于施工组织设计的分类、作用等不要急于在此一并介绍。此处仅为认知阶段，可通过进一步的学习后，在单元4的开始由学生总结，教师归纳整理。

3. 对建设程序这部分内容的教学目标，主要是认识项目建设的总体轮廓，清楚各阶段的任务目标即可，不必过于详细，以免使学生产生厌倦的情绪，要尽可能地从生活中的所见所闻入手，提出疑问，引发思考，加强兴趣的培养。还可采用讨论法、角色扮演或沙盘演练等形式，加强理解掌握，激发学习兴趣。

4. 建筑产品及其施工的特点应主要由学生总结，可采用头脑风暴法、张贴版法等形式组织教学。

复习思考题

1. 技术与经济的统一其含义是什么？在建筑工程施工组织过程中，怎样实现技术与经济的统一？
2. 施工组织设计文件有哪些特征？由谁编制？为什么要经过审批？
3. 什么是基本建设项目？如何分类？
4. 从建设项目构成（组成）的角度，如何对其进行分解？为什么要分解？
5. 建设项目与施工项目有哪些区别？
6. 建设项目的实施为什么要按照一定的程序进行？分哪些步骤、阶段？
7. 项目建议书批准和可行性研究报告批准的意义有什么不同？
8. 建筑产品的各项施工特点分别是由什么因素所决定的？
9. 认识建筑产品施工的特点有什么意义？

训练题

1. 将建设程序和施工管理程序中的每个阶段和步骤，分别写在卡片上，让学生将其合理排列，并使阶段与步骤统一。

2. 每位学生到实际工程中或借助网络资源，查阅一份施工组织设计资料，陈述所感知的信息。

2　砌体结构工程流水施工计划的编制

2.1　基础工程流水施工计划的编制

【教学任务】 某六层砌体结构住宅，长80m，宽13m，无地下室。基础工程阶段施工方案为挖土前集中打桩20天，其余分两个施工段组织流水施工，主要施工内容有：人工开挖土方4天，垫层2天，承台梁绑筋4天，支模、浇混凝土各2天，砖基础砌筑2天，回填土2天，试编制流水施工进度计划。

【案例2-1】 某校新建4幢砌体结构的学生公寓，均由×××公司承建，每幢公寓建筑面积均为6600m^2，长度为75m，宽度为15.6m，无地下室，地上6层，采用钢筋混凝土条形基础，每幢公寓的基础工程阶段施工均包括挖土方（含验槽、垫层及养护）4天，基础施工（含条形基础绑筋、支模和浇筑混凝土）4天，回填土（含基础墙砌筑及防潮层）3天，假设施工的人力、材料、机械设备等各项资源供应充足。

【问题2-1】 该4幢学生公寓的基础工程阶段施工进度安排可以采用哪几种方式？

【问题2-2】 采用不同的施工组织方式，将会产生怎样的效果？

【问题2-3】 对工业生产中的流水组织有什么认识？与此案例有什么关联？

施工进度的编排与采用的施工组织方式有关，一般常见的施工组织方式有依次施工、平行施工和流水施工三种。

2.1.1　依次施工

根据以上案例的条件，本工程可以组织安排的第一种施工方式如图2-1、图2-2所示。

施工过程	施工进度（天）																																											
	1	2	3	4	5	6	7	8	9	10	11	12	13	14	15	16	17	18	19	20	21	22	23	24	25	26	27	28	29	30	31	32	33	34	35	36	37	38	39	40	41	42	43	44
挖土方	—	—	—	—								—	—	—	—								—	—	—	—								—	—	—	—							
基础施工					—	—	—	—								—	—	—	—								—	—	—	—								—	—	—	—			
回填土									—	—	—									—	—	—									—	—	—									—	—	—

图2-1　依次施工（按幢排列）

按照图2-1的安排可以看出，这种方式是在一幢房屋（或施工段）完成后，再依次完成其他各幢房屋（或施工段）施工过程的组织方式。按照图2-2安排施工，可以看出，这种方式是在依次完成每幢房屋的第一个施工过程后，再开始第二个施工过程的施工，直至完成最后一个施工过程的组织方式。这种方式完成四幢房屋所需总时间与前一种方式相同，但每天所需的劳动力消耗等不同。

以上两种组织方式称为依次施工，也称顺序施工，是各施工段或施工过程依次开工、

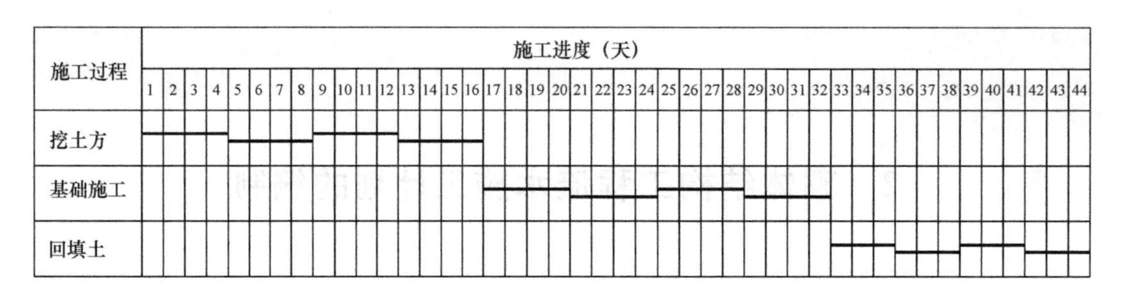

图 2-2　依次施工（按过程排列）

依次完成的一种施工组织方式。前者称按幢（或施工段）依次施工，后者称为按施工过程依次施工。

依次施工的最大优点是每天投入的劳动力较少，机具、设备使用不很集中，材料供应单一，施工现场管理简单，便于组织和安排。当工程规模较小，施工工作面又有限时，依次施工是适用的，也是常见的。但依次施工的缺点也很明显，工期拖得较长，工作面有较大空闲，专业施工班组的工作有间歇，工地物资的消耗也有间歇性，这是其最大的缺点。

2.1.2　平行施工

根据以上案例的条件，本工程可以组织安排的另一种施工方式如图 2-3 所示。

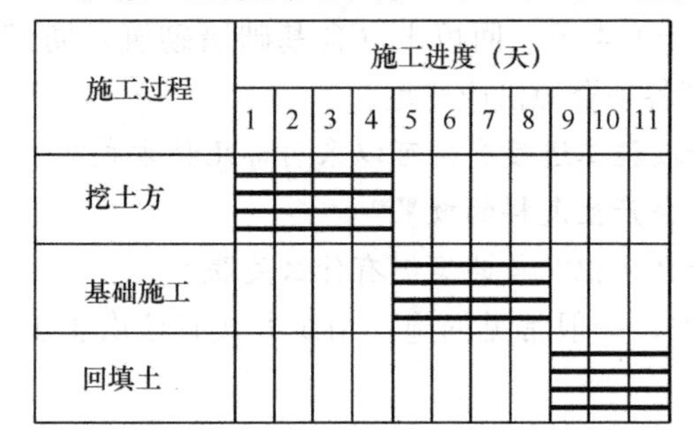

图 2-3　平行施工

按照图 2-3 安排组织施工，可以看出，四幢房屋的基础工程组织同步施工，完成四幢房屋基础所需时间等于完成一幢房屋基础的时间，这种方式称为平行施工。平行施工是不同的施工过程仍按照逻辑顺序依次进行，各分区任务中相同的施工过程均同时开工、同时完成的一种施工组织方式。

平行施工的优点是能充分利用工作面，完成工程任务的时间最短，即施工工期最短。但由于施工班组数成倍增加（即投入施工的人数增多），机具设备相应增加，材料供应集中，临时设施、仓库和堆场面积亦要增加，从而造成组织安排和施工管理困难，增加施工管理费用。如果工期要求不紧，工程结束后又没有更多的工程任务，各施工班组在短期内完成施工任务后，就可能出现工人窝工现象。因此，平行施工一般适用于工期要求紧、大规模的建筑群（如城市的住宅区建设）及分期分批组织施工的工程任务。这种方式只有在各方面的资源应有保障的前提下，才是合理的。

2.1.3　流水施工

1. 流水施工的概念

根据以上案例的条件，本工程可以组织安排的第三种施工方式如图 2-4 所示。

按照图 2-4 的安排组织施工，可以看出，以四幢房屋的第一个施工过程（挖土方）为基准，在各幢房屋上均表现为第一个施工过程完成后，立即开始相应各幢房屋的第二个施工过程（基础施工），完成后又继续安排相应各幢房屋的第三个施工过程（回填土），直至所有过程均投入施工并结束，体现出来的就是流水施工组织方式，如图 2-5 所示。

流水施工是指所有施工过程按一定的时间间隔依次投入施工，各个施工过程陆续开

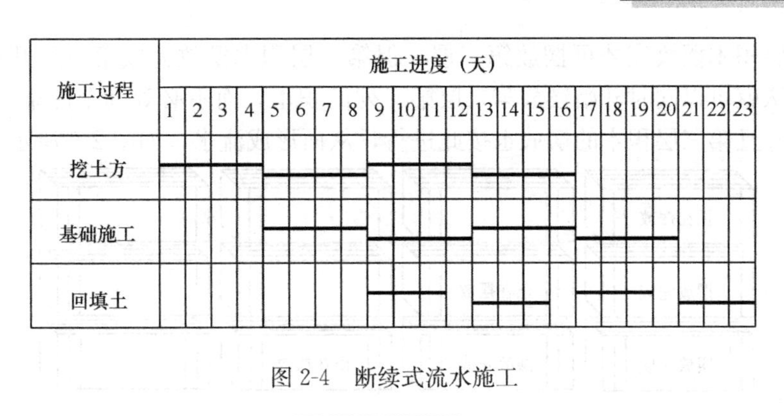

图 2-4　断续式流水施工

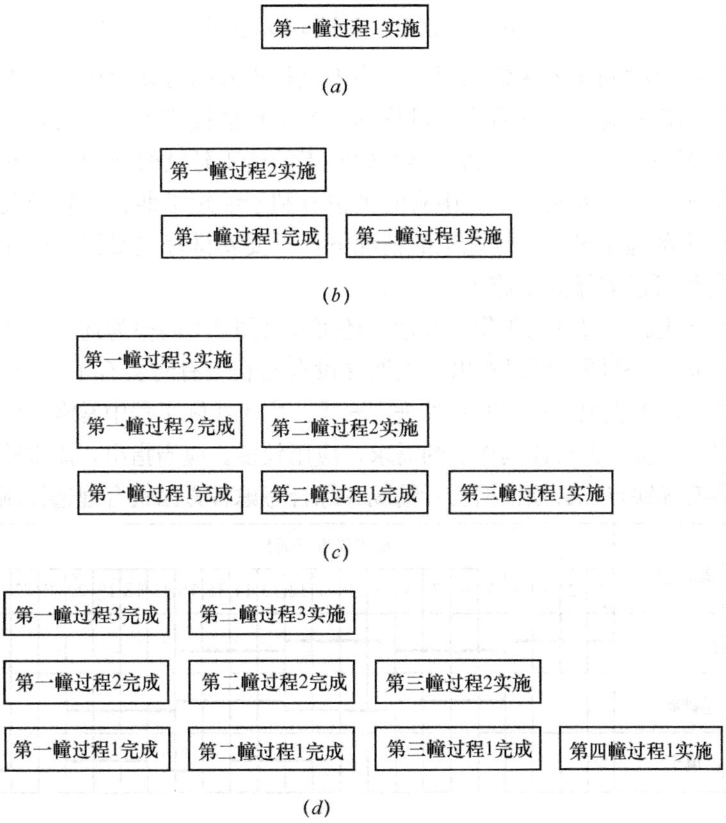

第一幢过程1实施

(*a*)

第一幢过程2实施

第一幢过程1完成　第二幢过程1实施

(*b*)

第一幢过程3实施

第一幢过程2完成　第二幢过程2实施

第一幢过程1完成　第二幢过程1完成　第三幢过程1实施

(*c*)

第一幢过程3完成　第二幢过程3实施

第一幢过程2完成　第二幢过程2完成　第三幢过程2实施

第一幢过程1完成　第二幢过程1完成　第三幢过程1完成　第四幢过程1实施

(*d*)

图 2-5　流水施工示意

(*a*) 第一幢过程 1 正在实施；(*b*) 第一幢过程 2 和第二幢过程 1 正在实施；
(*c*) 第一幢过程 3、第二幢过程 2 及第三幢过程 1 正在实施；
(*d*) 第二幢过程 3、第三幢过程 2 及第四幢过程 1 正在实施

工、陆续竣工，使同一施工过程的施工班组保持连续、均衡施工，不同的施工过程尽可能平行搭接施工的组织方式。

在案例 2-1 中，采用流水施工组织方式相当于有三个各负其责的团队，完成一个四列三层摆积木的任务，第一团队仅负责摆放第一层积木，第二团队仅负责摆放第二层积木，第三团队仅负责摆放第三层积木。显然，其中约束条件是：第一层积木摆放完才可摆放第

二层，第二层积木摆放完才可摆放第三层，但第一层积木摆放完成第一列开始摆第二列时，第二团队就可以同时开始摆放第二层第一列的积木，而不必等到全部第一层都完成，如此推进，并且第三层积木的摆放也按此进行，从而形成流水，如图 2-6 所示。

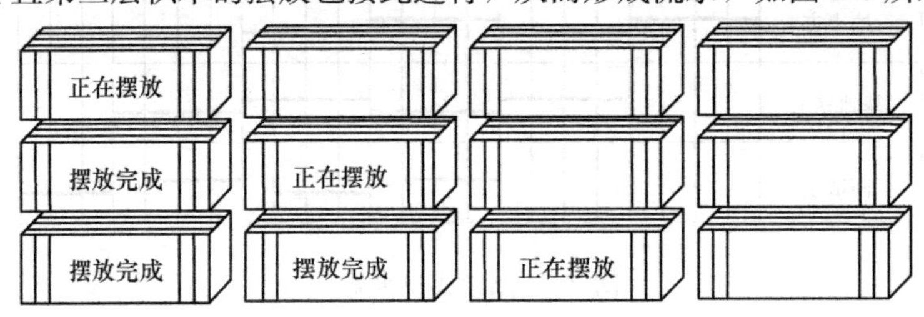

图 2-6 摆积木流水作业示意图

流水施工所需总时间比依次施工短，各施工过程投入的劳动力比平行施工少，各施工班组能连续地、均衡地施工，前后施工过程尽可能平行搭接施工，比较充分地利用了施工工作面。在本案例中，由于挖土方和条形基础施工的施工延续时间较长，使得后续的施工过程即回填土的施工出现间断。工程中有时考虑有利于缩短工期、有利于及时利用工作面等，在不能保证全部施工过程连续施工的情况下，只要安排好主要施工过程的连续均衡施工，次要施工过程可以安排间断施工。

为了保持回填土施工过程的工作连续性，还可以将图 2-4 调整为连续式流水施工的进度安排，如图 2-7 所示。从图中可以看出，工期并没有延长（有时会有工期延长），工作面有空闲，这也是流水施工组织方式中的一种进度安排。由于实际工程中常常考虑方便调配与管理，使施工人员、设备等保持连续作业的需求，应用较多。应当指出，流水施工组织方式的两种进度安排各有优缺点，必须根据实际情况并综合考虑各方因素合理选择制定。

施工过程	施工进度（天）																						
	1	2	3	4	5	6	7	8	9	10	11	12	13	14	15	16	17	18	19	20	21	22	23
挖土方																							
基础施工																							
回填土																							

图 2-7 连续式流水施工

2. 流水施工的表达方法

通过一些图表，人们能够方便快捷地了解依次施工、平行施工以及流水施工的进度编排，这就是运用了适宜的表达方法，将人们的思维想象或文字叙述等直观地展现出来，图 2-1～图 2-4 的这种表达方法称为水平指示图表，也常常称为横道图。

此外，还有垂直指示图表表达法和网络图表达法，但垂直指示图表应用并不普遍，此处不再赘述。网络图表达法将在单元 3 中介绍。

2.1.4 组织流水施工的技术经济效果

根据前述可以看出，流水施工是在依次施工和平行施工的基础上产生的，既克服了两者的缺点，又兼有两者的优点，比较明显的就是保持施工的连续性、均衡性，使施工作业空间能够合理利用，从而带来了较好的技术经济效果，具体有以下几点：

1. 按照专业工种建立劳动组织，实行专业化生产，有利于提高劳动生产率。

2. 最大限度地安排不同施工过程搭接施工，减少窝工、停工现象，合理利用施工的时间和空间，从而有效地缩短工期，减少窝工损失。

3. 保持了施工的连续性和均衡性，劳动消耗、物资供应、机械设备利用等处于相对平稳状态，使管理工作有节奏性，便于发挥管理的效率和提高管理水平，降低工程管理成本。

2.1.5　组织流水施工的条件

组织流水施工具有很多优点，为了在具体的工程中实现流水施工方式，应研究组织流水施工的条件。图 2-8、图 2-9 均为在一幢建筑物的平面上划分为四个和三个施工区段。

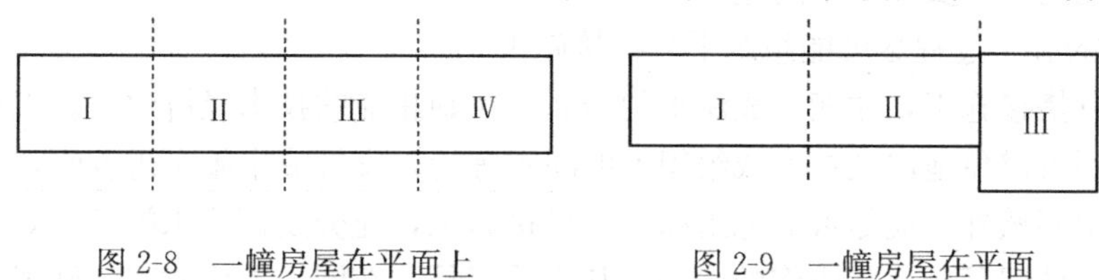

图 2-8　一幢房屋在平面上划分成四个施工区段

图 2-9　一幢房屋在平面上划分成三个施工区段

【问题 2-4】 案例 2-1 与一幢房屋分成四个区段的道理是否相同？

【问题 2-5】 案例 2-1 与一幢房屋分成三个区段的道理是否相同？

【问题 2-6】 案例 2-1 与一幢房屋分成两个区段或不分段是否相同？

【问题 2-7】 如果将施工对象划分成几个施工段，但没有进行施工过程的分解，其结果又将是怎样的呢？

通过对以上问题的思考，显然只有将工程对象在平面上划分成至少两个施工区段，才能形成流水施工组织方式。这是因为分成施工区段后，施工队组的所有人员将集中在某一个施工区段（暂且定义为第一施工段）上操作，完成后转入另一个施工区段（暂且定义为第二施工段）上操作，为下一个施工过程及早投入施工创造了条件。

另一方面，虽然建筑产品本身是一个有机的整体，但在产品构成上将其分割成若干个工作流程，在产品规模上又将其分割成若干个内容相同的单元（施工区段），借助于该产品体形庞大的优势，形成不同的作业空间，从而使单件的完整建筑产品变成多件假想的过程产品。至此，我们对组织流水施工的必要条件就会有了一定认识。

具体说来，组织流水施工的条件主要有以下几点：

1. 划分施工过程

将拟建的工程对象首先划分成若干个施工过程，就是按照建筑产品自身的构成规律，将工程对象分解成若干个典型的、有代表性的、能反映主要生产过程的工作步骤。实际工程中，建筑产品的最终形成，正是经历了这些典型工作步骤。一般以分部分项工程作为基本单元，也可根据实际情况，以工序作为一个步骤。

2. 划分施工段

将拟建的工程对象划分成若干个作业区间，以便使不同的作业人员（队组）同一时间能够在不同的区间完成各自相应的工作内容。一般可在平面上以及空间上进行划分，在可能的前提下，尽量保持每个施工区间的工程量大小相等。

3. 每个施工过程组织独立的施工队组

为了实现平行搭接施工，使不同施工过程能够在同一时间的不同空间上进行，必须对每个施工过程组织独立的施工队组。队组形式可根据施工过程的具体情况确定，可以是专业队组，也可以是混合队组。

4. 主要施工过程应保持连续、均衡地施工

组织流水施工的目的之一就是尽最大的可能减少窝工、间断。根据前面的案例，我们已经看到有时会出现间断，但是必须要保证主要施工过程的施工连续性和均衡性，这既可以使工期缩短，同时也可以使施工队组保持连续工作，方便调配人力资源。为使所有施工过程都能够连续施工，还可以通过合理划分施工过程、调整施工人数及队组数等来实现，这将在本单元的2.2及2.3中阐述。

5. 不同的施工过程尽可能组织平行搭接施工

安排平行搭接施工，才能形成流水的局面，达到相应的技术经济效果。工程施工的过程中，将会不可避免地出现技术或组织上的间歇等待，安排流水施工进度时，除考虑必要的技术与组织间歇外，应尽可能地组织平行搭接施工，充分发挥流水施工的效益。

流水施工体现了分工与协作的内涵，其实质就是：在同一工作时间（施工生产期间），不同的人员（施工队组）在各自的工作岗位上（施工区段）完成各自的工作任务（施工过程），并有机合理地相互衔接起来。如同国际上组织体操团体比赛的过程一样，同一时间各比赛队伍在不同场地，完成各自比赛内容，互不干扰。图2-10中的第7天至第9天的时间段，施工队组A在第三个施工区段上完成A的施工任务，施工队组B在第二个施工区段上完成B的施工任务，施工队组C在第一个施工区段上完成C的施工任务，体现了同一时间段内，不同的施工队伍在不同的施工区段上完成各自的工作任务，相互间没有交叉干扰。另一方面，图2-10中的第7天到第27天的相当长度时间内，投入的人力、材料、机械设备等保持了均衡供应，有利于管理，充分体现了流水施工的均衡性优势。

施工过程	施工进度（天）																																
	1	2	3	4	5	6	7	8	9	10	11	12	13	14	15	16	17	18	19	20	21	22	23	24	25	26	27	28	29	30	31	32	33
A	Ⅰ-1			Ⅰ-2			Ⅰ-3			Ⅱ-1			Ⅱ-2			Ⅱ-3			Ⅲ-1			Ⅲ-2			Ⅲ-3								
B				Ⅰ-1			Ⅰ-2			Ⅰ-3			Ⅱ-1			Ⅱ-2			Ⅱ-3			Ⅲ-1			Ⅲ-2			Ⅲ-3					
C							Ⅰ-1			Ⅰ-2			Ⅰ-3			Ⅱ-1			Ⅱ-2			Ⅱ-3			Ⅲ-1			Ⅲ-2			Ⅲ-3		

图2-10 多幢或多层房屋流水施工示意图

Ⅰ、Ⅱ、Ⅲ分别表示幢或层的编号；1、2、3分别表示每幢或每层的施工区段

【教学指导建议】

1. 根据本单元初给定的案例，要留给学生一定的时间，进行深入思考，让学生可以采用任何一种方式表达描述其安排的施工组织方式，教师不宜急于给定进度图表。

2. 更换或增加实例，让学生绘制进度图表，加强动手训练。

3. 三种组织方式熟悉后，对每种组织方式应先由学生总结其优缺点，教师归纳。

4. 流水施工概念还可利用多媒体，采用动画或工程实录等手段，辅助学生深入理解。

5. 通过认真讨论问题2-4～2-7，理清组织流水施工的条件。还可增加一些思考的问题。

6. 本任务的教学目标就是领会流水施工的基本概念、特点、组织条件，能绘制一般基础工程的流水施工进度计划图表。不要急于介绍更多内容，将在任务2的学习过程中，深化学习流水施工的参数确定、有关计算等，由浅入深。

2.2 主体结构工程流水施工计划的编制

【教学任务】 某六层砌体结构住宅，长80m，宽13m，共有4个单元。每层设有圈梁、阳台，首层各单元入口处设有雨棚。构造柱混凝土采用现场搅拌，其余采用预拌混凝土，主体工程的施工内容及劳动量（或台班量）详见表2-1，编制其流水施工进度计划。

砌体结构住宅主体工程施工内容及劳动量一览表　　表2-1

序号	工程内容名称	劳动量（工日）	序号	工程内容名称	劳动量（工日）
1	搭拆脚手架	240	18	圈梁浇筑混凝土	60
2	红砖场外运输	30台班	19	预制过梁安装	50
3	红砖场内运输至使用部位	30/40台班	20	梁板支模板	360
4	砌筑砂浆制备及吊运	20/40台班	21	梁板钢筋制作加工	150/100台班
5	外墙砌筑	1180	22	梁板绑扎钢筋	370
6	内墙砌筑	460	23	梁板混凝土运输	220/120台班
7	钢筋场外运输	50台班	24	梁板浇筑混凝土	350
8	模板场外运输	40台班	25	阳台雨棚支模	20
9	构造柱支模	50	26	阳台雨棚钢筋制作加工	22/10台班
10	构造柱钢筋制作加工	18/10台班	27	阳台雨棚绑扎钢筋	20
11	构造柱绑扎钢筋	50	28	阳台雨棚混凝土运输	28/3台班
12	构造柱混凝土制备及运输	24/20台班	29	阳台雨棚浇筑混凝土	20
13	构造柱浇筑混凝土	90	30	楼梯支模	40
14	圈梁支模板	70	31	楼梯钢筋制作加工	22/9台班
15	圈梁钢筋制作加工	30/6台班	32	楼梯绑筋	40
16	圈梁绑扎钢筋	110	33	楼梯混凝土运输	10/5台班
17	圈梁混凝土制备及运输	27/20台班	34	楼梯浇筑混凝土	30

通过任务1的学习，我们已经掌握了流水施工的基本组织方法，但是对于实际工程，安排流水施工进度计划时，我们将会遇到一些新的问题。比如，在例题和训练题中都是给定了施工过程，给定了划分的施工区段数，给定了施工天数，而实际工程中，这些问题都是未知的。

【问题2-8】 在前述的例题和训练中，给定了一些数据，如给定了施工过程数量、施工段的划分等，工程中如何通过确定这些参数解决实际问题呢？

【问题2-9】 确定这些有关参数，是否有可以遵循的规律呢？

【问题2-10】 主体工程阶段不同于基础工程阶段，必然要存在着楼层的关系，其流水施工计划又将有哪些不同？

2.2.1 施工过程数

组织流水施工的条件之一，就是将工程对象划分为若干个施工过程，实际上就是针对拟完成的工程任务，在施工建造的过程中，人为地分割成若干个施工步骤，并规划各个步骤的先后顺序，反映了总体的施工流程，每个施工步骤就是我们定义的一个施工过程。研究流水施工组织方式，则施工过程数是指参与一组流水的施工过程数目，通常用符号“n”来表示。

图 2-4 和图 2-7 中，施工过程数均为 3 个，但在下图 2-11 中，参与流水的施工过程数为 4 个，其中的打桩施工也是一个施工过程，但没有参与流水，而回填土进度虽然没有分线段表示，但体现了搭接关系，是参与流水的一个施工过程。

施工过程	施工进度（天）																				
	2	4	6	8	10	12	14	16	18	20	22	24	26	28	30	32	34	36	38	40	42
打桩施工																					
开挖土方																					
梁绑筋																					
梁浇筑混凝土																					
回填土																					

图 2-11 参与流水的施工过程数目示意图

组织流水施工时，施工过程数目不宜太多、太细，那样将会给流水施工的编排以及有关计算增添麻烦，不能有效地突出重点；同样，施工过程数目也不能太少、太粗，这样又会使流水施工计划过于笼统，失去了实施指导的作用，这些道理将会在后续的学习中逐渐体会到。

1. 施工过程数的划分主要应考虑的原则及有关影响因素

完成一个建筑工程的施工，会有许多的施工过程，且施工步骤划分的越细致，则施工过程的数量就越多，这些施工过程如果按照是否占用工程对象的空间特征进行划分，主要有制备类施工过程、运输类施工过程和施工安装类施工过程三种。

（1）制备类施工过程

制备类施工过程是指在施工场区内、外，事先制作完成或伴随制备完成的工程内容。最明显的特征就是不在拟建工程对象上进行，如施工场区内的砌筑（或抹灰）砂浆制备、混凝土制备、钢筋制作、小型构件（如混凝土过梁）制作等，施工场区以外的预应力管桩制作、钢网架杆件制作、大型屋面板制作、金属门加工制作、塑钢窗加工制作等，这些施工过程由于不在工程对象上直接进行，在施工进度计划安排上可不占用工期，只要能紧密配合墙体砌筑、抹灰、混凝土结构浇筑、打桩施工、构配件安装等即可。所以制备类施工过程可不必列项，不作为编制施工进度计划时划分出来的施工过程。施工进度计划表上主要体现的是直接在工程对象上进行、占用工程对象的空间、对工程项目工期有直接或间接影响的施工过程。

（2）运输类施工过程

运输类施工过程是指将建筑材料、构配件、半成品、设备等，从场外运到场内，或在场内从存放地点运到使用地点等工程内容。如砂、石、水泥、钢筋等材料运入现场、门窗运至现场、电梯运入现场、砌块从地面运至使用楼层、金属门从堆放场地运至安装部位等。这些工程内容中，有些不在工程对象上进行，也不占用施工对象的空间，所以编制施工进度计划时不必列项。有些虽然与工程对象有关联，但只要合理计划、精心安排，通过事前组织完成或同步协调完成等，均可安排其不影响工程的工期，所以运输类施工过程同样也不作为编制施工进度计划时划分出来的施工过程。

（3）施工安装类施工过程

施工安装类施工过程是指直接在工程对象上进行、占用空间、对工程工期有直接或间接影响的工程内容。如土方开挖、打桩施工、承台梁施工、土方回填、钢筋绑扎、模板安装、混凝土浇筑、墙体砌筑、铺设卷材防水、天棚墙面抹灰、涂料施工、镶贴瓷砖、安装大理石板、门窗安装、玻璃安装等，这些工程内容在编制施工进度计划时应作为施工过程单独列项或合并后列项，施工进度计划表中应主要反应施工安装类施工过程相互之间的工艺顺序编排、平行搭接组织等，为组织流水施工创造有利条件。

2. 施工过程的划分还应考虑以下因素

（1）工程结构与工程内容

不同的工程结构形式其工程内容各有特点，施工过程的命名及划分应与具体的工程内容相适应，这是划分施工过程最根本的依据。换句话说，就是用最恰当的施工过程的名称，表达工程实施的具体内容。常见的工程结构形式有混合结构、钢筋混凝土现浇结构、钢筋混凝土装配式结构、大型墙板结构、钢结构等。这些不同的工程结构其工程内容也不同，如混合结构主体施工，主要有墙体砌筑、构造柱施工、圈梁施工、楼板施工等施工内容，这些工程内容是划分施工过程并合理命名的依据；而钢筋混凝土现浇结构工程主体施工，主要有柱施工（包括绑扎钢筋、支模板和浇筑混凝土）、墙施工、梁板施工等工程内容；对于装配式结构主体施工，主要有柱子安装（吊装）、梁（或吊车梁、连系梁等）安装、屋架安装、屋面板安装、围护墙砌筑等工程内容。显然，不同结构的施工过程名称是不同的。

（2）拟编制施工进度计划的性质

对于控制性施工进度计划，其施工过程的划分可以粗略一些、综合性大一些，如编制建筑群的总体施工控制计划，视其作用不同，可分别以一个单项工程、单位工程、分部工程等作为一个施工过程，这种划分的施工过程综合性较大，也很粗略，如图 2-12 所示。

年	2××2				2××3												2××4										
项目名称＼月	9	10	11	12	1	2	3	4	5	6	7	8	9	10	11	12	1	2	3	4	5	6	7	8	9	10	11
施工准备	—	—																									
基础工程			—	—																							
主体结构					—	—	—	—	—	—	—	—	—	—	—	—	—										
装饰工程												—	—	—	—	—	—	—	—	—	—	—	—				
扫尾工程																								—	—		
竣工验收																										—	—

图 2-12　某单位工程的控制性施工进度计划

对于实施性进度计划，其施工过程的划分可以细致一些。如编制一个单位工程的实施性施工进度计划，通常以一个分项工程作为基本的施工过程，再根据具体的工程情况，适当整合或分解，对于月旬施工作业计划，还可以工序作为施工过程。

(3) 制定的施工方案

施工方案直接确定了拟建工程的施工组织方法、施工方法和工艺流程等。编制施工进度计划是施工方案在时间上的具体化，所以施工过程的划分必须以施工方案为基准，结合具体情况合理划分。如工业厂房工程，施工方案确定柱基础和设备基础的土方开挖同时进行，则柱基础的土方开挖和设备基础的土方开挖可合并为一个施工过程，命名为基础土方开挖；若施工方案确定为分阶段先后进行，则应把柱基础和设备基础的土方开挖各自作为一个施工过程。同样，在混合结构房屋主体施工中，依据施工方案，承重墙与非承重墙同时砌筑，则可以合并为一个施工过程，反之，应单独作为一个施工过程或与其他相邻工程内容合并。

(4) 劳动组织形式

施工过程的划分应与施工队组的劳动组织形式协调一致。如现浇钢筋混凝土结构的施工，如果配备的是单一形式的施工班组，即分别为模板班组、钢筋班组、混凝土班组，则可以根据工程量大小等因素，划分为支模板、绑扎钢筋、浇筑混凝土等三个施工过程；如果配备的是混合班组，则可合并成一个施工过程，命名为钢筋混凝土柱施工、钢筋混凝土梁板施工等，均包含了支模板、绑扎钢筋和浇筑混凝土等内容。所以，配备混合班组形式时，以合并的工程内容划分施工过程为宜，而配备单一形式的班组时则不受限制。

(5) 劳动量大小

施工过程的划分还应考虑有关工程内容的劳动量大小，对于劳动量很小、施工持续时间很短的工程内容应与工艺上相邻的施工过程合并。

按前述施工过程的分类我们已经知道，制备类施工过程和运输类施工过程可不必单独列项，即不用作为施工过程体现在施工进度计划表中，而施工安装类施工过程均应列项，主要应体现在施工进度计划表中。但某些施工安装类施工过程，虽然在工程对象进行，也占用空间，为方便合理地组织流水，有重点地表达工程的进度安排，应将劳动量很小、施工持续时间很短的工程内容进行合并处理，如混合结构中的基础防潮层与基础墙砌筑合并；预制过梁安装与墙体砌筑合并；屋面的防水保护层与防水层施工合并；桩头处理与垫层浇筑合并等。某些工程内容的劳动量并不很小，施工持续时间也不是很短，在不影响进度计划的编排和表达、不影响计划指导作用的前提下，为了使计划工作合理简化，流水参数相互协调统一等，常常也可适当合并一些工程内容组成一个施工过程，如垫层浇筑与土方开挖合并；垫层浇筑与基础施工合并；柱基础土方开挖与设备基础土方开挖合并；构造柱施工与墙体砌筑合并；圈梁施工与墙体砌筑合并；现浇楼梯与现浇梁板合并；现浇阳台雨棚与现浇梁板合并等。

根据以上内容，我们掌握了施工过程划分的一般规律，如何把这些方法有机运用到具体的工程实践中，去解决实际问题，建立职业工作能力，是我们学习的主要目标。现通过实例来训练学生的动手实践能力。要求同学通过认真思考并动手练习后，再去查看结果。

【案例 2-2】 某 6 层砌体结构住宅，无地下室，共有 4 个单元，总长度 80m，总宽度 13m，外墙厚为 490mm，内承重墙厚均为 240mm，其中楼梯间墙厚为 370mm，内隔墙厚均为120mm厚。在每层楼板标高处设有圈梁，在墙体的转角处及纵横墙交接处设有构造柱，该工程6层主体阶段的工程内容及劳动量详见表2-2。为编制施工进度计划，组织流水施工，试进行施工过程的划分。

主体工程施工内容及劳动量一览表 **表2-2**

序号	工程内容名称	劳动量（工日）	序号	工程内容名称	劳动量（工日）
1	搭拆脚手架	260	10	圈梁绑扎钢筋	60
2	砌筑外墙及内承重墙	1600	11	圈梁浇筑混凝土	20
3	砌筑内隔墙	200	12	预制过梁安装	60
4	模板、钢筋运输	30台班	13	梁板支模板	280
5	全部构件的钢筋制作加工	80	14	梁板绑扎钢筋	440
6	构造柱支模	60	15	梁板浇筑混凝土	230
7	构造柱绑扎钢筋	40	16	楼梯支模	40
8	构造柱浇筑混凝土	100	17	楼梯绑筋	40
9	圈梁支模板	30	18	楼梯浇筑混凝土	30

解：根据施工过程划分的一般规律，便于安排施工进度，现划分为以下5个施工过程：

脚手架搭设：脚手架的搭设及拆除常常要反映在进度计划表中，配合砌筑安排其开始及结束时刻。

墙体砌筑：这是砌体结构工程中一个主导的施工内容，故应单独列为一个施工过程，同时合并了外墙、内承重墙、构造柱的绑筋、支模、浇混凝土以及过梁安装等内容。一般内外墙同时组织砌筑，但内隔墙砌筑有时安排在另外的时间段完成，故这里仅合并了承重墙砌筑；构造柱施工由于常常伴随砌筑完成，且绑筋、支模、浇混凝土的劳动量不大，故也合并在该施工过程中；过梁安装同样也是配合墙体砌筑完成，劳动量较小，故合并在该施工过程之中。

梁板支模板、梁板绑扎钢筋和梁板浇筑混凝土：由于每层的现浇楼板工程量、劳动量相对较大，也为了更清楚地表达支模、绑筋、浇混凝土等在进度计划表中的施工起止时间，故将这三个工程内容各作为一个施工过程。圈梁位于楼板同标高，安排与楼板同时施工。由于现浇楼梯的劳动量不大，并可以安排与现浇楼板结构组织同步施工，所以梁板的支模、绑筋、浇混凝土等施工过程中，也分别包含楼梯的支模、绑筋、浇混凝土。

本例划分的施工过程详见表2-3所示。

主体工程施工过程划分一览表 **表2-3**

序号	划分的施工过程	合计劳动量	所包含的工程内容
1	搭设脚手架	260	
2	墙体砌筑	1860	砌筑外墙及内承重墙，构造柱支模、绑筋、浇筑混凝土、过梁安装
3	梁板支模板	350	圈梁支模、楼梯支模
4	梁板绑扎钢筋	540	圈梁绑筋、楼梯绑筋
5	梁板浇筑混凝土	280	圈梁浇筑混凝土、楼梯混凝土

【问题 2-11】 在案例 2-2 中施工过程的划分是否有其他的办法呢？

应当指出，以上施工过程的划分，并不是唯一的方案，如安排内隔墙与承重墙同时砌筑时，则应将内隔墙砌筑合并在墙体砌筑中；另外构造柱的支模、浇筑混凝土也可以合并到梁板支模中，但构造柱的绑筋一般在砌筑之前或伴随砌墙完成，故构造柱的绑筋以合并到砌墙施工过程中为宜；梁板支模、绑筋、浇混凝土也可合并成一个施工过程，命名为梁板施工；现浇楼梯也可以安排不与梁板同步施工，此时现浇楼梯工程内容就不必与其他施工过程合并，也不用单独列项，即不用在进度计划中直接或间接体现出来，但应在后续的计划中合理安排，使其既不占用工期，也能为交通服务。

2.2.2 施工段数与施工层数

组织流水施工的另一个重要条件，就是要把工程对象在平面上或空间上划分为若干个施工区段，这样才能实现流水施工组织方式。一般把拟建工程对象在平面上划分的若干个施工区段中的任何一个区段称为一个施工段，通常用符号“m”表示其数目。把拟建工程对象在竖向上划分的若干个施工区段中的任何一个区段称为一个施工层，通常用符号“r”表示其数目。对于有自然楼层的工程结构，可以按一个自然楼层作为一个施工层，也可以根据不同的情况，把一个自然楼层分割成两个（或三个）施工层，或者把几个自然楼层作为一个施工层；对于没有自然楼层的工程结构（如烟囱、塔等构筑物），可以根据施工组织的具体情况，按照垂直距离以几米或几步架等作为一个施工层。

【问题 2-12】 施工段的划分有没有可以遵循的一般规律呢？

施工段的划分也应遵循一般的规律，应满足以下基本要求：

(1) 各施工段的劳动量（或工程量）应大致相等。这样在施工队组人数固定不变的情况下，各施工过程在各个施工段的施工持续时间大体一致，从而利于组织连续、均衡、有节奏地流水施工。

(2) 每一施工段要有足够的工作面。这样在每一施工段上所能容纳的劳动力人数、机械设备台数等满足劳动组织要求，满足施工操作要求，充分发挥劳动生产效率。根据工程施工经验，一般房屋建筑工程中，一个施工段长度小于 30m 时，就应注意测算，但这并不意味着每个施工段长度就必须很大。若一个施工段长度超过 60m 时，所有施工过程在一个施工段的施工持续时间都较长，不利于最大限度地组织平行搭接施工，工作面空闲较大。

(3) 施工段的划分要有利于工程结构的整体性。一般施工段的分界线宜设置在变形缝处，使各施工区段保持完整的结构整体。或设置在能够保持已完工部分结构的整体相对稳定，且对工程结构整体性影响程度较小的部位，如设在可留设施工缝的部位、后浇带处等。

【问题 2-13】 施工段划分的数量多少对工程的工期等有没有影响？

(1) 施工段的数目要合理适当，满足流水施工的组织安排、工期质量要求、资源投入与供应等要求。如果施工段数目过多，劳动力、设备等周转的频次增加，固定式垂直运输设备的数量也可能随之增加；当施工段数目多到一定程度时，使每一施工段工作面减小，可投入的劳动力数量也相应减少，完成一个施工过程的施工持续时间并没有缩短，最终致使工期延长，如图 2-13 和图 2-14 所示。

若当划分成四个施工段，而工作面并没有过小时，即仍可容纳足够的人数，会使每个

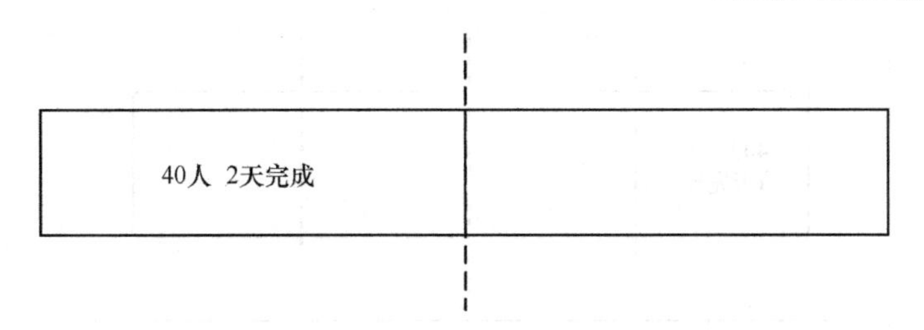

施工过程	施工进度（天）													
	1	2	3	4	5	6	7	8	9	10	11	12	13	14
挖土方														
垫层														
砌基础														
回填土														

图 2-13　某基础工程施工划分成两个施工段时的流水施工进度

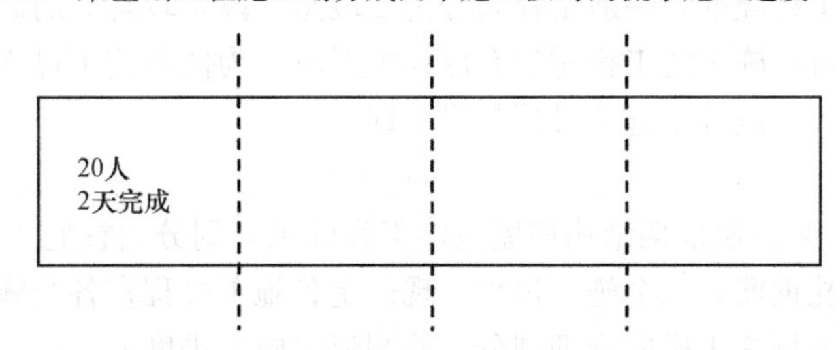

施工过程	施工进度（天）																					
	1	2	3	4	5	6	7	8	9	10	11	12	13	14	15	16	17	18	19	20	21	22
挖土方																						
垫层																						
砌基础																						
回填土																						

图 2-14　某基础工程施工划分成四个施工段
工作面较小时的流水施工进度

施工段完成时间缩短，工期变短，如图 2-14 所示。这是因为工作面得到充分利用，施工搭接有所提前。

反之，如果施工段数目过少，则施工过程在每一个施工段上的施工持续时间加长，不能实现最大限度地搭接，工作面不能充分利用，同样也会使工期延长。图 2-13 和图 2-15

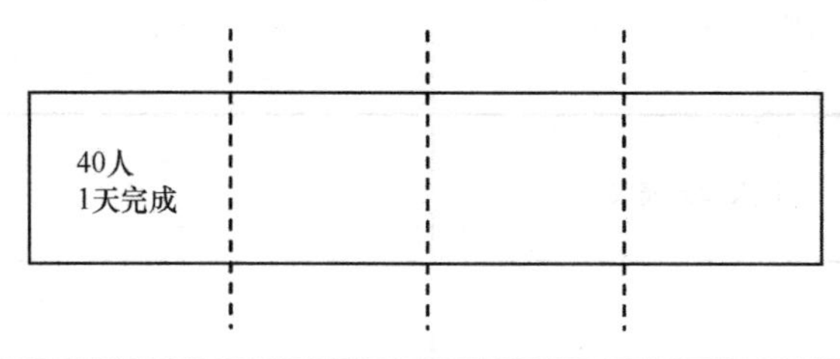

施工过程	施工进度（天）										
	1	2	3	4	5	6	7	8	9	10	11
挖土方											
垫层											
砌基础											
回填土											

图 2-15 某基础工程施工划分成四个
施工段工作面足够时的流水施工进度

即可进行比较。

根据以往的工程经验，一般工程划分为 2 段至 6 段是较常见的。

（2）当组织流水施工的工程对象有层间关系时，为使各施工过程连续施工，应满足每层的施工段数目大于或等于施工过程数目，即：

$$m \geqslant n \tag{2-1}$$

【案例 2-3】 某三层框架结构房屋主体工程施工，划分为柱施工、梁板支模和梁板浇筑（包含梁板绑扎钢筋）三个施工过程。现假定各施工过程在各个施工段上的施工持续时间均为 3 天，试进行施工段的合理划分，绘制流水施工进度表。

解：

施工过程数量为三个，由于有楼层关系，为了满足连续施工的要求，故按公式（2-1）为指导，划分成三个施工段使其等于施工过程数，则其流水施工进度计划安排如图 2-16 所示。

施工过程	施工进度（天）																																
	1	2	3	4	5	6	7	8	9	10	11	12	13	14	15	16	17	18	19	20	21	22	23	24	25	26	27	28	29	30	31	32	33
柱施工	Ⅰ-1			Ⅰ-2			Ⅰ-3			Ⅱ-1			Ⅱ-2			Ⅱ-3			Ⅲ-1			Ⅲ-2			Ⅲ-3								
梁板支模				Ⅰ-1			Ⅰ-2			Ⅰ-3			Ⅱ-1			Ⅱ-2			Ⅱ-3			Ⅲ-1			Ⅲ-2			Ⅲ-3					
梁板筋混							Ⅰ-1			Ⅰ-2			Ⅰ-3			Ⅱ-1			Ⅱ-2			Ⅱ-3			Ⅲ-1			Ⅲ-2			Ⅲ-3		

图 2-16 三层框架结构房屋主体工程施工进度计划（$m=n$）
Ⅰ、Ⅱ、Ⅲ分别表示层的编号；1、2、3 分别表示每层的施工区段

通过本例，可以看出，当 $m=n$ 时，各施工过程不仅均能连续组织施工，无间断现

象，工作面（施工段）也能充分利用，无窝工现象，这是比较理想的情况。

若在平面上划分成四个施工段，则其流水施工进度计划安排如图 2-17 所示。

施工过程	施工进度（天）																																									
	1	2	3	4	5	6	7	8	9	10	11	12	13	14	15	16	17	18	19	20	21	22	23	24	25	26	27	28	29	30	31	32	33	34	35	36	37	38	39	40	41	42
柱施工	Ⅰ-1			Ⅰ-2			Ⅰ-3			Ⅰ-4			Ⅱ-1			Ⅱ-2			Ⅱ-3			Ⅱ-4			Ⅲ-1			Ⅲ-2			Ⅲ-3			Ⅲ-4								
梁板支模				Ⅰ-1			Ⅰ-2			Ⅰ-3			Ⅰ-4			Ⅱ-1			Ⅱ-2			Ⅱ-3			Ⅱ-4			Ⅲ-1			Ⅲ-2			Ⅲ-3			Ⅲ-4					
梁板筋混							Ⅰ-1			Ⅰ-2			Ⅰ-3			Ⅰ-4			Ⅱ-1			Ⅱ-2			Ⅱ-3			Ⅱ-4			Ⅲ-1			Ⅲ-2			Ⅲ-3			Ⅲ-4		

图 2-17　三层框架结构房屋主体工程施工进度计划（$m>n$）

从图 2-17 中可知：当 $m>n$ 时，各施工过程仍能连续组织施工，无间断现象，但每层的现浇梁板施工完成后，不能立即组织上一层柱子施工，要在柱子完成第四个施工段后，才能转入上一层的柱子施工，出现了工作面空闲，未能充分利用的现象。在保证了各施工过程连续施工的前提下，有工作面空闲这种情况有时也是有利的，如留出了养护时间、施工准备时间（上料、弹线等）以及质量检查验收与调整时间等。施工段数目越多，则工作面闲置时间就越长，不利于缩短工期，应综合考虑各因素合理安排。

若在平面上划分成两个施工段，则其流水施工进度计划安排如图 2-18 所示。

施工过程	施工进度（天）																													
	1	2	3	4	5	6	7	8	9	10	11	12	13	14	15	16	17	18	19	20	21	22	23	24	25	26	27	28	29	30
柱施工	Ⅰ-1			Ⅰ-2						Ⅱ-1			Ⅱ-2						Ⅲ-1			Ⅲ-2								
梁板支模				Ⅰ-1			Ⅰ-2						Ⅱ-1			Ⅱ-2						Ⅲ-1			Ⅲ-2					
梁板筋混							Ⅰ-1			Ⅰ-2						Ⅱ-1			Ⅱ-2						Ⅲ-1			Ⅲ-2		

图 2-18　三层框架结构房屋主体工程施工进度计划（$m<n$）

从图 2-18 中可知：当 $m<n$ 时，尽管没有工作面的空闲，但各施工过程均不能保持连续施工，第二层第一施工段柱施工必须在第一层最后一个施工过程（现浇梁板）的第一施工段完工后才具备工作面，才能开始投入施工，同样，第二层第二施工段柱施工以及二层以上的各段柱施工都是如此，出现了停歇、等待、窝工现象。由于柱施工的间断，必然导致其后续的各施工过程即梁板支模、梁板浇筑等随之出现停歇等待窝工现象，因此这种情况是不适宜的，这也就是前面提到的要保持主要施工过程连续施工的意义所在。

出现这种情况的根源就在于有层间关系，竖向上同一部位（各施工层的相同施工段位置）必须满足下层完工后，上层才具备施工操作空间条件。综上所述，为了合理组织流水施工，当有层间关系时，每层施工段数与施工过程数应满足公式（2-1）的要求，当无层间关系时，则不受限制。

【问题 2-14】 施工段数量改变时，每段施工持续时间有没有变化？

应当指出，在以上的例子中，或许同学们会提出一个问题，即当由原来的三个施工段变成四个施工段时，各施工过程在一个施工段上的施工持续时间要小于3天，若在每个施工段上施工投入的劳动力和机具设备保持不变，这种情况是存在的，但要看到每个施工过程在一个施工段上的施工持续时间都相应缩短，会使流水施工计划的工期缩短，这是有利的一面，但并不影响前述分析的结论。本例是假定了当施工段数增加时，每个施工段的工作空间面积也减小，可容纳的劳动力人数等相应减少，所以每个施工过程在一个施工段上的施工持续时间仍按3天。当由原来的三个施工段变成两个施工段时，每段工程量增大，各施工过程在一个施工段上的施工持续时间也有可能大于3天，工期会有变化，但分析的结论不变。

2.2.3 流水节拍

流水节拍是从事某一施工过程的施工队组在一个施工段上完成任务的时间，即某施工过程在一个施工段上的施工持续时间，常用符号“t”表示，以天“d”为单位。

流水节拍的大小决定了施工节奏和施工的速度，对工期有直接的影响，涉及投入的施工资源数量，因此合理确定流水节拍值具有重要的意义。通常流水节拍的确定有以下几种方法。

1. 定额计算法。也可称为公式计算法，就是根据一个施工段的工程量大小、可投入的资源数量、定额参数以及施工组织方案等，计算出流水节拍的大小，按照公式（2-2）、公式（2-3）进行计算。

$$t_i = \frac{Q_i}{S_i \cdot R_i \cdot N_i} = \frac{P_i}{R_i \cdot N_i} \tag{2-2}$$

或

$$t_i = \frac{Q_i \cdot H_i}{R_i \cdot N_i} = \frac{P_i}{R_i \cdot N_i} \tag{2-3}$$

式中 t_i——某施工过程的流水节拍；

Q_i——某施工过程在某施工段上的工程量；

S_i——某施工队组的计划产量定额；

H_i——某施工队组的计划时间定额；

P_i——在一施工段上完成某施工过程所需的劳动量（工日数）或机械台班量（台班数），按公式（2-4）计算；

R_i——某施工过程的施工队组人数或机械台数；

N_i——每天工作班制。

$$P_i = \frac{Q_i}{S_i} = Q_i \cdot H_i \tag{2-4}$$

这种方法适用于编制者没有足够的施工经验，按部就班地通过计算得出结果。

S_i、H_i 应选用施工企业的工人或机械所能达到的实际定额水平，即企业定额。

Q_i、P_i 是针对实际工程计算确定。

【问题2-15】 施工队组人数或机械台数 R_i 是由谁确定的？

【问题2-16】 工作班制 N_i 是怎么确定的？

R 的确定应考虑最小劳动组合、工作面大小以及现有可配备的劳动力数量等因素。

最小劳动组合是指某一施工过程正常施工所必须的最低限度的队组人数及合理组合。如现场搅拌浇筑混凝土施工，应配备运输砂石、水泥作业人员（后台上料）、搅拌机操作人员（机械工）、混凝土运输人员、混凝土浇筑人员等，是一个组合队伍各负其责，共同完成一项工作，这其中要协调好各环节人数配备，技工和普工比例等。

最小劳动组合实际是限定了所配备人数不能太少，那么还要结合工作面大小，所配备人数也不能过多。所谓工作面就是指某专业工种的工人在从事建筑产品施工生产过程中，所必须的活动空间。工作面合理与否直接影响专业工种工人的劳动生产率。主要工种的工作面可参考表2-4。

主要工种工作面参考表 **表2-4**

工作项目	每个技工的工作面	说　明
砖基础	7.6m/人	以$1\frac{1}{2}$砖计，2砖乘以0.8，3砖乘以0.55
砌砖墙	8.5m/人	以1砖计，$1\frac{1}{2}$砖乘以0.7，2砖乘以0.57
毛石墙基	3m/人	以60cm计
毛石墙	3.3m/人	以40cm计
混凝土柱、墙基础	$8m^3$/人	机拌、机捣
混凝土设备基础	$7m^3$/人	机拌、机捣
现浇钢筋混凝土柱	$2.45m^3$/人	机拌、机捣
现浇钢筋混凝土梁	$3.20m^3$/A	机拌、机捣
现浇钢筋混凝土墙	$5m^3$/人	机拌、机捣
现浇钢筋混凝土楼板	$5.3m^3$/人	机拌、机捣
预制钢筋混凝土柱	$3.6m^3$/人	机拌、机捣
预制钢筋混凝土梁	$3.6m^3$/人	机拌、机捣
预制钢筋混凝土屋架	$2.7m^3$/人	机拌、机捣
预制钢筋混凝土平板、空心板	$1.91m^3$/人	机拌、机捣
预制钢筋混凝土大型屋面板	$2.62m^3$/人	机拌、机捣
混凝土地坪及面层	$40m^2$/人	机拌、机捣
外墙抹灰	$16m^2$/人	
内墙抹灰	$18.5m^2$/人	
卷材屋面	$18.5m^2$/人	
防水水泥砂浆屋面	$16m^2$/人	
门窗安装	$11m^2$/人	

N的确定要结合实际情况，一般可以选择一班制组织施工，这也是较常见的。当工期要求紧迫时，为了加快工程进度可以选择两班制或三班制组织施工，但资源投入量增加，管理成本提高，机械设备检修维护时间短等；当有工艺要求时，也应选择两班制或三班制保持施工的连续性。如混凝土浇筑量较大时，为满足连续浇筑的工艺要求，应选择两班制或三班制。

2. 经验估算法。也称为三时估算法，就是根据以往的同类型工程的施工经验，估算确定流水节拍的大小。为了提高估算的准确程度，往往估算出流水节拍的最长、最短和最可能时间，据此按公式（2-5）进一步计算确定。

$$t_i = \frac{a + 4c + b}{6} \tag{2-5}$$

式中 t_i——某施工过程在某施工段上的流水节拍；

a——某施工过程在某施工段上的最短估算时间；

b——某施工过程在某施工段上的最长估算时间；

c——某施工过程在某施工段上的最可能估算时间。

这种方法多用于编制者有足够的工程施工经验，所估算的流水节拍值能够与实际基本吻合，也常用于采用新工艺、新方法和新材料等没有定额可循的情况。

【问题 2-17】 你认为经验估算法可行吗？为什么？

3. 工期计算法。也称为倒排计划法，就是根据工程给定的工期，初步确定每个阶段施工任务的施工时间，再确定每个施工过程的施工持续时间，除以施工段数目，即得出流水节拍值。

$$t_i = \frac{T_i}{m} \tag{2-6}$$

式中 t_i——某施工过程的流水节拍；

T_i——某施工过程的工作持续时间；

m——施工段数。

这种方法同样也要求编制者有足够的施工经验才能较合理地确定流水节拍，同时要依据公式（2-2）或（2-3）反算出施工队组的人数或机械台数，并检查资源供应的可行性、均衡性以及工作面的可容性，一般需要不断调整，才能满足各项要求。

4. 流水节拍除按照上述三种方法确定外，还应考虑以下问题：

（1）流水节拍数值一般取自然整数，如 1 天、2 天、3 天、6 天等，必要时也可取半天的整数倍，如 0.5 天、1.5 天、2.5 天等。这是为了使施工队组从一个施工段转移到另一个施工段时，在休息时间后，直接进入另一个施工段。

（2）确定一个分部工程中各施工过程的流水节拍时，应首先考虑主导施工过程的流水节拍，其次再确定其他施工过程的流水节拍。

（3）要考虑有关材料、构配件的供应、运输和堆放能力是否满足要求。流水节拍一旦确定后，单位时间内投入施工的有关材料、构配件的数量等就是可确定的数据，供应能力、堆放能力、场内外运输能力等均应满足施工节奏的需要，保证施工进程按照确定的流水节拍组织施工。

（4）要考虑配合的施工机械生产能力是否满足要求。如砖墙砌筑，有大量的砌筑砂浆、砖等运输要配合进行，垂直运输能力要满足施工节奏要求，同时砂浆搅拌机械的生产能力也应配套合理。

【案例 2-4】 按案例 2-2 的条件，试编制该工程主体阶段的流水施工进度计划。

解：

（1）划分施工过程

关于施工过程的划分，已经在前面的例子中进行了示范，即划分为脚手架搭拆、墙体砌筑、梁板模板、梁板绑筋及梁板混凝土 5 个施工过程。

（2）划分施工段

施工段的划分，考虑建筑平面尺寸及特征，现划分为两个施工段，即两个单元合并为一个施工段，每个施工段的平面长度为 40m。

(3) 计算各施工过程的流水节拍

本例中砌砖墙是主导施工过程，故先计算砌砖墙的流水节拍，现安排38人的专业队，一班制施工，则按照公式（2-2）得

$$t_{砌}=\frac{P_{砌}}{R_{砌}\cdot N_{砌}}=\frac{1860}{6\times2\times38\times1}=4.08\text{ 天，取流水节拍值为 4 天。}$$

为使各层的墙体砌筑保持连续施工，故确定梁板支模流水节拍值为1天、梁板绑筋流水节拍值为2天、梁板浇筑混凝土的流水节拍值为1天，从而

$$R_{模}=\frac{P_{模}}{t_{模}\cdot N_{模}}=\frac{350}{6\times2\times1\times1}=29.2\text{ 人，确定为 30 人。}$$

$$R_{筋}=\frac{P_{筋}}{t_{筋}\cdot N_{筋}}=\frac{540}{6\times2\times2\times1}=22.5\text{ ，人确定为 23 人。}$$

$$R_{混}=\frac{P_{混}}{t_{混}\cdot N_{混}}=\frac{280}{6\times2\times1\times1}=23.3\text{ 人，确定为 24 人。}$$

脚手架搭拆一般安排其与墙体砌筑配合进行，即在墙体砌筑过程中，为了保证砌墙不间断、不窝工，架子工专业队跟随砌筑节奏并提前为砌筑创造条件即可。

$$R_{脚手}=\frac{P_{脚手}}{t_{脚手}\cdot N_{脚手}}=\frac{260}{48\times1}=5.4\text{ 人，确定为 6 人。}$$

(4) 绘制该工程流水施工进度计划表，如图2-19所示。

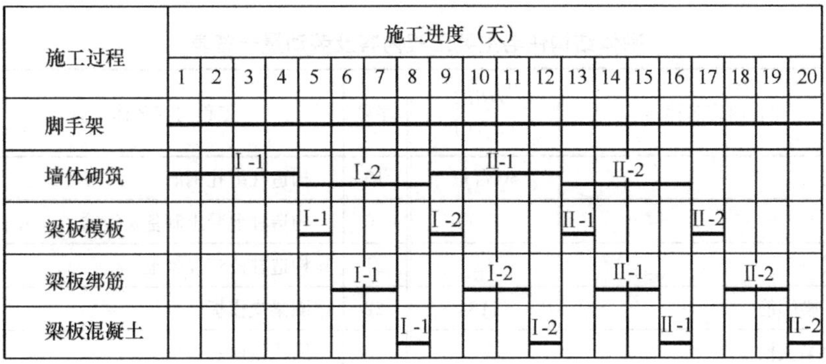

施工过程	施工进度（天）																			
	1	2	3	4	5	6	7	8	9	10	11	12	13	14	15	16	17	18	19	20
脚手架																				
墙体砌筑			Ⅰ-1				Ⅰ-2				Ⅱ-1				Ⅱ-2					
梁板模板					Ⅰ-1				Ⅰ-2				Ⅱ-1				Ⅱ-2			
梁板绑筋							Ⅰ-1				Ⅰ-2				Ⅱ-1				Ⅱ-2	
梁板混凝土								Ⅰ-1				Ⅰ-2				Ⅱ-1				Ⅱ-2

图2-19 砌体结构住宅主体工程阶段流水施工进度计划

（仅绘制出两层，其余类同）

【问题2-18】 案例2-4中，有楼层间的关系，但没有满足 $m\geqslant n$ 的条件，可行吗？为什么？

本例中由于除主导施工过程砌砖墙的流水节拍较大外，其他施工过程的流水节拍值都较小，且这些施工过程没有刻意安排其连续施工，虽然有层间关系，但并不受 m 和 n 关系的影响，只要安排梁板支模、梁板绑筋及梁板浇筑混凝土三个施工过程的流水节拍之和不大于砌砖墙的流水节拍，为第二层砌砖墙投入施工创造工作面，即第一层最后一段砌砖墙完成后能立即进入第二层第一段砌砖墙施工，保持了上下层墙体砌筑连续施工。除此之外的情况，为了保持施工的连续性，有层间关系时，仍需满足 $m\geqslant n$ 的条件。

【教学指导建议】

1. 通过案例和引导问题等引入流水施工主要参数，并进一步明确要通过确定这些参数才能解决工程实际问题的重要意义。

2. 本任务重点研究施工过程、施工段和流水节拍三个参数的确定方法，其他有关参数不必在此讲述，同时注意不要急于对这些流水施工参数进行分类归纳，将在任务3中继续深化。

3. 这些参数的确定，一定要通过结合实例训练，加强动手能力培养，真正弄懂确定的过程和方法。

4. 本任务的最终目标就是能够运用这几个主要参数，完成某工程主体阶段的流水施工进度计划的编制，注重运用实例教学并继续保持动手结合的方法。与任务1相比，这部分内容增加了参数确定及其具体应用的内容，运用这些知识内容已经能够解决一般工程在一个分部工程范围内的流水施工问题。

5. 其他的流水施工参数、流水施工的分类及组织方式等不必在此完成讲授学习。

2.3 单位工程流水施工计划的编制

【教学任务】 某6层砌体结构住宅，长80m，宽13m，共有4个单元。每层设有圈梁、阳台，首层各单元入口处设有雨棚。构造柱混凝土采用现场搅拌，其余采用预拌混凝土。其基础施工、主体施工、屋面施工及装饰施工的工程内容和劳动量（或台班量）详见表2-5，编制该单位工程流水施工进度计划。

砌体结构住宅主要工程内容及劳动量一览表 表2-5

序号	工程内容名称	劳动量（工日）	序号	工程内容名称	劳动量（工日）
1	打桩	50台班	19	构造柱绑扎钢筋	50
2	挖土方	130	20	构造柱混凝土制备及运输	24/20台班
3	垫层	48	21	构造柱浇筑混凝土	90
4	承台梁绑筋	116	22	圈梁支模板	70
5	承台梁支模	38	23	圈梁钢筋制作加工	30/6台班
6	承台梁浇筑混凝土	35	24	圈梁绑扎钢筋	110
7	砖砌基础	50	25	圈梁混凝土制备及运输	27/20台班
8	回填土	70	26	圈梁浇筑混凝土	60
9	搭拆脚手架	240	27	预制过梁安装	50
10	红砖场外运输	30台班	28	梁板支模板	360
11	红砖场内运输至使用部位	30/40台班	29	梁板钢筋制作加工	150/100台班
12	砌筑砂浆制备及吊运	20/40台班	30	梁板绑扎钢筋	370
13	外墙砌筑	1180	31	梁板混凝土运输	220/120台班
14	内墙砌筑	460	32	梁板浇筑混凝土	350
15	钢筋场外运输	50台班	33	阳台雨棚支模	20
16	模板场外运输	40台班	34	阳台雨棚钢筋制作加工	22/10台班
17	构造柱支模	50	35	阳台雨棚绑扎钢筋	20
18	构造柱钢筋制作加工	18/10台班	36	阳台雨棚混凝土运输	28/3台班

续表

序号	工程内容名称	劳动量（工日）	序号	工程内容名称	劳动量（工日）
37	阳台雨棚浇筑混凝土	20	55	楼地面抹灰	550
38	楼梯支模	40	56	楼梯抹灰	80
39	楼梯钢筋制作加工	22/9 台班	57	塑钢窗安装	220
40	楼梯绑筋	40	58	玻璃安装	230
41	楼梯混凝土运输	10/5 台班	59	天棚刮大白	110
42	楼梯浇筑混凝土	30	60	墙面刮大白	390
43	屋面结构找平层	20	61	天棚涂料	180
44	隔气保温	40	62	墙面涂料	550
45	找平层	30	63	满堂脚手架搭拆	120
46	卷材防水及隔热保护	45	64	楼梯金属栏杆扶手安装	50
47	外墙抹灰	730	65	楼梯金属栏杆油漆	70
48	外墙真石漆	350	66	室内胶合板门安装	80
49	台阶砌筑及抹灰	100	67	防盗门、电子门安装	70
50	散水垫层及抹灰	130	68	塑钢窗配件安装	50
51	水落管安装	25	69	门五金安装	65
52	外脚手架拆除	110	70	水、暖、电安装	
53	天棚抹灰	450	71	塔吊拆除	18/2 台班
54	墙面抹灰	1450	72	施工电梯拆除	30/2 台班

【问题 2-19】 一个流水组的工期，能否在编排流水进度计划之前预先确定？对于单位工程的流水施工计划又怎样编制？

单位工程流水施工计划是一个较完整的流水施工计划，对于建筑施工中的一个专业工程而言，如土建工程它是各个阶段流水施工的总和，在实际工程中应用十分普遍。故应在分部工程流水的基础上，通过进一步认识有关流水施工参数、流水施工的组织方式及其分类等，进行预测工期，科学合理地完成单位工程流水施工计划的编制。

2.3.1 流水步距

流水步距是指两个相邻施工过程开始投入到第一个施工段的时间间隔。常用符号“K”表示，计量单位以时间“天”表示。

在一个流水组中，流水步距的数量应等于参与流水的施工过程数减去一。

流水步距的大小对工期有较大的影响。一般来说，在施工段、流水节拍等不变的条件下，流水步距越大，工期越长，反之，流水步距越小，则工期越短。

1. 流水步距确定的基本要求

(1) 保持主导施工过程连续施工。当前后两个施工过程的流水节拍大小不等，且前一个施工过程的流水节拍小于或等于后一个施工过程的流水节拍时，一般不必刻意安排，即可保持连续性要求，如图 2-4 及图 2-7 中的挖土方和基础施工两个施工过程。但当前一个施工过程的流水节拍大于后一个施工过程的流水节拍时，应调整流水步距数据，使其连续施工。如图 2-4 中的回填土施工过程，回填土并没有连续施工。若按照图 2-7 进行调整后，则保持了回填土施工的连续性。保持连续性施工，可方便施工队组的调配，甚至可减少机械设备的进出场费，降低管理成本，但有时会延长工期，所以常常以控制主要施工过程连续性施工为主。

(2) 满足施工工艺顺序。通过调控流水步距数据，正是保证了两个相邻施工过程的施工不出现违反工艺逻辑关系的情况，即不出现前一个施工过程尚未完成，而后一个施工过程已经开始，甚至完成的情况。图 2-7 中，若基础施工和回填土两个施工过程的流水步距改变为 4 天，如图 2-20 所示，第二段基础施工尚未完成，而第二段回填土就开始，搭接时间较少还算可以，有时可以这样安排；到第三段时，基础刚完成一半就开始回填，甚至在第四段上几乎又同时开始施工，同时完成，不符合逻辑。如果将回填土的流水节拍改变为 2 天时，还是 4 天的流水步距，则会出现基础尚未完成而回填土已完成的情况，严重违背工艺逻辑关系。

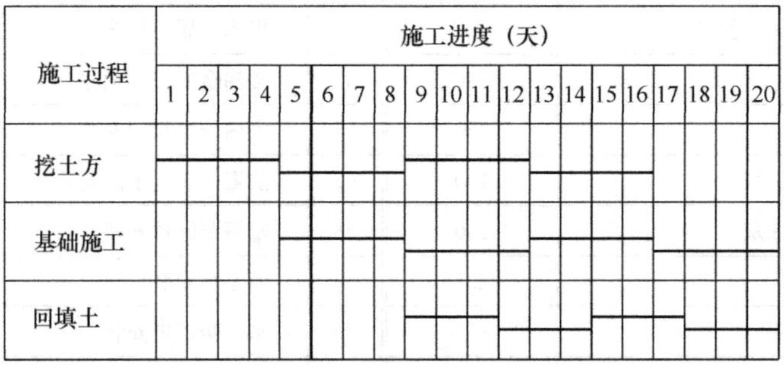

施工过程	施工进度（天）																			
	1	2	3	4	5	6	7	8	9	10	11	12	13	14	15	16	17	18	19	20
挖土方																				
基础施工																				
回填土																				

图 2-20 流水步距不合理示意

(3) 合理地充分地利用工作面。在前一个施工过程的相应施工段完成后，已经为后一个施工过程的施工提供了工作空间，此时流水步距的确定应最大限度地利用工作面。图 2-4 就体现出这一特征。

(4) 保证工程质量，满足施工组织、施工安全和成品保护的要求。为了实现这些要求，有时可人为地调整流水步距，详见技术与组织间歇时间。

2. 流水步距的计算

在有节奏流水施工中，分析图 2-21，可得出流水步距的通用计算公式，即：

$$K_{i,i+1}=\begin{cases}t_i & \text{当 } t_i \leqslant t_{i+1} \text{ 时}\\ mt_i-(m-1)t_{i+1} & \text{当 } t_i > t_{i+1} \text{ 时}\end{cases} \tag{2-7}$$

式中 t_i——第 i 个施工过程的流水节拍；

t_{i+1}——第 $i+1$ 个施工过程的流水节拍。

2.3.2 技术与组织间歇时间

为满足技术或组织的要求，前一个施工过程完成后，后一个施工过程不能立即开始，而形成的时间间隔，就是间歇时间。常用符号“Z”表示，单位以“天”计算。这个间歇时间与流水步距不重叠，它是在保留了流水步距时间间隔之后，再次出现的时间间隔，可分别单独计算，如图 2-22 所示。技术与组织的要求多种多样。技术要求主要是工艺性质决定的，如混凝土养护时间、抹灰层干燥时间、油漆涂层的干燥时间等，由此形成的间歇称为技术间歇时间。组织要求主要是人为设定的，如施工前对前一个施工过程的质量检查

施工过程
施工进度（天）
1 2 3 4 5 6 7 8 9 10 11 12 13 14 15 16 17 18 19 20 21 22 23 24 25 26 27 28 29 30
挖土方
垫层
砌基础
回填土
$K_{i,i+1}=mt_i-(m-1)t_{i+1}$
$(m-1)t_{i+1}$
mt_i

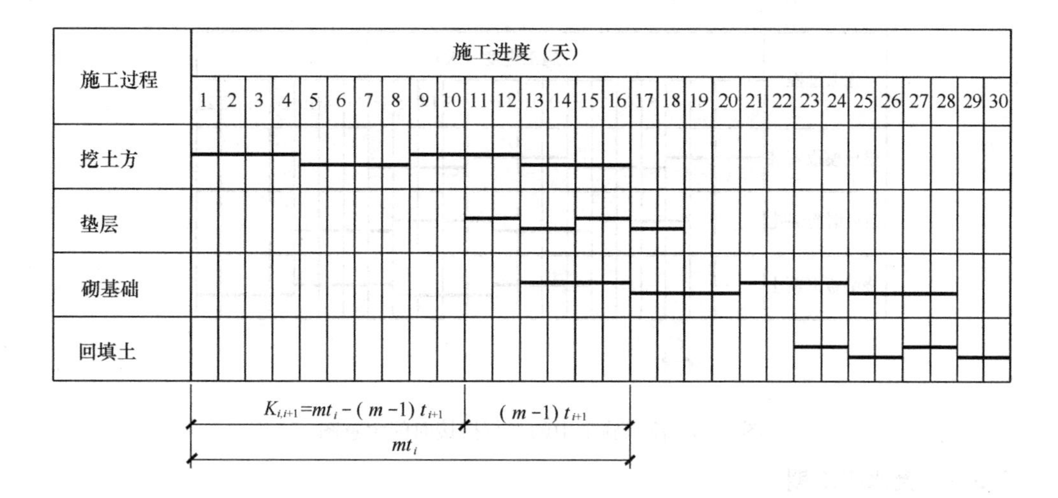

图 2-21　流水步距计算示意图

验收，后一个施工过程施工前的弹线、上料、施工机械转移以及其他作业前的准备等，由此形成的间歇称为组织间歇时间。组织间歇时间是人们主观安排的，可以通过合理编排计划，尽量减少甚至消除。

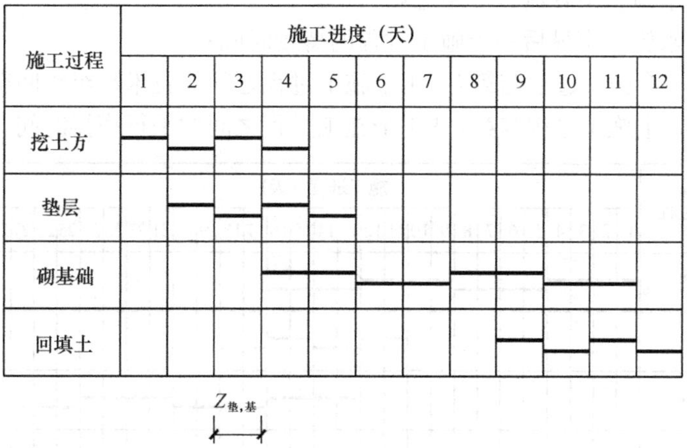

施工过程
施工进度（天）
1 2 3 4 5 6 7 8 9 10 11 12
挖土方
垫层
砌基础
回填土
$Z_{垫,基}$

图 2-22　流水施工中间歇时间示意图

2.3.3　平行搭接时间

在组织流水施工时，为了缩短工期，在工作面允许的条件下，即前一个施工过程完成了大部分任务，后一个施工过程提前投入施工，与前一个施工过程在同一施工段上形成搭接作业，这个搭接时间称为平行搭接时间。采用平行搭接施工必须具备适宜的条件，如前一个施工过程所完成部分应达到质量验收要求，且应具备足够的工作空间，以及施工机械等配套条件满足要求等。平行搭接时间通常用符号“C”表示，单位以“天”计算。平行搭接时间与流水步距有重叠，如图 2-23，但均应单独计算。

【问题 2-20】　什么条件下可以搭接施工？

【问题 2-21】　以上各项参数中，与工期有直接关系的是哪些？

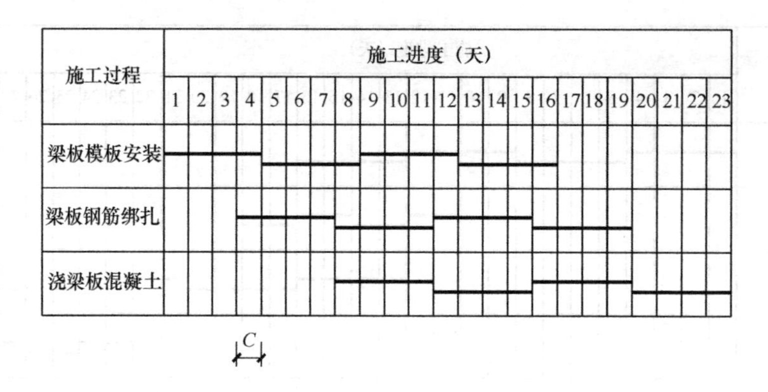

图 2-23 流水施工中的平行搭接时间示意图

2.3.4 流水组工期

工期是指完成一项工程任务所需的全部时间。流水组工期是指完成一组流水所需的总时间。通常用符号"T"表示，单位以时间"天"计算。分析图 2-24，即可得出流水组工期的通用计算式。

$$T = \sum K_{i,i+1} + T_n + \sum Z_{i,i+1} - \sum C_{i,i+1} \quad (2\text{-}8)$$

式中 T——流水施工工期；

$\sum K_{i,i+1}$——流水施工中各流水步距之和；

T_n——流水施工中最后一个施工过程的持续时间；

$Z_{i,i+1}$——第 i 个施工过程与第 $i+1$ 个施工过程之间的技术与组织间歇时间；

$C_{i,i+1}$——第 i 个施工过程与第 $i+1$ 个施工过程之间的平行搭接时间。

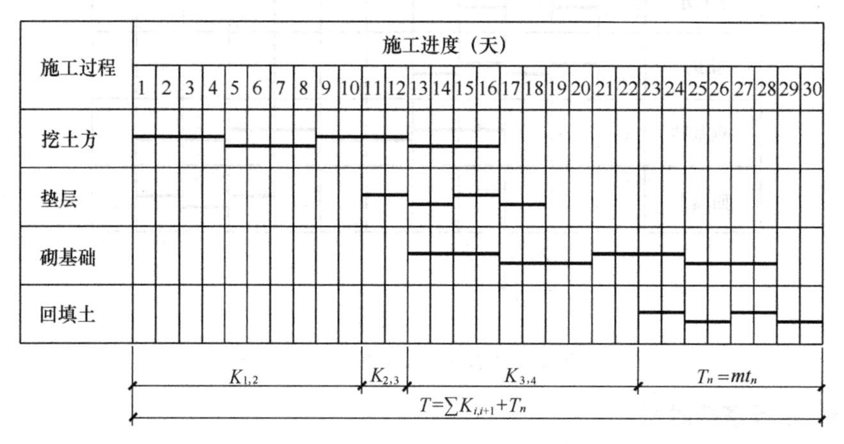

图 2-24 流水组工期计算示意图

【案例 2-5】 某工程有 A、B、C、D 四个施工过程，划分三个施工段组织流水施工，流水节拍分别为 $t_A=3$ 天，$t_B=4$ 天，$t_C=5$ 天，$t_D=3$ 天，已知 B 完成后有 2 天间歇，C、D 之间可以有 1 天的搭接，试确定流水步距，计算流水组工期，并绘制流水施工进度图表。

解：

（1）由题意得

$m=3$ 段，$n=4$ 个，$t_A=3$ 天，$t_B=4$ 天，$t_C=5$ 天，$t_D=3$ 天，$Z_{B,C}=2$ 天，$C_{C,D}=1$ 天

（2）确定流水步距

$t_A<t_B$　　$K_{A,B}=t_A=3$ 天

$t_B<t_C$　　$K_{B,C}=t_B=4$ 天

$t_C>t_D$　　$K_{C,D}=mt_C-(m-1)t_D=3\times5-(3-1)\times3=9$ 天

（3）计算流水组工期

$$T=\Sigma K_{i,i+1}+T_n+\Sigma Z_{i,i+1}-\Sigma C_{i,i+1}=(3+4+9)+3\times3+2-1=26 \text{ 天}$$

（4）绘制流水施工进度图表，如图 2-25 所示

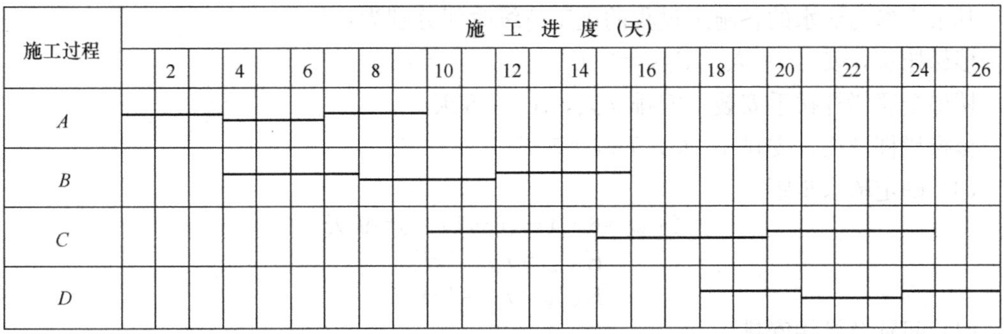

施工过程	施工进度（天）																									
		2		4		6		8		10		12		14		16		18		20		22		24		26
A																										
B																										
C																										
D																										

图 2-25　某工程流水施工进度表（属于异节奏流水）

【案例 2-6】 某 6 层砌体结构住宅，无地下室，共有 4 个单元，总长度 80m，总宽度 13m，该工程室内装饰工程阶段的主要工程内容及劳动量详见表 2-6。编制其流水施工进度计划。

装饰工程施工内容及劳动量一览表　　　　**表 2-6**

序号	工程内容名称	劳动量（工日）	序号	工程内容名称	劳动量（工日）
1	天棚抹灰	450	7	塑钢窗安装	220
2	天棚涂料	180	8	玻璃安装	230
3	天棚刮大白	110	9	楼地面抹灰	550
4	墙面抹灰	1450	10	楼梯抹灰	80
5	墙面刮大白	390	11	楼梯金属栏杆扶手安装	70
6	墙面涂料	180	12	楼梯金属栏杆油漆	50

解：装饰工程阶段的工程内容相对较多也较繁杂，要结合具体的工程进行深入细致的分析，理顺关系，分清主次，再进行流水施工进度安排，才能符合工程实际，真正体现其指导实施作用。

（1）确定施工过程名称，合理安排施工顺序

根据以上工程内容，确定施工过程名称及顺序为：顶墙抹灰→地面抹灰→塑钢窗安装（含玻璃安装）→顶墙涂料（含刮大白）四个主要施工过程进行流水施工。

楼梯抹灰不参与流水，也不必占用工期，安排在室内装修施工期间完成。楼梯抹灰与

其他工程内容有所不同，四部楼梯采取分别按每部楼梯抹灰后并封闭的方式完成，即可保证正常的人流交通，又可保护楼梯面层，减少损坏。楼梯金属栏杆扶手安装和楼梯栏杆油漆均不参与流水，安排在其他室内装修基本结束后进行。

（2）确定流水节拍

各施工过程流水节拍值按照公式（2-2）计算，得

顶墙抹灰六个施工段，一班制施工，安排 75 人，$t_{顶墙}=4$ 天

楼地面抹灰六个施工段，一班制施工，安排 30 人，$t_{楼地}=3$ 天

塑钢窗安装六个施工段，一班制施工，安排 20 人，$t_{塑窗}=4$ 天

顶墙涂料六个施工段，一班制施工，安排 40 人，$t_{涂料}=5$ 天

其余不参与流水的各施工过程的施工持续时间分别为：

楼梯抹灰，安排 10 人，$T_{梯灰}=8$ 天

楼梯金属栏杆扶手安装，安排 9 人，$t_{栏杆}=8$ 天

楼梯栏杆油漆，安排 10 人，$T_{油漆}=5$ 天

（3）确定流水步距

$$K_{墙,地}=6\times4-(6-1)\times3=9\text{ 天}$$
$$K_{地,窗}=t_{窗}=3\text{ 天}$$
$$K_{窗,涂}=t_{窗}=4\text{ 天}$$

（4）间歇及搭接安排

考虑地面养护，安排 3 天间歇时间。墙面的养护已在地面抹灰阶段自然留出，不再考虑。

考虑顶墙涂料中包含了大白，且大白与涂料都有多遍成活的特点，流水节拍也较大，考虑 3 天搭接时间。

（5）确定流水组工期

$$T=\sum K_{i,i+1}+T_n+\sum Z_{i,i+1}-\sum C_{i,i+1}=(9+3+4)+6\times5+3-3=46\text{ 天}$$

（6）绘制室内装饰工程流水施工进度计划

楼梯抹灰、楼梯金属栏杆扶手安装及楼梯栏杆油漆等均安排穿插施工，至此，本工程室内装饰施工进度计划如图 2-26 所示。

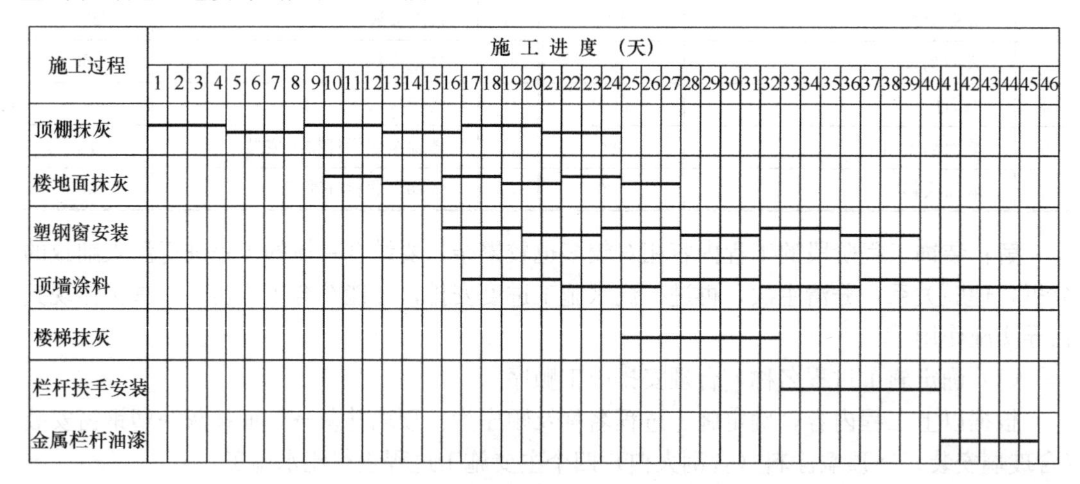

图 2-26 装饰工程流水施工进度计划

【问题 2-22】 已经看到的众多流水施工中，从流水节拍的大小看，有什么特点？

2.3.5 流水施工的节奏特征及组织

流水施工按组织流水作业的节奏性特征，可分为有节奏流水和无节奏流水，有节奏流水又分为等节奏流水和异节奏流水等。如图 2-27 所示。

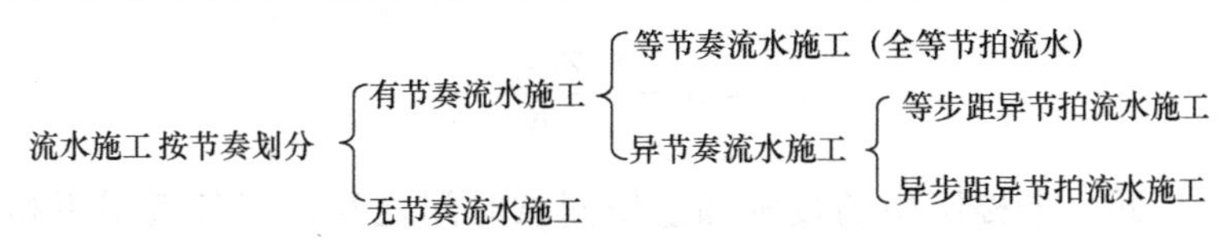

图 2-27 流水施工按节奏性特征分类

有节奏流水是指参与一组流水的任一施工过程，在各个施工段上的流水节拍值相等，但不同施工过程之间的流水节拍值不一定相等或者可能都相等。其实质就是一个施工过程在每一施工段上都用相同的时间完成施工任务，反映施工生产活动有明显的、稳定的均衡性和节奏性。

等节奏流水首先它是有节奏流水，即参与一组流水的任一施工过程，在各个施工段上的流水节拍值相等，且不同施工过程之间的流水节拍值都相等。

异节奏流水也是有节奏流水，即参与一组流水的任一施工过程，在各个施工段上的流水节拍值相等，但不同施工过程之间的流水节拍值不一定相等。在这种情形中，有时存在着不同施工过程之间的流水节拍值虽然不相等，但相互之间有一定的规律性，如互成倍数关系，这一情况同上述的等节奏流水一样，都是组织流水施工中遇到的比较特殊的情形，虽然不会经常性出现，但是一旦在实际工程中出现时，就应该更合理地运用其优势，回避不足，充分发挥流水施工组织的技术经济效果。

无节奏流水是指参与一组流水的任一施工过程，在各个施工段上的流水节拍值都不一定相等。就是一个施工过程在每一施工段上完成施工任务的时间都不一定相同，也没有规律性，反映施工生产活动没有较好的节奏性，但也是较常见的。

1. 全等节拍流水的组织

全等节拍流水就是上面提到的等节奏流水，也称为固定节拍流水。

（1）主要特征

1）每一施工过程，在各施工段上的流水节拍值都相等；

2）各施工过程的流水节拍值都相等，即 $t_1 = t_2 = \cdots = t_{n-1} = t_n$, $t_i = t$（常数）；

3）流水步距等于流水节拍，即 $K=t$；

4）施工队组数等于施工过程数，即 $\Sigma b_i = n$ ；

5）各施工队组均保持连续施工，除人为安排的间歇外，施工段上无空闲。

（2）组织步骤

1）划分施工过程 n；

2）确定施工人数，计算流水节拍 t；

3）确定流水步距，取 $K=t$；

4）划分施工段 m：

①当无层间关系或无施工层时，取 $m=n$；

②当有层间关系或施工层时，无技术和组织间歇时间及层间间歇时间，取 $m=n$；

当有层间关系或施工层时，首先应满足公式 $m \geqslant n$ 的条件；根据图 2-15 和图 2-16 得知，当无间歇时，取 $m=n$，既保持了施工专业队连续，又无施工段空闲；

③当有层间关系或施工层时，有技术和组织间歇时间及层间间歇时间，为了保证各施工专业队能连续施工，则按公式（2-9）计算，即：

$$m = n + \frac{\Sigma Z_1 + Z_2}{K} \tag{2-9}$$

式中 ΣZ_1 ——同一个楼层中的技术和组织间歇时间之和，当各楼层不相等时，取最大值；

Z_2 ——层间间歇时间，当各楼层不相等时，取最大值。

当 $m>n$ 时，虽然保持了施工专业队连续，但有施工段空闲，施工段空闲的数量为：$m-n$，如图 2-28 所示。当出现技术和组织间歇及层间间歇时间时，施工段空闲的时间就会减少，如图 2-29 所示，反映了施工段空闲时间有减少。但当间歇时间总和较大，即（ΣZ_1+Z_2）>（$m-n$）t 或（$m-n$）K 时，不仅无施工段空闲，还会造成施工专业队间断、停工等待等现象，如图 2-30 所示。所以为保证施工专业队连续，又无施工段空闲（不计间歇带来的空闲），间歇总时间的大小应与施工段空闲总时间的大小保持一致关系，即

$$(m-n) \cdot K = \Sigma Z_1 + Z_2 \tag{2-10}$$

从而得出公式（2-9）。

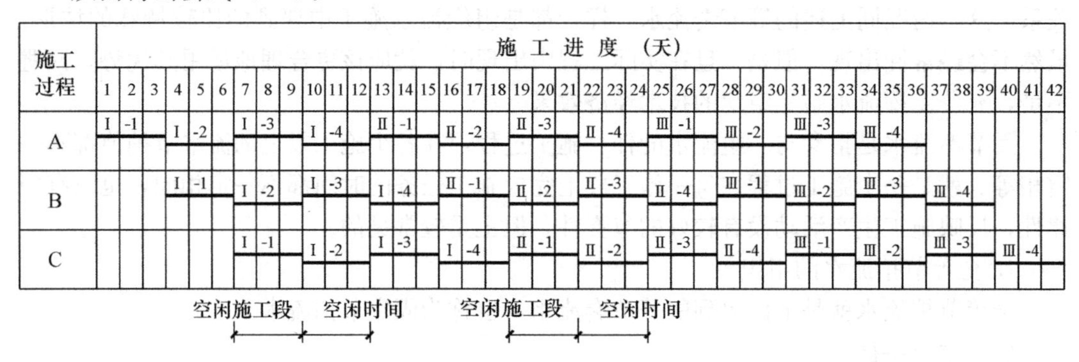

图 2-28 $m>n$ 时空闲施工段示意

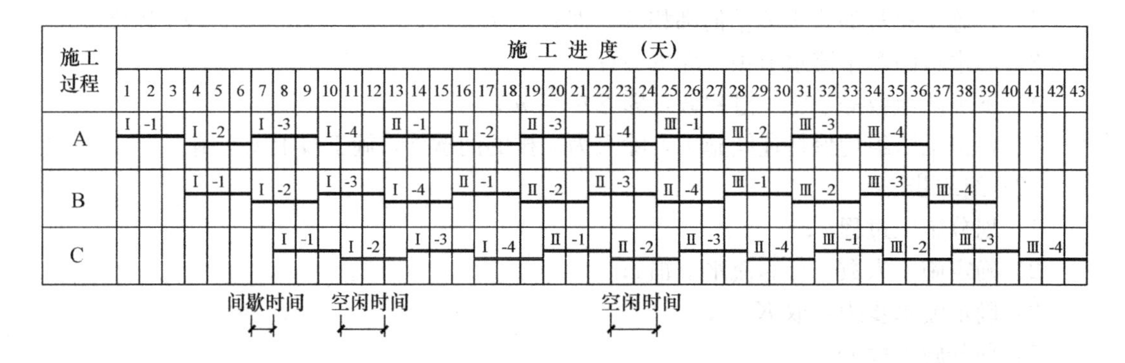

图 2-29 有间歇时间时施工段空闲时间缩短

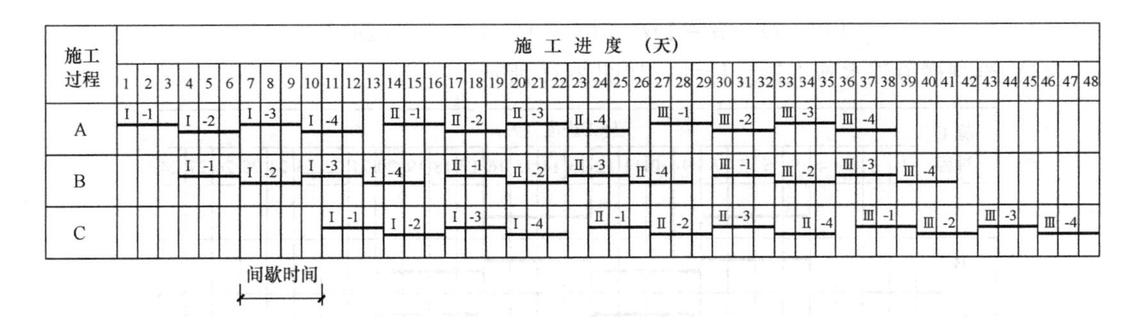

图 2-30 间歇总时间大于施工段空闲总时间

【问题 2-23】 计算施工段数 m 时，为什么没有计算搭接时间 C？

5）计算流水组工期：

①无施工层时，根据工期通用算式（2-7）得

$$T=\Sigma K_{i,i+1}+T_n+\Sigma Z_{i,i+1}-\Sigma C_{i,i+1}$$

$$\Sigma K_{i,i+1}=(n-1)t=(n-1)K$$

$$T_n=mt$$

$$T=(n-1)t+mt+\Sigma Z_{i,i+1}-\Sigma C_{i,i+1}$$

$$T=(m+n-1)t+\Sigma Z_{i,i+1}-\Sigma C_{i,i+1} \tag{2-11}$$

式中 T——流水组工期；

m——施工段数；

n——施工过程数；

t——流水节拍；

$Z_{i,i+1}$——两相邻施工过程之间的技术与组织间歇时间；

$C_{i,i+1}$——两相邻施工过程之间的平行搭接时间。

②分层施工时，仍按工期通用算式（2-7）得

因为 $$T_n=m\cdot r\cdot t$$

所以 $$T=(m\cdot r+n-1)t+\Sigma Z_1-\Sigma C_1 \tag{2-12}$$

式中 ΣZ_1——在一个施工层中技术与组织间歇时间之和；

ΣC_1——在一个施工层中平行搭接时间之和；

其他符号含义同前。

6）绘制进度图表。

【问题 2-24】 为什么计算工期时，没计入层间间歇时间 Z_2？

【案例 2-7】 某三层住宅工程，其室内装饰工程有 A、B、C、D 四个施工过程组织流水施工，各施工过程的流水节拍均为 4 天，以每个楼层为一个施工段，试组织其流水施工，绘制进度计划图表。

解： 由于各施工过程流水节拍均相等，故组织等节奏流水施工。

（1）根据题意可知

$$m=3\text{ 段}，n=4\text{ 个}，t=4\text{ 天}$$

（2）确定流水步距

$$K=t=4\text{ 天}$$

（3）计算流水组工期

$$T=(m+n-1)t=(3+4-1)\times 4=24\text{天}$$

(4) 绘制横道流水施工进度计划，如图 2-31 所示。

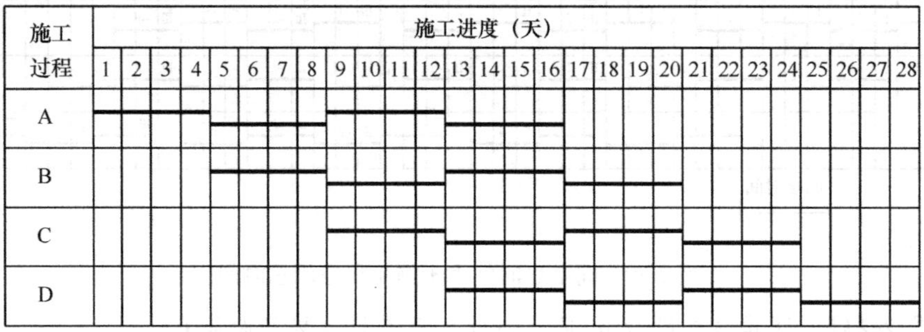

施工过程	施工进度（天）																											
	1	2	3	4	5	6	7	8	9	10	11	12	13	14	15	16	17	18	19	20	21	22	23	24	25	26	27	28
A																												
B																												
C																												
D																												

图 2-31 等节奏流水施工进度表（无层间关系时）

【案例 2-8】 某工程主体施工有 A、B、C、D 四个施工过程，按照 A→B→C→D 的顺序组织分段流水施工，竖向上分为两个施工层，每个施工过程在每个施工层上的每施工段流水节拍均为 2 天，要求 B、C 之间有 2 天的技术间歇，层间有 2 天的间歇（即在第一施工层上，第一施工段中 D 过程完成后有两天间歇后，A 过程才能在第二施工层上开始第一施工段的施工），若为了使各施工队组连续施工，试组织其流水施工。

解： 由于各施工过程流水节拍均相等，故组织等节奏流水施工；由于有两个施工层，故按有层间关系组织等节奏流水。

(1) 根据题意可知

$$n=4\text{个},r=2\text{层},t=2\text{天},\Sigma Z_1=2\text{天},\Sigma C_1=0\text{天},Z_2=2\text{天}$$

(2) 确定流水步距

$$K=t=2\text{天}$$

(3) 确定施工段数

$$m=n+\frac{\Sigma Z_1+Z_2}{K}=4+\frac{2+2}{2}=6$$

(4) 计算流水组工期

$$T=(m\cdot r+n-1)t+\Sigma Z_1-\Sigma C_1=(6\times 2+4-1)\times 2=32\text{天}$$

(5) 绘制横道流水施工进度计划，如图 2-32 所示。

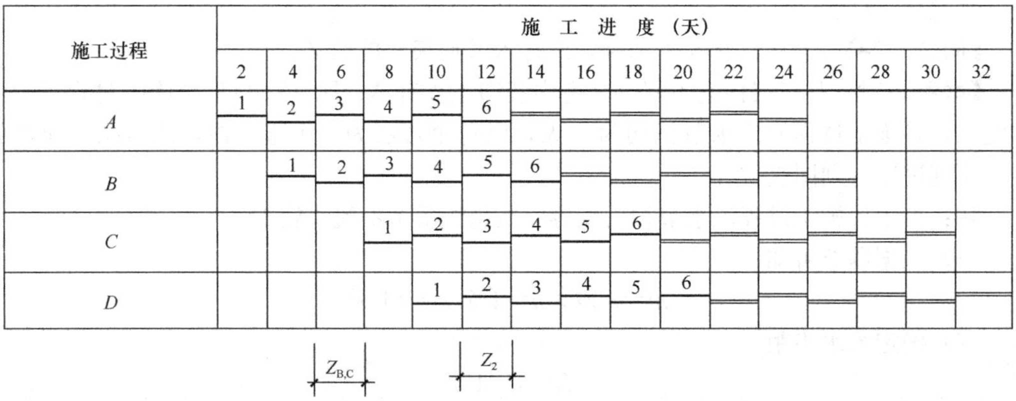

施工过程	施工进度（天）															
	2	4	6	8	10	12	14	16	18	20	22	24	26	28	30	32
A	1	2	3	4	5	6										
B		1	2	3	4	5	6									
C				1	2	3	4	5	6							
D					1	2	3	4	5	6						

$Z_{B,C}$ Z_2

图 2-32 等节奏流水施工进度表（有层间关系时）

【问题 2-25】 在案例 2-8 中，如果在竖向上分别列出两个施工层时，进度计划图又会怎样？哪种表达好？

【问题 2-26】 全等节拍流水有什么优缺点？

全等节拍流水的显著优势就是参与流水的所有施工过程均能保持连续施工，无任何工作面的空闲，真正实现了均衡、有固定节奏的施工，最大限度地体现了流水施工带来的技术经济效果。在工程实际中这种情况并不容易自然地出现，有时可以通过重新整合施工过程的划分，改变施工队组人数来调整流水节拍值，实现局部的全等节拍流水。但应切忌为了单纯追求实现这种流水效果，而带来不利的问题。如施工过程划分不合理，违反施工程序；工作面不满足施工人数使劳动生产率降低；不满足最小劳动组合要求；无充分的施工准备时间影响施工质量等。

2. 成倍节拍流水的组织

异节奏流水在实际工程中运用比较普遍，成倍节拍流水是异节奏流水中存在的特殊情形。成倍节拍流水也称为等步距异节拍流水。

（1）特征

1）每一施工过程，在各施工段上的流水节拍值都相等；

2）各施工过程之间的流水节拍值互成倍数关系，即各施工过程的流水节拍均为其中最小流水节拍的整数倍；

3）流水步距均相等，且等于最小流水节拍值，也即

$$K_{i,i+1} = t_{\min} = K_{\mathrm{b}} \tag{2-13}$$

式中　K_{b}为各施工过程的流水节拍的最大公约数。

4）施工队组数大于施工过程数，即

$$\sum b_i > n \tag{2-14}$$

5）各施工队组均保持连续施工，除人为安排的间歇外，施工段上无空闲。

（2）组织要点

1）确定流水步距

$$K_{i,i+1} = K_{\mathrm{b}} \tag{2-15}$$

2）确定每个施工过程配备的施工队组数

$$b_i = \frac{t_i}{K_{\mathrm{b}}} \tag{2-16}$$

$$n_1 = \sum b_i \tag{2-17}$$

3）确定施工段数

①无层间关系时，一般取 $m=n_1$。

②有层间关系时，每层施工段的最少数目可按式（2-18）确定。

$$m = n_1 + \frac{\sum Z_1 + Z_2}{K_{\mathrm{b}}} \tag{2-18}$$

4）计算流水组工期

①无层间关系时：$T = (m + n_1 - 1)K_{\mathrm{b}} + \sum Z_{i,i+1} - \sum C_{i,i+1}$ (2-19)

②有层间关系时：$T = (m \cdot r + n_1 - 1)K_{\mathrm{b}} + \sum Z_1 - \sum C_1$ (2-20)

5）绘制进度图表

【案例 2-9】 某基础工程有 A、B、C 三个施工过程，流水节拍分别为 $t_A=6$ 天，$t_B=4$ 天，$t_C=2$ 天，试组织流水施工。

解： 由题意可组织成倍节拍流水施工。

（1）确定流水步距：

$$K_{A,B}=K_{B,C}=K_b=2\ \text{天}$$

（2）确定各施工过程应配备的施工队数：

$$b_A=\frac{t_A}{K_b}=\frac{6}{2}=3\ \text{个}$$

$$b_B=\frac{t_B}{K_b}=\frac{4}{2}=2\ \text{个}$$

$$b_C=\frac{t_C}{K_b}=\frac{2}{2}=1\ \text{个}$$

$$n_1=\Sigma b_i=3+2+1=6\ \text{个}$$

（3）确定施工段数：

$$m=n_1=6\ \text{段}$$

（4）计算流水组工期：

$$T=(m+n_1-1)K_b+\Sigma Z_{i,i+1}-\Sigma C_{i,i+1}=(6+6-1)\times 2=22\ \text{天}$$

（5）绘制进度计划表，如图 2-33 所示。

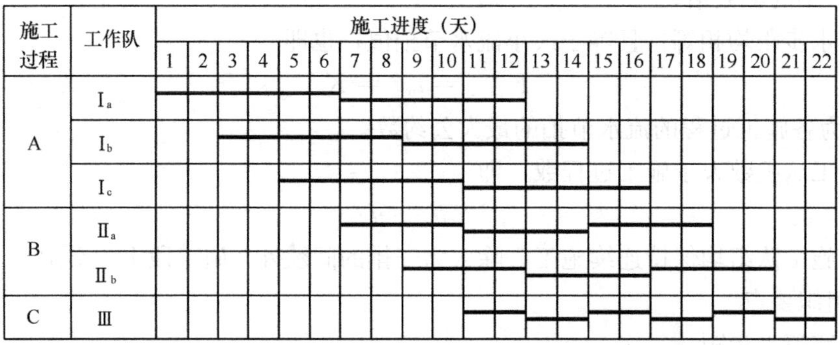

施工过程	工作队	施工进度（天）																					
		1	2	3	4	5	6	7	8	9	10	11	12	13	14	15	16	17	18	19	20	21	22
A	Ⅰa																						
	Ⅰb																						
	Ⅰc																						
B	Ⅱa																						
	Ⅱb																						
C	Ⅲ																						

图 2-33 成倍节拍流水施工进度表（无层间关系时）

【案例 2-10】 某工程有安装模板、绑钢筋、浇混凝土三个施工过程，分两个施工层组织流水施工，已知 $t_{模}=2$ 天，$t_{筋}=2$ 天，$t_{混}=1$ 天，有 1 天层间间歇，要求各施工过程连续施工，试组织流水施工。

解： 组织成倍节拍流水。

（1）确定流水步距：

$$K_b=1\ \text{天}$$

（2）确定施工队数：

$$b_{模}=\frac{t_{模}}{K_b}=\frac{2}{1}=2\ \text{个}$$

$$b_{筋}=\frac{t_{筋}}{K_b}=\frac{2}{1}=2\ \text{个}$$

$$b_{混}=\frac{t_{混}}{K_b}=\frac{1}{1}=1\ \text{个}$$

（3）确定每层施工段数：

$$m = n_1 + \frac{\sum Z_1 + Z_2}{K_b} = 5 + \frac{0+1}{1} = 6 \text{段}$$

（4）计算流水组工期：

$$T = (m \cdot r + n_1 - 1)K_b + \sum Z_1 - \sum C_1 = (6 \times 5 - 1) \times 1 = 16 \text{天}$$

（5）绘制流水施工进度表，如图 2-34 所示。

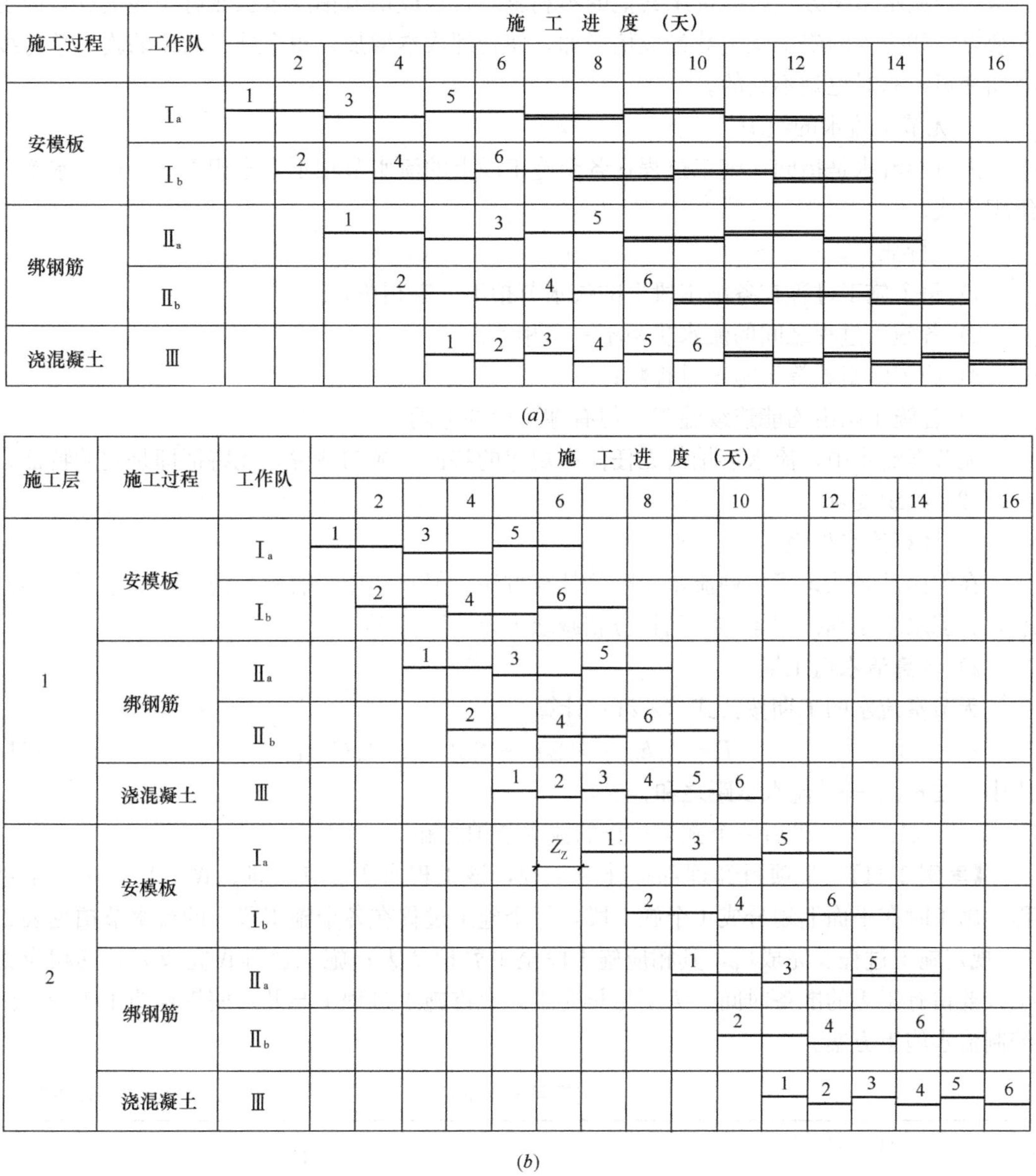

施工过程	工作队	施工进度（天）															
			2		4		6		8		10		12		14		16
安模板	I_a	1		3		5											
	I_b		2		4		6										
绑钢筋	II_a			1			3		5								
	II_b				2			4		6							
浇混凝土	Ⅲ					1	2	3	4	5	6						

(*a*)

施工层	施工过程	工作队	施工进度（天）															
				2		4		6		8		10		12		14		16
1	安模板	I_a	1		3		5											
		I_b		2		4		6										
	绑钢筋	II_a			1		3		5									
		II_b				2		4		6								
	浇混凝土	Ⅲ					1	2	3	4	5	6						
2	安模板	I_a						Z_Z	1		3		5					
		I_b								2		4		6				
	绑钢筋	II_a									1		3		5			
		II_b										2		4		6		
	浇混凝土	Ⅲ											1	2	3	4	5	6

(*b*)

图 2-34 成倍节拍流水施工进度表（有层间关系时）

（*a*）按横向排列楼层；（*b*）按竖向排列楼层

【问题 2-27】 在图 2-34（*a*）中，层间间歇时间所在的位置在哪？

【问题 2-28】 以上两个案例 2-9、2-10，若按异步距异节拍组织流水，将会怎样？请绘制其流水施工进度图，并进行比较。

对同一个工程，组织成倍节拍流水要比组织一般的异节奏流水（指异步距异节拍流水）工期有明显的缩短，也保持了各施工队组施工的连续性，无工作面的空闲，这些都是非常有利的。在工程实际中，如果遇到符合成倍节拍流水条件的或通过稍加调整（如调整施工过程划分和流水节拍值等）就可以实现时，要考虑合理应用。但同样也不能单纯为了追求这种流水组织方式，而带来其他的不利影响。且成倍节拍流水虽然有一些优点，但也有缺点，如投入的施工队组数量成倍增加，使管理成本增加；每个施工队组的施工总持续时间变短，有时也是不利的。

3. 无节奏流水的组织

无节奏流水是指同一施工过程在各个施工段上的流水节拍不完全相等的一种流水施工组织方式。

（1）特征

1）每个施工过程在各施工段上的流水节拍不一定相等；

2）各施工过程之间的流水步距不一定相等；

3）施工队组数等于施工过程数；

4）各施工队组均能连续施工，但有施工段的空闲。

无节奏流水中，流水节拍值无任何有规律的特征，换句话说，无特征即是它的特征。

（2）组织要点

1）计算流水步距

在前面已经认识了一种流水步距的计算方法，但只适用于有节奏流水，对于无节奏流水，其流水步距则按“累加数列错位相减取大差法”计算。

2）计算流水组工期

无节奏流水的工期按公式（2-21）计算

$$T=\Sigma k_{i,i+1}+\Sigma t_n+\Sigma Z_{i,i+1}-\Sigma C_{i,i+1} \tag{2-21}$$

式中　$\Sigma k_{i,i+1}$——流水步距之和；

　　　Σt_n——最后一个施工过程的流水节拍之和。

【案例 2-11】 某项目经理部拟建一工程，该工程有Ⅰ、Ⅱ、Ⅲ、Ⅳ、Ⅴ 5 个施工过程。施工时在平面上划分成 4 个施工段，每个施工过程在各个施工段上的流水节拍见表 2-7。规定施工过程Ⅱ完成后，其相应施工段至少养护 2 天；施工过程Ⅳ完成后，其相应施工段要留有 1 天的准备时间。为了尽早完工，允许施工过程Ⅰ与Ⅱ之间搭接施工 1 天。试编制流水施工方案。

某项目流水节拍　　表 2-7

施工过程 / 流水节拍/d / 施工段	Ⅰ	Ⅱ	Ⅲ	Ⅳ	Ⅴ
①	3	1	2	4	3
②	2	3	1	2	4
③	2	5	3	3	2
④	4	3	5	3	1

解：根据题设条件，该工程只能组织无节奏流水施工。

（1）确定流水节拍的累加数列

Ⅰ：3，5，7，11

Ⅱ：1，4，9，12

Ⅲ：2，3，6，11

Ⅳ：4，6，9，12

Ⅴ：3，7，9，10

（2）确定流水步距

$$K_{\mathrm{I,II}}=\begin{array}{r}3,\ 5,\ 7,\ 11\qquad\quad\\ -)\qquad 1,\ 4,\ 9,\ 12\\ \hline 3,\ 4,\ 3,\ 2,\ -12\end{array}$$

$K_{\mathrm{I,II}}=\max\{3,\ 4,\ 3,\ 2,\ -12\}=4\mathrm{d}$

$$K_{\mathrm{II,III}}=\begin{array}{r}1,\ 4,\ 9,\ 12\qquad\quad\\ -)\qquad 2,\ 3,\ 6,\ 11\\ \hline 1,\ 2,\ 6,\ 6,\ -11\end{array}$$

$K_{\mathrm{II,III}}$6天

$$K_{\mathrm{III,IV}}=\begin{array}{r}2,\ 3,\ 6,\ 11\qquad\quad\\ -)\qquad 4,\ 6,\ 9,\ 12\\ \hline\end{array}$$

$K_{\mathrm{III,IV}}=\max\{2,\ -1,\ 0,\ 2,\ -12\}=2$天

$$K_{\mathrm{IV,V}}=\begin{array}{r}4,\ 6,\ 9,\ 12\qquad\quad\\ -)\qquad 3,\ 7,\ 9,\ 10\\ \hline 4,\ -3,\ 2,\ 3,\ -10\end{array}$$

$K_{\mathrm{IV,V}}=\max\{4,\ -3,\ 2,\ 3,\ -10\}=4$天

（3）计算流水组工期

由题给条件可知：$Z_{\mathrm{II,III}}=2\mathrm{d}$，$Z_{\mathrm{IV,V}}=1\mathrm{d}$，$C_{\mathrm{I,II}}=1\mathrm{d}$，代入公式(2-21)得

$$T=\sum k_{i,i+1}+\sum t_n+\sum Z_{i,i+1}-\sum C_{i,i+1}$$
$$=(4+6+2+4)+10+2+1-1=28\mathrm{d}$$

（4）绘制流水施工进度图表（见图2-35）

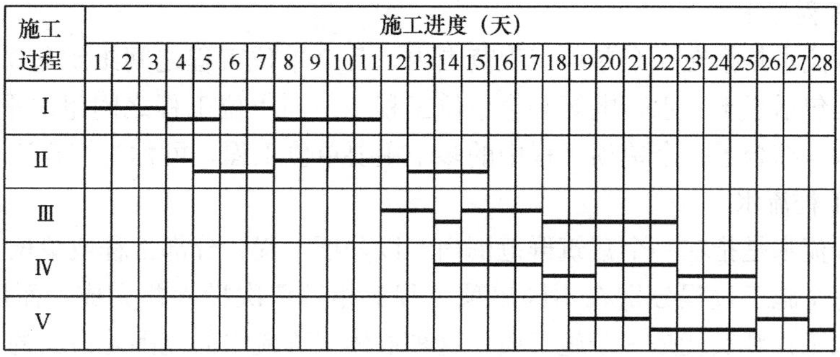

施工过程	施工进度（天）																											
	1	2	3	4	5	6	7	8	9	10	11	12	13	14	15	16	17	18	19	20	21	22	23	24	25	26	27	28
Ⅰ																												
Ⅱ																												
Ⅲ																												
Ⅳ																												
Ⅴ																												

图2-35　无节奏流水施工进度表

通过示例我们可以看出，由于每一施工过程在各施工段上的流水节拍值不等，且不同施工过程的流水节拍也有差距，为了便于预先计算工期等有关参数，又要保证相邻施工过程的施工组织安排不出现违反逻辑顺序的情况，即在同一个施工段上，必须保证前一个施工过程完成，后一个施工过程才能开始（可以不马上衔接），采用“累加数列错位相减取大差法”计算流水步距，其实质就是要规避逻辑关系混乱的情况出现，这是无节奏流水组织的关键。

在实际工程中，常常存在各施工段的工程量不相等，致使一个施工过程在每段上的流水节拍值不等的情况。因而无节奏流水也是一种较普遍的流水施工组织方式，在满足施工工艺顺序的条件下，充分利用流水施工组织的原理，既实现了各个施工过程之间最大限度地搭接施工，又保证了每个施工队组的连续施工。

2.3.6 流水施工的分级

【问题 2-29】 对于一个单位工程而言，涉及的施工过程数量众多，那么又该如何编制其流水施工进度计划呢?

研究流水施工，将不可避免地遇到不同的工程对象。为便于全面领会流水施工，通常根据组织流水作业对象的范围大小又可进行分级。

1. 分项工程流水

分项工程流水是指在一个分项工程范围内，由一个专业队或多个同工种专业队分别轮流在不同施工段上作业而组织起来的流水施工。如砖砌围墙的抹灰，可由两个抹灰专业队分别完成 1、3、5、7 等施工段和 2、4、6、8 等施工段。分项工程流水是流水施工中范围最小的流水，通常称为细部流水施工，对于线性工程很适用。

2. 分部工程流水

分部工程流水是指在一个分部工程范围内，由多个不同的专业队各自完成相应分项工程而组织起来的流水施工。分部工程流水也称为专业流水施工，前面所见的例子都属于分部工程流水，它是研究流水施工最重要的也是最根本的内容。掌握了分部工程流水施工，其他不同对象范围的流水施工均可以此为参照。

3. 单位工程流水

单位工程流水是指在一个单位工程范围内，几个分部工程之间流水组织起来的流水施工。一般采取将各个分部工程流水按照工艺逻辑和组织逻辑合理衔接起来，构成一个单位工程的流水。单位工程流水是分部工程流水的扩大和组合，可称为总和流水或分别流水施工。

4. 单项工程流水

单项工程流水是指在一个单项工程范围内，几个单位工程之间组织起来的流水施工。一个单项工程包括了土、水、电等多个单位工程，不同单位工程之间组织平行搭接施工，即形成了流水。综合了一个单项工程中的多个主要单位工程，可称为综合流水施工。

5. 群体工程流水

群体工程流水是指在一个建筑群范围内，以分项工程、分部工程或单位工程等为一个施工过程，每个施工过程分别在不同单项工程上相继依次投入并完成，而形成的流水施工。每个单项工程其实就是一个施工段。这种群体工程流水的范围是最大的，可称为大流水施工。

【案例 2-12】 某 4 层公寓工程，建筑面积 3200m^2，钢筋混凝土独立基础，主体为现浇框架结构。

外墙面为贴面砖，底层室内做吊顶，地面铺地砖，铝合金窗，胶合板门，其余为普通装修。屋面有保温层，做 SBS 卷材防水。

解： 按照以上条件，采取分别流水，分阶段编制流水施工进度计划，再整体衔接起来，该单位工程流水施工进度计划表如图 2-36 所示。

【教学指导建议】

1. 本任务中继续介绍了多个流水施工的参数，为方便大家记忆和掌握，可将这些参数归纳到一起进行分类比较，即划分为：工艺参数（施工过程数）、空间参数（工作面、施工段数和施工层数）和时间参数（流水节拍、流水步距、技术与组织间歇时间、搭接时间、工期）。工艺参数表达了组织流水施工时，对工程对象的实施步骤划分、顺序编排等施工工艺特征；空间参数表达了组织流水施工时，对工程对象在空间上的分割布置及状态；时间参数表达了组织流水施工时，有关的时间延续、排列、间隔等状态特征。

2. 本任务是综合性任务，包含了 2.1 和 2.2 两个任务的内容，本任务的核心是注重培养学生形成整体的思维，即充分认识单位工程流水施工的全貌及编制方法，从而真正形成职业能力。

3. 借助前面已经建立的一定工作能力，结合本任务的新要求内容，完成一个单位工程的流水施工进度计划编制。教师要尽量运用前面的训练任务内容，适当加以扩展，如增加装饰工程训练实例等完成教学过程。应注意到实例内容、教学知识以及学生训练等的前后衔接与连续性，使学生能够在相对比较轻松愉快的氛围中逐渐认知新内容，避免重复性工作，既浪费时间，也给学生带来新的压力。

4. 有关几种流水施工组织方式一定要阐明它们各自的特点和应用环境条件，适当变换初始条件，进行几种流水施工组织方式的应用示范。

5. 本任务中有多处展现了计算公式的推演过程，实际教学过程中，可根据具体情况，有选择地适当介绍，甚至可以让学生自己阅读。

复习思考题

1. 组织施工的方式有哪几种？各有什么特点？
2. 建筑工程的流水施工与工业产品生产有哪些相同和不同？
3. 组织流水施工的条件有哪些？必要条件是什么？
4. 保持连续施工有什么意义？
5. 安排平行搭接施工的目的、意义是什么？
6. 一项工程任务，组织其流水施工方式，是否有多种方案？
7. 流水施工的实质是什么？
8. 流水施工的主要参数有哪些？各用什么代号表示？如何划分类别？
9. 施工过程数的确定与哪些因素有关？
10. 施工过程数目的多少对组织流水施工是否有直接的影响？
11. 一项工程的施工过程划分方案是否有几种方案？
12. 施工段划分的基本要求是什么？怎样合理划分施工段？
13. 施工段的多少对流水施工组织有没有影响？施工段的划分应考虑哪些因素？

14. 什么是流水节拍？流水节拍怎样确定？

15. 流水节拍的确定应考虑哪些因素？

16. 什么是流水步距？流水步距的意义在哪里？

17. 流水步距怎样计算确定？

18. 什么是技术与组织间歇时间？技术间歇和组织间歇有什么不同？工程中是否需要留出间歇时间？

19. 楼层间歇时间对工期有没有影响？为什么？

20. 什么是搭接时间？在实际工程施工过程中，能否存在搭接时间？举例说明？

21. 工期怎样计算？与工期有关的参数有哪些？

22. 流水施工按节奏特征分为哪几类？各有什么特征？

23. 如何组织全等节拍流水？如何组织成倍节拍流水？

24. 什么是无节奏流水施工？如何确定其流水步距？

25. 流水施工按组织流水作业的范围，可分为哪几级？

26. 单位工程流水如何组织？

训 练 题

1. 某工程有A、B、C三个施工过程，划分为四个施工段，每个施工过程的在各段上的施工持续时间分别为2天、4天、3天，试分别按依次施工、平行施工及流水施工绘出施工进度计划。

2. 某工程有A、B、C三个施工过程，在平面上划分成三个施工区段，现已知A、B、C三个施工过程在每个施工区段上的施工持续时间均为3天，绘制其流水施工进度计划。

3. 某住宅工程，基础阶段由挖基槽、做垫层、砌基础和回填土四个分项工程组成，在平面上划分4个施工段，各施工过程在各施工段上的施工持续时间分别为4天、2天、4天、2天，绘制其流水施工进度计划。

4. 某地下工程由挖方、垫层、浇筑基础和回填土四个分项工程组成，它在平面上划分为4个施工段。各分项工程在各个施工段上的流水节拍为：6天、2天、4天、2天。垫层与挖方可以搭接1天，垫层完成后，应有技术间歇时间2天。试计算工期编制流水施工进度计划。

5. 某工程任务划分为Ⅰ、Ⅱ、Ⅲ、Ⅳ、Ⅴ五个施工过程，分五段组织流水施工，流水节拍均为3天，在第二个施工过程结束后有2天的技术与组织间歇时间，试组织等节奏流水施工，绘制进度计划。

6. 某工程装饰工程由A、B、C三个分项工程组成，划分为6个施工段。流水节拍分别为$t_A=6$天，$t_B=2$天，$t_C=4$天，试编制成倍节拍流水施工方案。

7. 某施工项目由Ⅰ、Ⅱ、Ⅲ、Ⅳ四个施工过程组成，它在平面上划分为6个施工段。各施工过程在各个施工段上的持续时间依次为：6天、4天、6天和2天，各段Ⅱ施工过程完成后，间歇时间应有2天。试编制工期最短的流水施工方案。

8. 某现浇钢筋混凝土工程由支模、绑钢筋、浇筑混凝土、拆模和回填土五个分项工程组成，它在平面上划分为5个施工段。各分项工程在各个施工段上的施工持续时间见表2-8。在混凝土浇筑后至拆模板必须有养护时间2天。试编制该工程流水施工方案。

施工持续时间表 **表2-8**

分项工程名称	持续时间（天）				
	①	②	③	④	⑤
支模板	2	3	2	3	2
绑扎钢筋	3	3	4	4	3
浇筑混凝土	2	1	2	2	1
拆模板	1	2	1	1	2
回填土	2	3	2	2	3

9. 某施工项目由Ⅰ、Ⅱ、Ⅲ、Ⅳ四个分项工程组成，它在平面上划分为4个施工段。各分项工程在各个施工段上的持续时间见表2-9。分项工程Ⅰ完成后，其相应施工段至少应有技术间歇时间2天，施工过程Ⅲ和Ⅳ搭接时间1天。试编制该工程流水施工方案。

施工持续时间表 **表 2-9**

分项工程名称	持续时间（天）			
	①	②	③	④
Ⅰ	3	3	3	3
Ⅱ	2	3	4	4
Ⅲ	3	3	3	3
Ⅳ	4	4	2	2

3 框架（剪力墙）结构
工程网络进度计划的编制

随着社会生产的不断发展和科学技术的进步，管理科学方法也在不断发展，20 世纪 50 年代以来，国外陆续出现了一些计划管理的新方法，如关键线路法（简称 CPM 法）和计划评审技术（简称 PERT 法），可应用于大型建筑工程项目、军事研发项目等领域。我国于 20 世纪 60 年代引入这些管理科学的新方法，并结合我国当时的“统筹兼顾、合理安排”的指导思想，试点推广和应用，称其为“统筹法”。这些方法是建立在“网络图”的基础上，以“网络图”来表达一项计划，进行定性和定量的逻辑关系分析、进度控制及资源优化等，实施科学的管理，人们通常称为“网络计划技术”，在我国经过多年的应用和实践，得到了不断的推广和发展。为使网络计划技术的应用规范化和法制化，建设部于 1992 年颁布了《工程网络计划技术规范》，国家质量监督检验检疫总局也于 1992 年颁布了《网络计划技术常用术语》、《网络计划技术在项目计划管理中应用的一般程序》等规范及标准。本单元重点介绍网络计划技术的原理及其应用。

3.1 基础工程网络计划的编制

【教学任务】 某高层写字楼，共 30 层，其中地下 2 层，总长 110m，宽 24m，钢筋混凝土框架剪力墙结构，采用直径 600mm 的预应力静压管桩及筏板复合基础，地质条件良好，无地下水。

地下工程的施工方案为：用钢板桩配合预应力锚杆进行基坑支护，组织一次性完成基坑土方开挖 15 天，而后分成三个施工段组织流水施工，分别进行打桩施工 10 天（节拍）→垫层浇筑（含桩头处理、防水层）8 天→筏板绑筋 4 天→筏板安装模板 2 天→筏板浇筑混凝土 2 天→负 2 层柱墙（含筋、模、混）4 天→负 2 层梁板 5 天→负 1 层柱 4 天→负 1 层梁板 5 天→最后统一进行墙身防水 4 天和回填土 5 天。试绘制该工程地下工程施工的网络计划。

【问题 3-1】 网络图是什么样的图形？

【问题 3-2】 如何运用网络图表达一项计划？有什么优势和特色？

3.1.1 网络计划

1. 网络计划的表达方法

网络图是由箭线和节点组成的、用来表示工作流程的有向、有序的网状图形。由前述内容可知，横道图可以表达一项计划，而用网络图表达一项工程计划，就是网络计划。

网络计划有多种类型，按照网络计划构成要素所表达的意义不同，可分为双代号网络计划和单代号网络计划。双代号网络计划是以两个节点之间的箭线表示一项工作（或称工序、施工过程等），而该两个节点的编号 i 和 j 就是这项工作的编码，可称作 $i-j$ 工作，如图 3-1 所示。单代号网络计划是以一个节点表示一项工作，该节点的编号就是这项工作的编码，箭线仅表明了工作之间的逻辑制约关系，如图 3-2 所示。

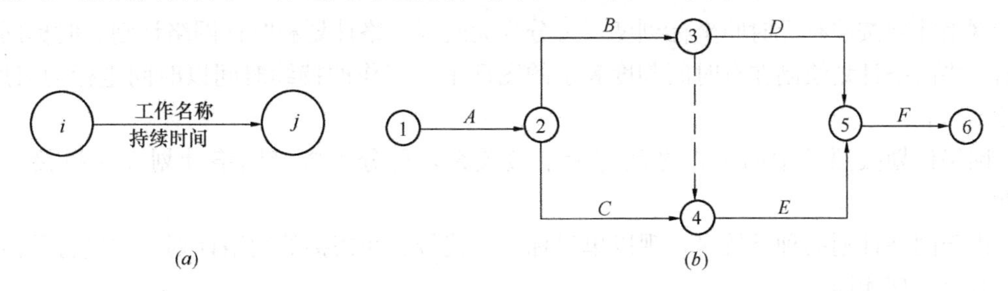

图 3-1　双代号网络图

(a) 工作的表示方法；(b) 工程计划的双代号网络图表达

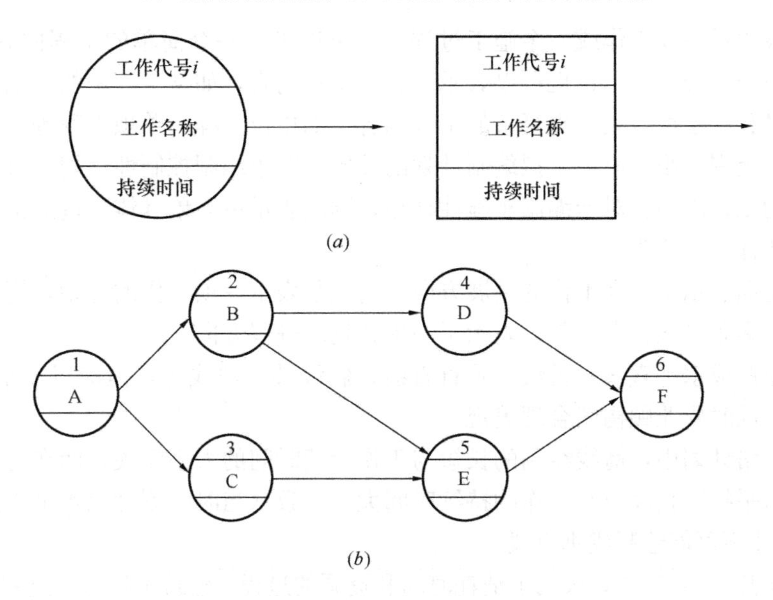

图 3-2　单代号网络图

(a) 工作的表示方法；(b) 工程计划的单代号网络图表达

网络计划按照最终目标的多少不同，可分为单目标网络计划和多目标网络计划，如图 3-3 所示。只有一个最终目标的网络计划称为单目标网络计划；由若干个独立的最终目标与其相互有关工作组成的网络计划称为多目标网络计划。

网络计划按照不同的对象和范围编制，可分为局部网络计划、单位工程网络计划和综

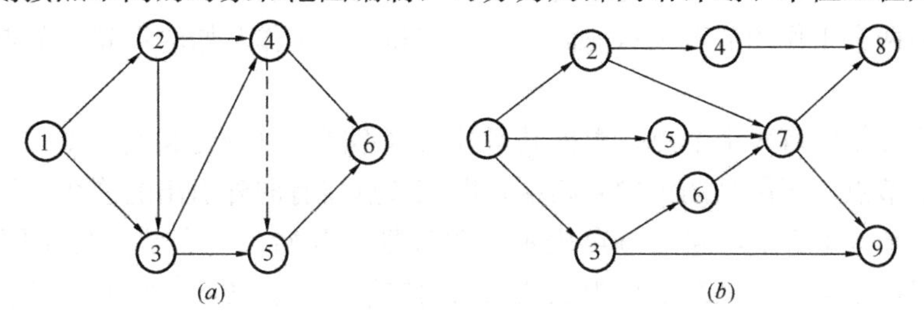

图 3-3　目标数量不同的网络图

(a) 单目标网络图；(b) 多目标网络图

合网络计划，三种网络计划的编制对象分别是分部工程（或施工段）、单位工程及建设项目或建筑群。

网络计划按照有无时间坐标刻度，可分为无时标网络计划和时标网络计划。时标网络计划是将网络计划绘制在有时间刻度表示的图面上，工作的持续时间以时间坐标为尺度。详见 3.3.3。

网络计划按照其中的工作之间有无搭接关系，可分为搭接网络计划和非搭接网络计划。

由于网络计划的种类较多，现以单目标、双代号、非搭接的网络计划为主进行具体表述，其余原理相同。

2. 双代号网络计划的构成要素及有关术语

(1) 箭线

一根箭线表示一项工作或一个施工过程。既可以表示一个简单的工程内容，如挖土、打垫层、支模板等分项工程；也可以表示综合的工程内容，如某工程中的基础工程、主体工程等分部过程；还可以表示更复杂的工程内容，如单位工程、单项工程等。一项工作表示的工程内容范围大小，取决于拟编制计划的性质。对于编制控制性计划，可以表示更综合、更复杂的工程内容；对于编制实施性计划，则应表示更简单具体一些的工程内容，其划分原则方法详见 2.2.1。

箭线的指向表示了一项工作的进展方向，箭尾是表示一项工作的开始，箭头表示一项工作的结束。多条箭线连在一起，表示了一项计划的进展方向。

箭线可绘制成水平直线、折线、垂直直线、斜线甚至曲线等，但应以水平直线为主，其次是折线，同时要兼顾构图合理美观。

无时标网络计划中，箭线绘制的长短与工作持续时间的大小无关；而在时标网络计划中，箭线的水平投影长度应与工作的持续时间大小一致（当时间刻度以水平方向展开标记时），此时箭线不可能绘制成垂直线。

一根箭线表示一项工作，表明了消耗时间和资源的过程。建筑工程施工过程中，如砌砖墙、绑扎钢筋、浇筑混凝土、墙面抹灰、铺设防水层、安装上下水管、敷设电线管等都是消耗时间和资源的过程。但也有一些特殊情况，如屋面砂浆找平层干燥间歇，只消耗了时间，却不消耗资源，若编制计划时将该类内容单独考虑，即作为一个施工过程，则在网络图中应作为一项工作，用一根箭线表示，实际上，也常常将类似这样的内容与相邻施工过程合并。

(2) 节点

箭尾节点表示一项工作开始的瞬间，箭头节点表示一项工作结束的瞬间。

连接前后两个工作的节点表示前面工作结束和后面工作开始的瞬间，节点不消耗时间和资源。

一项网络计划中有多个节点，根据其所处位置不同，可分为起点节点、终点节点和中间节点。起点节点位于网络图中的起始端，即该节点仅有向外引出的箭线，称为该节点的外向箭线，如图 3-4 所示，起点节点表示一项计划的开始。终点节点位于网络图的末尾端，即仅有指向该节点的箭线，称为该节点的内向箭线，如图 3-5 所示，终点节点表示一项计划的结束。除了起点节点和终点节点以外的节点，都属于中间节点，每个中间节点既是前面工作的箭头节点，也是后面工作的箭尾节点。

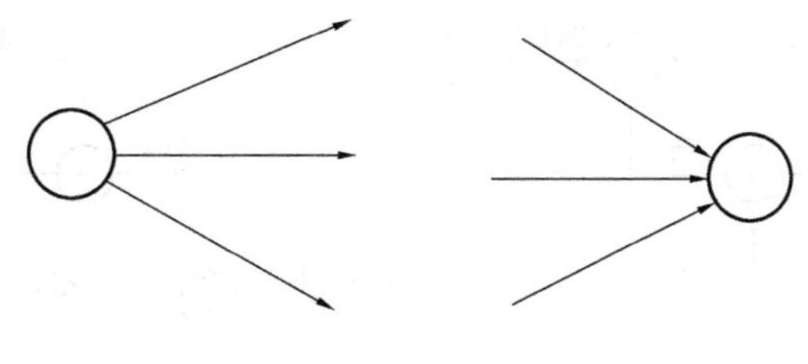

图 3-4 外向箭线　　　　图 3-5 内向箭线

【问题 3-3】 网络图中的节点都有编号，是否有什么规则进行编号呢？

（3）节点编号

网络计划中的每个节点均应编号，以便于区分不同的节点，同时保证了每一项工作均有一对不同编码的代号表达。节点编号一般常用阿拉伯数字，按自然数顺序编号，可以连续编号，也可非连续编号，此时是为了调整计划出现了增加的节点或工作而留有余地。节点的编号写入节点的圆圈中。

节点编号的原则有两个：其一，箭头节点编号的数字必须大于箭尾节点；其二，一个网络计划中，不能出现重复的编号。

节点编号方法有水平编号法和垂直编号法两种。水平编号法就是从连接起点节点的一行开始，从左到右编号，然后再自上而下（或自下而上，主要取决于布图）逐行进行编号，如图 3-6 所示。若起点节点不处在最上一行（或最下一行）而位于中间时，则应先将起点节点编号。垂直编号法就是从起点节点开始按照自左向右的方向总体推进，对所遇到的节点自上而下（或自下而上）顺序编号后，再继续向右推进，如图 3-7 所示。

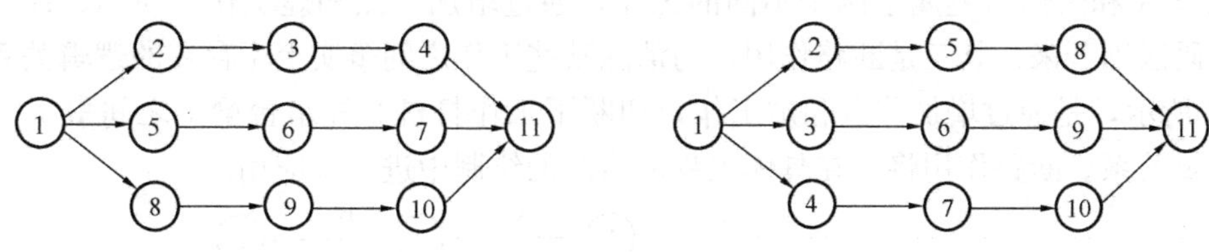

图 3-6 水平编号法　　　　图 3-7 垂直编号法

【问题 3-4】 网络图中各项工作之间的顺序关系是怎样确定的？

【问题 3-5】 工作之间的顺序关系是否可以变化？

（4）逻辑关系

工作之间相互制约或相互依赖的关系称为逻辑关系。逻辑关系的确定表明了各项工作开展的先后顺序，它是施工方案中已确定施工顺序的具体反映。逻辑关系包括工艺逻辑关系和组织逻辑关系两种。

工艺关系是指生产工艺上客观存在的先后顺序关系，或非生产性工作之间由工作程序决定的先后顺序关系。如图3-8（*a*）中所示，挖 1→垫 1，即为工艺关系，它们的先后顺序是客观的，不能人为地随意改变。

组织关系是指在不违反工艺关系的前提下，人为安排工作的先后顺序关系。如图 3-8（*a*）中所示，挖 1→挖 2，即为组织关系。但是如果改变施工的起点和流向，调整变为图 3-8（*b*）所示的网络计划，工作顺序变成挖 2→挖 1，或者重新定义施工段编号，道理是相同的。组织关系是可以根据具体的情况人为地统筹安排。

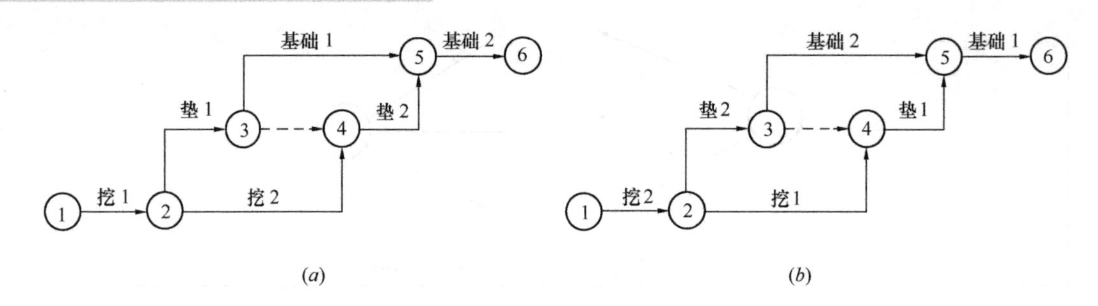

图 3-8 工作之间逻辑关系的不变与可变

（a）先施工第一段的网络计划；（b）先施工第二段的网络计划

建筑工程施工过程中，许多工作之间存在着工艺关系，也有许多工作之间存在组织关系，应注意区分，并合理利用组织关系可以变换的特点，制定科学合理的方案。

【问题 3-6】 网络图中为什么会有虚箭线？

（5）虚工作

双代号网络计划中，有时会出现虚箭线，如图 3-1（*b*）所示的工作 3-4。工作 3-4 是虚设的一项工作，事实上根本不存在，其持续时间值均为零，因此虚工作既不占用时间，也不消耗资源。虚工作的表示方法如图 3-9（*a*）所示。虚工作的出现，主要有三个方面的作用。其一是联系作用，是为了建立某些工作之间事实上存在的逻辑关系，如图 3-9（*b*）所示，它表明了工作 A 与工作 D 之间有逻辑制约关系；其二是区分作用，为满足网络图的绘制规则，即每一项工作只能有唯一的一对节点编码代号，如图 3-10 所示，为了区分工作 A 和工作 B 是属于两个不同的工作，通过增加节点和虚工作，使 A、B 两项工作的代码区别开来；其三是断路作用，为消除某些工作之间事实上不存在的逻辑关系，如图 3-11 所示，是通过增加节点和虚工作，切断了工作打桩 2 和承台梁 1 之间事实上不存在的逻辑关系。断路作用将会在具体工程网络图的绘制中进一步应用。

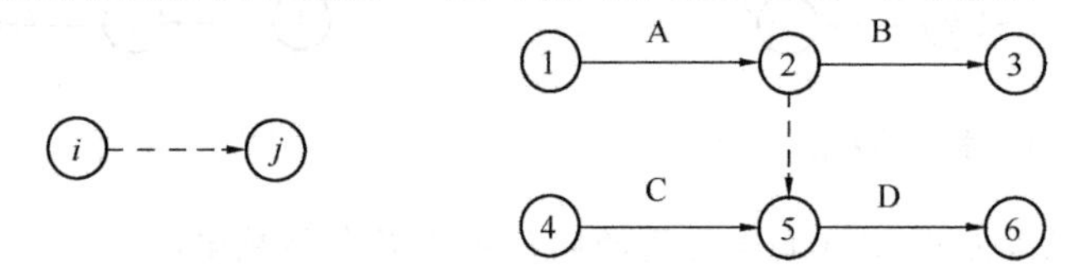

图 3-9 虚工作的表示方法及逻辑联系作用

（a）虚工作的表示方法；（b）虚工作的逻辑联系作用

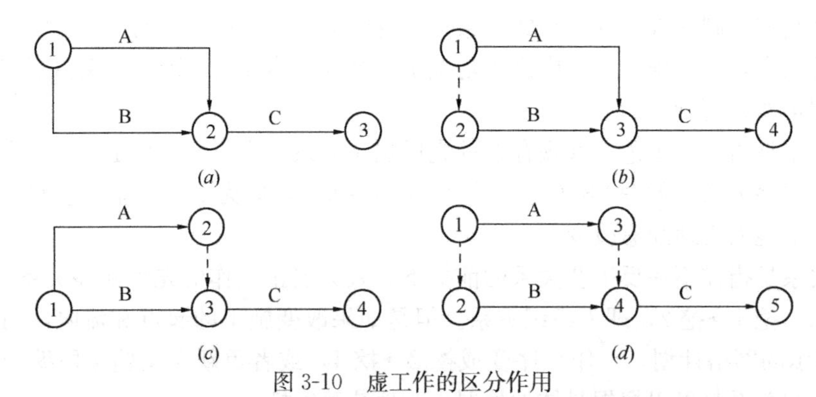

图 3-10 虚工作的区分作用

（a）错误；（b）正确；（c）正确；（d）错误（有多余虚工作）

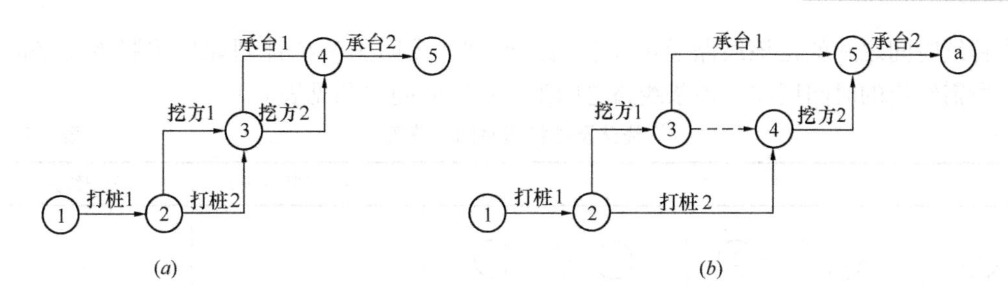

图 3-11 虚工作的断路作用

(*a*) 逻辑错误（打桩 2→承台 1）；(*b*) 切断逻辑错误

(6) 紧前工作、紧后工作和平行工作

紧排在本工作之前的工作称为本工作的紧前工作。按照工作开展的先后顺序，一项工作在开始之前会有若干个前导工作相继完成后才能开始，且这若干个前导工作之间同样存在相互依赖、相互制约的关系。紧排在本工作之前，就是对本工作最直接的逻辑制约，也就是这里所说的紧前工作，它已经涵盖了若干个前导工作对本工作的逻辑制约。如图 3-12 所示，挖槽 1 是挖槽 2 的紧前工作，回填 1 是回填 2 的紧前工作等。在双代号网络图中，有时本工作和紧前工作之间有虚工作，但并不影响紧前工作的定义。在图 3-12 中，垫层 1 是垫层 2 的紧前工作。一项工作有时会有多项紧前工作，图 3-12 中的垫层 1、挖槽 2 都是垫层 2 的紧前工作。

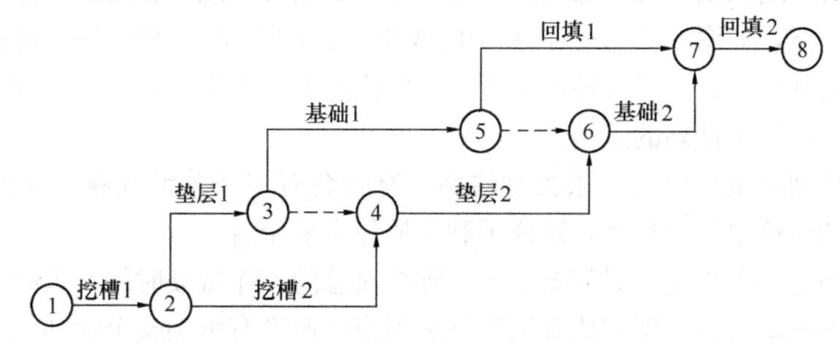

图 3-12 紧前工作、紧后工作、平行工作的关系示意

紧排在本工作之后的工作称为本工作的紧后工作。同紧前工作的意义正好相对，本工作对仅排在其后的工作是最直接的逻辑制约，因此定义为紧后工作。一项工作有时会有多个紧后工作。如图 3-12 所示，挖槽 2 和垫层 1 均为挖槽 1 的紧后工作，垫层 2 和基础 1 均为垫层 1 的紧后工作。

可与本工作同时进行的工作称为本工作的平行工作。如图 3-12 所示，挖槽 2 是垫层 1 的平行工作，同理，垫层 1 也是挖槽 2 的平行工作；基础 2 和回填 1 之间也是平行工作。一项工作有时会有多个平行工作。

【问题 3-7】 一项工程网络计划中，其中是否有重要性的工作？怎样界定？

(7) 线路、关键线路和关键工作

从网络图的起点节点开始，沿箭头方向顺序通过一系列箭线与节点，最后达到终点节点的通路称为线路。一项网络计划中这样的通路会有若干条，也就是有多条线路，如图 3-13 所示，其中有四条线路，分别列于表 3-1。每条线路上都包含若干个工作，这些

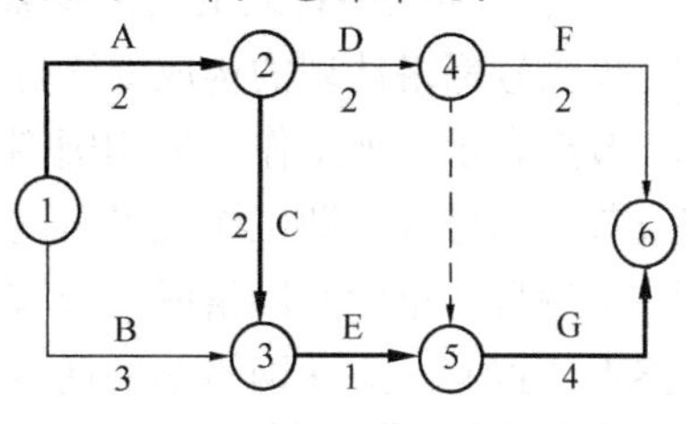

图 3-13 关键工作和关键线路

工作持续时间之和就是该线路总的工作持续时间，表明了一项计划如果按照该线路运行时，所需经历的时间周期。各条线路总的工作持续时间之和见表 3-1。

线路及总持续时间一览表　　表 3-1

线　路	总持续时间（天）	关键线路
①—A/2→②—C/2→③—E/1→④—G/4→⑥	9	9 天
①—A/2→②—D/2→④- - -→⑤—G/4→⑥	8	
①—B/3→③—E/1→⑤—G/4→⑥	8	
①—A/2→②—D/2→④—F/2→⑥	6	

各条线路总的工作持续时间大小不同，其中总的工作持续时间最大值，就是完成该项计划所需经历的时间周期，代表了建筑工程项目的工期。因此，总的工作持续时间最长的线路称为关键线路，如图 3-13 所示，其中的线路 1-2-3-4 即为关键线路。除关键线路以外的线路称为非关键线路。位于关键线路上的工作称为关键工作。显然，关键工作能否如期完成，将直接影响整个计划的工期。

一项网络计划中至少应有一条关键线路，有时会有多条关键线路。一般一项网络计划，关键线路的比例也不宜过多，这样不利于抓住主要矛盾。

非关键线路总的工作持续时间要小于关键线路总的工作持续时间，表明非关键线路上的有关工作存在机动时间，即完成日期容许适当拖延而没有影响整个计划的工期，这就意味着有时可以将非关键工作投入的人、财、物等资源适当转移到关键工作上去，以达到加快关键工作的进程或确保计划按期完成或进行资源均衡性调配等目的。

在一定条件下，关键线路和非关键线路可以互相转化。如需要进行工期等优化时，通过调整关键线路及非关键线路上有关工作的资源投入量，使其工作持续时间分别缩短或相对延长，达到整体压缩计划工期的目标，从而形成了关键线路和非关键线路的转化。

为突出网络计划中关键工作和关键线路，关键工作宜用粗箭线、双箭线或彩色箭线等形式标注，构成一条（或几条）标注明显的线路，从而使人们一目了然地认出计划的关键所在。

3. 单代号网络计划的构成要素

单代号网络计划的构成要素也是箭线、节点及节点编号。

节点表示一项工作，常用圆圈、方形或矩形等表达。节点所表示的工作名称、持续时间及节点编号（也即工作代号）均标注在节点内。一项工作必须有唯一的一个节点及相应的一个编号。单代号网络图只应有一个起点节点和一个终点节点，当有多项起点节点或多项终点节点时，应在网络图的两端分别设置一个虚拟节点，也即一项虚工作，作为网络图的起点节点和终点节点，如图 3-14 所示。其中的节点 S 是虚设的开始节点，节点 F 是虚设的终点节点。

箭线仅表示紧邻工作之间的逻辑关系。一般应绘成水平或垂直直线、折线或斜线等。箭线水平投影的方向应自左向右，此时由多根箭线及节点构成的网络计划，其总体进展方向就从左到右，表示工作的进行方向。

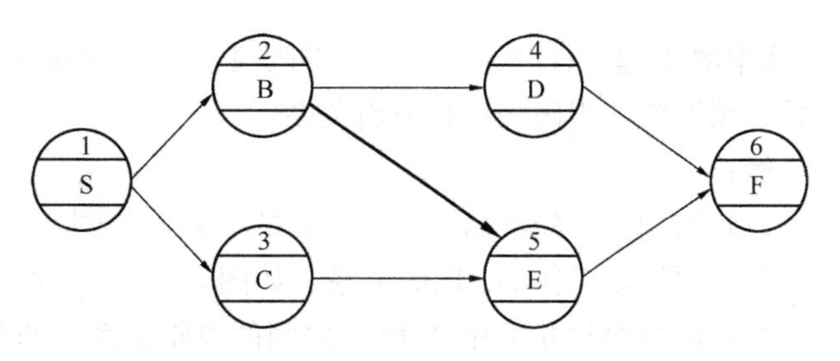

图 3-14 单代号网络图中的虚拟节点

节点编号时，其号码可以间断，但严禁重复。箭线的箭尾节点编号应小于箭头节点编号。可以按照双代号网络图的水平编号法或垂直编号法进行编号。

3.1.2 网络计划逻辑关系的正确表达

双代号网络图的绘制首先要运用其构成要素，正确地表达出各工作之间已经确定的逻辑关系。若有 A、B、C、D 四项工作，其逻辑关系及正确绘图表达方法见表 3-2。

双代号网络图工作之间逻辑关系正确表达方法 **表 3-2**

序号	工作之间的逻辑关系	网络图中表示方法	说明
1	有 A、B 两项工作按照依次施工方式进行	A B	B 工作依赖着 A 工作，A 工作约束着 B 工作的开始
2	有 A、B、C 三项工作同时开始	A B C	A、B、C 三项工作称为平行工作
3	有 A、B、C 三项工作同时结束	A B C	A、B、C 三项工作称为平行工作
4	有 A、B、C 三项工作，只有在 A 完成后 B、C 才能开始	B A C	A 工作制约着 B、C 工作的开始，B、C 为平行工作
5	有 A、B、C 三项工作，C 工作只有在 A、B 完成后才能开始	A C B	C 工作依赖着 A、B 工作，A、B 为平行工作

表 3-2 中所列属于最基本的逻辑关系，其表达方法也是简单容易的，当逻辑关系稍有变化相对复杂时，也应以此为基准，适当扩展绘制表达的思路。

【案例 3-1】 有 A、B、C、D 四项工作，A 完成后 C 才能开始，A、B 完成后 D 才能开始，用网络图正确表达其逻辑关系。

解：

(1) 按题意，先绘出工作 A、C 的关系，如图 3-15 (*a*) 所示。

(2) 再绘出工作 B、D 的关系，如图 3-15 (*b*) 所示。

(3) 最后再建立工作 A 和 D 之间的逻辑关系，如图 3-15 (*c*) 所示。

通过以上案例可以初步认识正确表达逻辑关系的方法。但正确表达工作之间的逻辑关系，要从不同视角加强演练，加深领会。

【问题 3-8】 案例 3-1 中，若从 A、C 工作的连接节点处，增加工作 B、D 的关系，其结果将会如何？

按照案例 3-1 的条件，绘制表达的流程为：先绘制工作 A 和 C 的关系，如图 3-16 (*a*) 所示。再从 A、C 工作的连接节点处，增加绘制 B、D 工作的关系，如图 3-16 (*b*) 所示。最后调整出现的 B 和 C 之间的错误逻辑关系，将 B 工作调换位置到图面的上部，如图 3-16 (*c*) 所示。

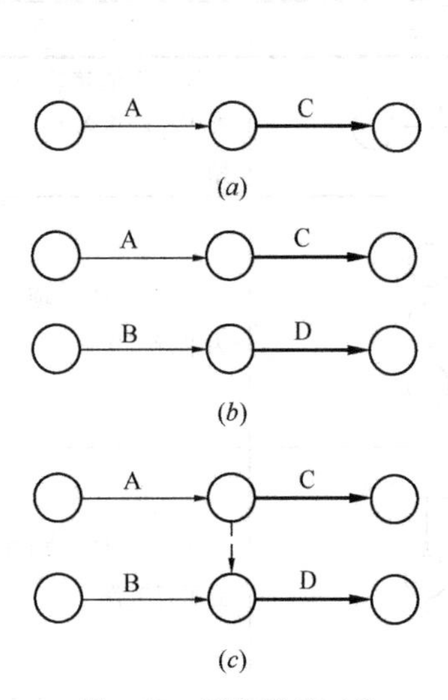

图 3-15　逻辑关系正确表达绘图过程之一

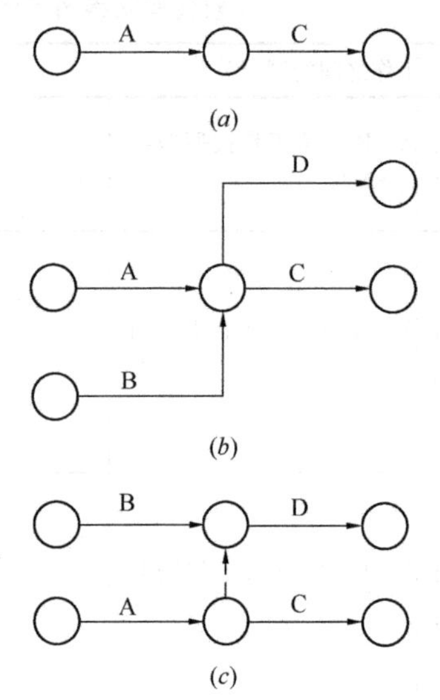

图 3-16　逻辑关系正确表达绘图过程之二

(*a*) 步骤一；(*b*) 步骤二；(*c*) 步骤三

【问题 3-9】 案例 3-1 中，如果按照给定条件，以后句话为主先行绘制，结果将会如何？

按照案例 3-1 的条件，绘制表达的流程为：先绘制工作 A、B 和 D 的关系，如图 3-17 (*a*) 所示。再从 A、B、D 工作的连接节点处，增加绘制 C 工作的关系，如图 3-17 (*b*) 所示。最后调整出现的工作 B 和 C 之间的错误逻辑关系，在 D 工作上增加一个虚工作和节点，切断工作 B 和 C 之间不存在的逻辑关系，如图 3-17 (*c*) 所示。

【问题 3-10】 案例 3-1 中，如果按照给定条件，以后句话为主且以 B 工作为主线先行绘制，结果又将会如何？

按照案例 3-1 的条件，绘制表达的流程为：先绘制工作 A、B 和 D 的关系，且将 B 工作与D工作绘制在一条水平线上，如图3-18（*a*）所示。再从A、B、D工作的连接节点处，增加绘制C工作的关系，如图3-18（*b*）所示。最后调整出现的工作B和C之间的错误逻辑关系，将C工作调换到图面的上部，接在A工作之后，再建立A、D工作的联系，如图3-18（*c*）所示。

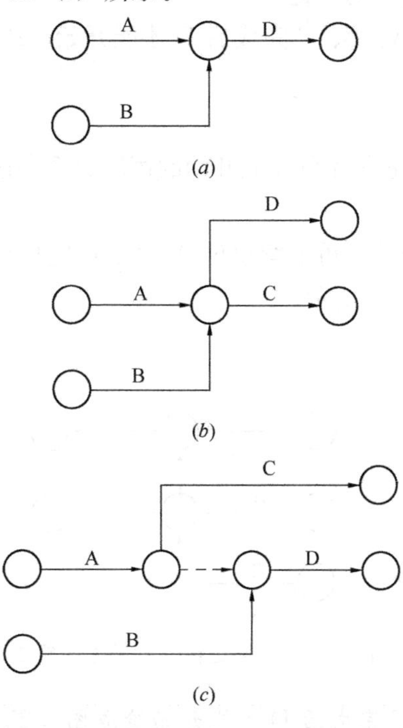

图3-17 逻辑关系正确表达绘图过程之三
（*a*）步骤一；（*b*）步骤二；（*c*）步骤三

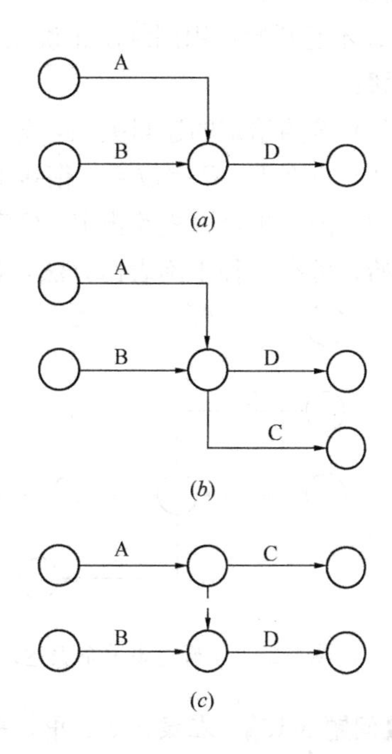

图3-18 逻辑关系正确表达绘图过程之四
（*a*）步骤一；（*b*）步骤二；（*c*）步骤三

【问题3-11】 通过以上的绘制演练过程，从中会有什么体会？

在网络图绘制过程中，思考问题的方法途径有多种，不应把着眼点限定在某一固定的框架内。绘制的过程可以有多种选择，表达正确逻辑关系的结果会有多种方案。

【案例3-2】 有A、B、C、D、E五项工作，A、B完成后C才能开始；B、D完成后E才能开始，用网络图正确表达其逻辑关系。

解：

按照案例3-1的分析方法，即以A、B工作分别为主线，以不同的节点衔接，可以绘出以下三种方案，如图3-19～图3-21所示。

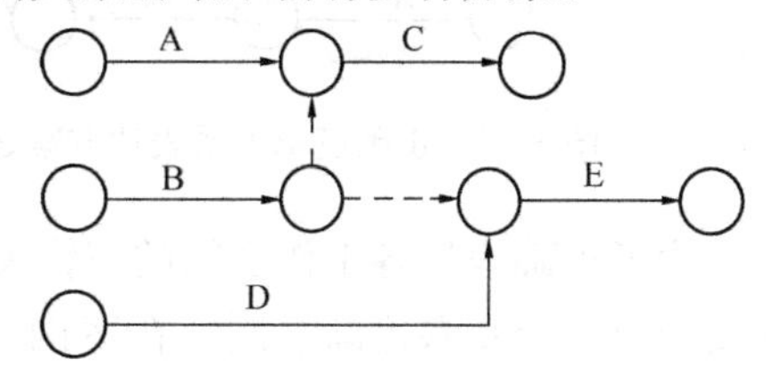

图3-19 正确逻辑关系表达方案之一

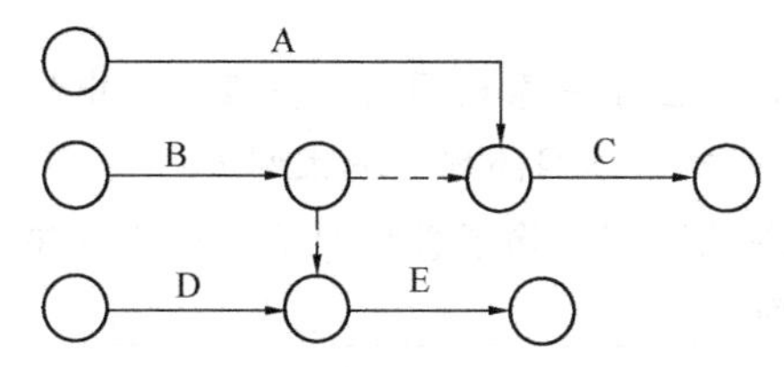

图3-20 正确逻辑关系表达方案之二

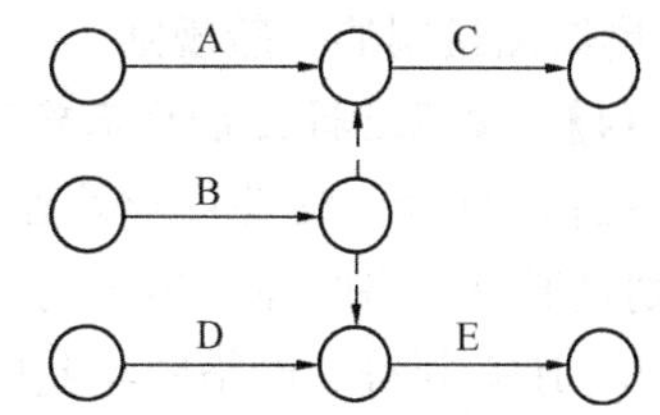

图3-21 正确逻辑关系表达方案之三

【问题 3-12】 案例 3-2 中，三个正确表达逻辑关系的方案有什么相同点？

以上三个方案中，都是 B 工作位于图面的中央部位，这就说明由于 B 工作与其他多个工作有逻辑制约关系，因此为了正确而又方便地绘制表达各项工作之间的逻辑关系，应将与其他多项工作有逻辑关系的工作绘制在方便衔接的位置。

【案例 3-3】 有 A、B、C、D、E 五项工作，A、B、C 完成后 D 才能开始，B、C 完成后 E 才能开始，用网络图正确表达其逻辑关系。

解：

(1) 按照给定的逻辑关系，先绘出 A、B、C 完成后 D 才能开始的逻辑关系表达。

(2) 再在 B、C 完成后，衔接 E 即得所求。

(3) 同样也可以先绘出 B、C 完成后 E 才能开始，再继续绘出 A、B、C 完成后 D 才能开始，可有三种正确表达方法，如图 3-22～图 3-24 所示。

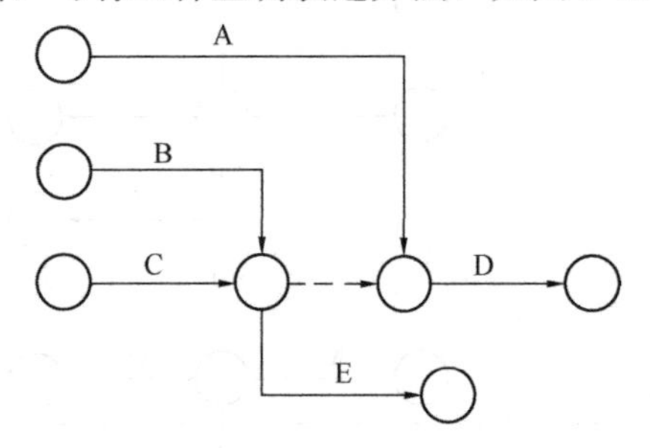

图 3-22 正确逻辑关系表达方案之一

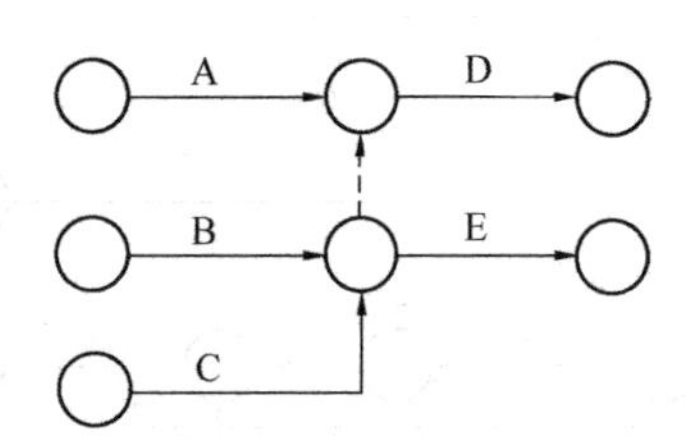

图 3-23 正确逻辑关系表达方案之二

【问题 3-13】 在案例 3-3 中，若先将 A、B、C 完成后 D 才能开始绘成图 3-25 所示，会遇到什么问题？

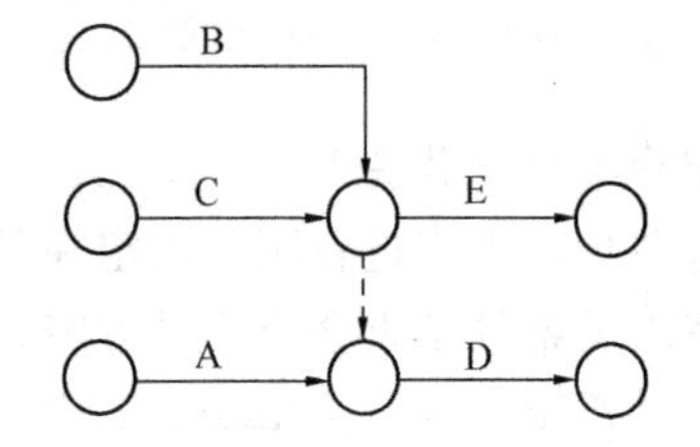

图 3-24 正确逻辑关系表达方案之三

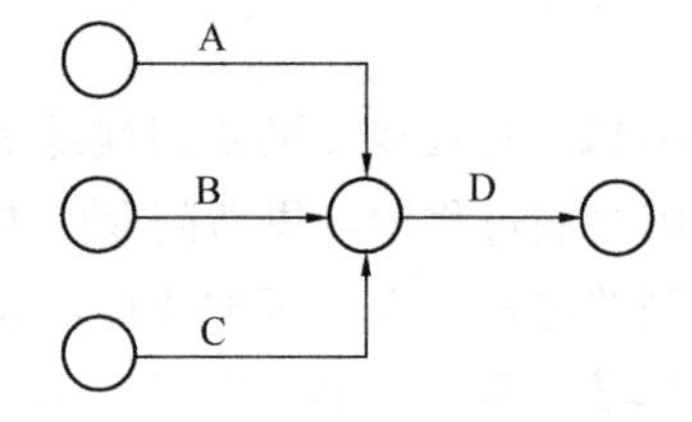

图 3-25 逻辑关系表达方案

为了正确表达各工作之间的逻辑关系，对于有多项工作且逻辑关系较复杂的情况，往往要分成几个步骤逐渐绘制。在案例 3-3 中，若将第一步绘成图 3-24 所示的情况时，单独看本步骤的逻辑关系是正确的，但是再继续绘制下一步时，逻辑关系难以合理衔接，这就要求绘制前一步骤的逻辑关系时，应兼顾考虑后一步骤的因素进行合理设计。

3.1.3 网络图绘制的一般规则

【问题 3-14】 按照逻辑关系的正确表达方法，绘出了一系列图形，如表 3-2 中的图形以及图 3-15～图 3-24 等，这些图形是否符合一个最终网络图的规则要求呢？

网络计划是通过网络图体现出来的，而网络图的绘制，除了必须保证工作之间逻辑关系的正确以外，还必须符合网络图绘制的一般规则。

1. 双代号网络图中，只能有一个起点节点和一个终点节点（单目标网络）。当一个网络图的逻辑关系正确表达绘制完成之后，应对图形进行适当整理，使其只有一个起点节点和一个终点节点，形成最终的网络计划，如图 3-26（*b*）、（*c*）、（*d*）及图 3-27（*b*）、（*c*）、（*d*）所示。在这两个例子中，均存在有多项工作没有紧前工作的情况，表明这些工作可从一项计划的最开始进行，而一项计划的开始，只能是一个统一的时刻，在网络图中就是只能有一个节点；反之，结束节点也只能有一个。

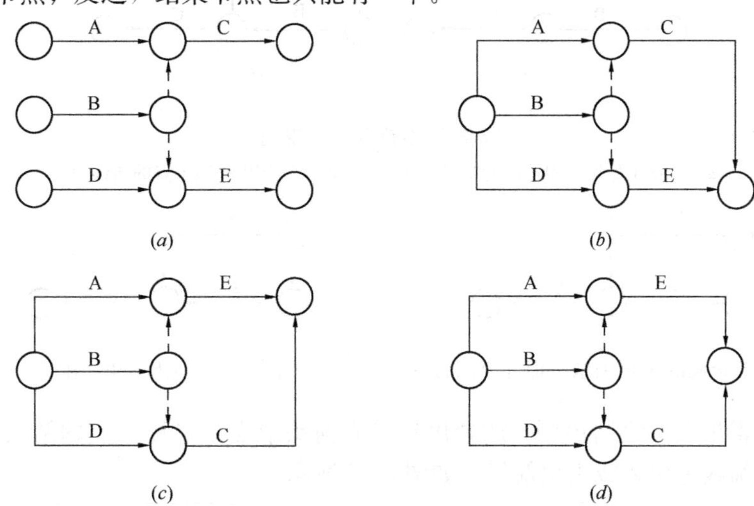

图 3-26　起点节点和终点节点的正确表达之一

（*a*）整理前不符合网络图的绘制规则；（*b*）正确表达；（*c*）正确表达；（*d*）正确表达

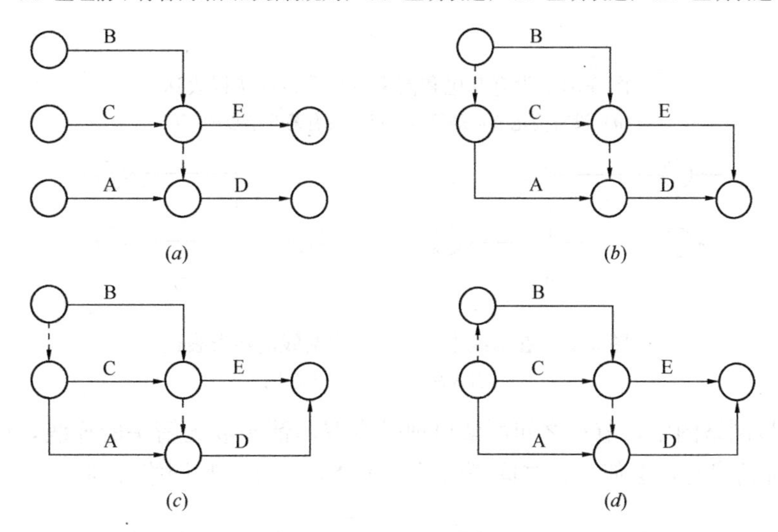

图 3-27　起点节点和终点节点的正确表达之二

（*a*）整理前不符合网络图的绘制规则；（*b*）正确表达；（*c*）正确表达；（*d*）正确表达

2. 双代号网络图中，一项工作只能有唯一的一条箭线和唯一的一对相应节点表达。如有 A、B、C 三项工作，A、B 完成后进行 C。其逻辑关系的表达如绘制成图 3-28（*a*）所示的情况，就不符合本条一项工作只能有唯一的一条箭线表达的规则，其正确的逻辑关系表达方法如图 3-29 所示，而起点节点经合并整理后，形成一项网络计划如图 3-30 所示。图 3-28（*b*）所示，由于 A、B 两项工作的两个节点编号完全相同，又不符合本条一项工作只能有唯一的一对相应节点表达的规则。为了便于区别不同的工作，还要保证每项工作有唯一的一对节点与编号，正确的网络计划如图 3-30 所示，也满足了一个起点节点的规则要求。核心就是工作、箭线与一对节点及编号三者之间是一一对应的关系。

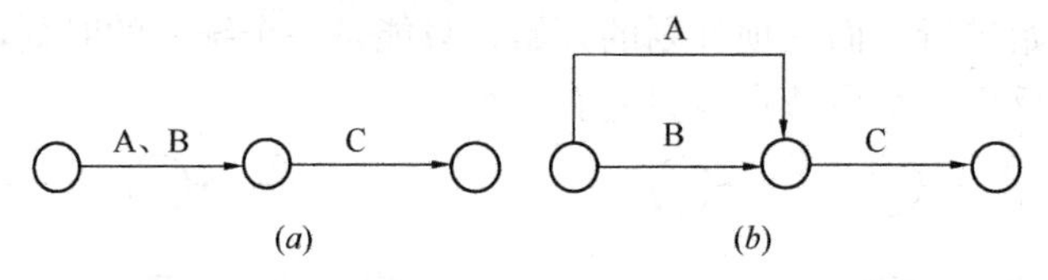

图 3-28　不符合绘制规则

(a) 两项工作用一根箭线的错误表达；(b) 两项工作用相同节点的错误表达

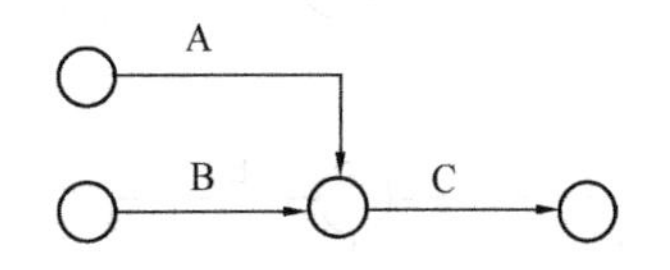

图 3-29　正确的逻辑关系（但起点没合并）

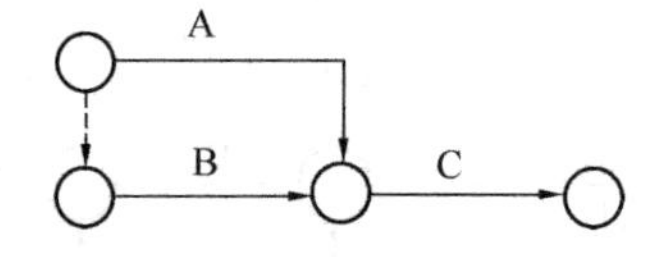

图 3-30　正确的网络图

由此，可得出以下绘制规则：严禁出现没有箭头节点或箭尾节点的箭线，如图 3-31 所示；严禁在箭线上引入或引出箭线，如图 3-32 所示。

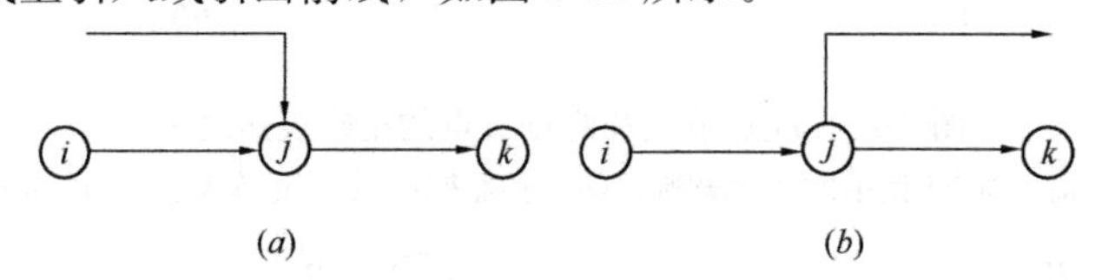

图 3-31　没有箭尾和箭头节点箭线的错误表达

(a) 没有箭尾节点的箭线；(b) 没有箭头节点的箭线

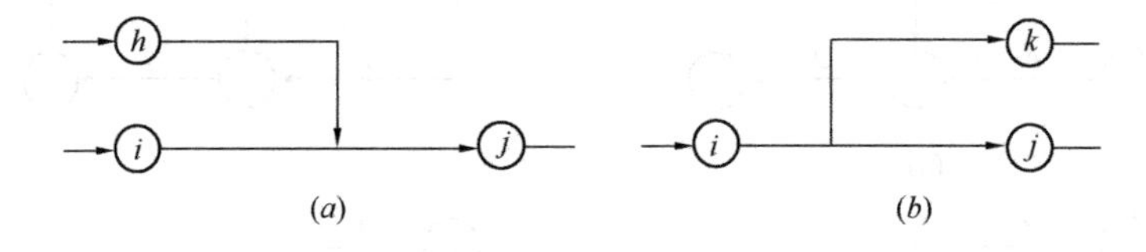

图 3-32　在箭线上引入或引出箭线的错误表达

(a) 引入箭线；(b) 引出箭线

3. 双代号网络图中，节点之间严禁出现带有双向箭头或无箭头的连线，如图 3-33 所示。出现这种情况时，会使工作之间逻辑关系不清，一项工程网络计划的流向不明确。

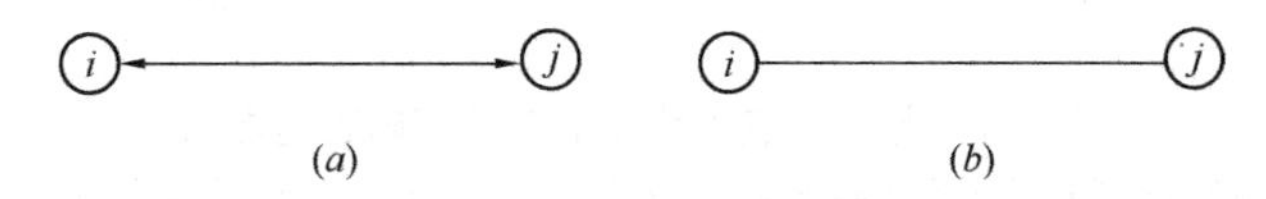

图 3-33　箭线错误表达

(a) 双箭头；(b) 无箭头

4. 双代号网络图中，严禁出现循环闭合回路。循环闭合回路是指从某一个节点出发，顺箭线方向又回到该节点（即原出发节点）形成的循环线路。如图 3-34 所示，线路 2→3→4→5→6→7→2 是循环闭合的回路。出现这种情况时，表达了一项计划永无休止地进行下去，事实上是不存在的。

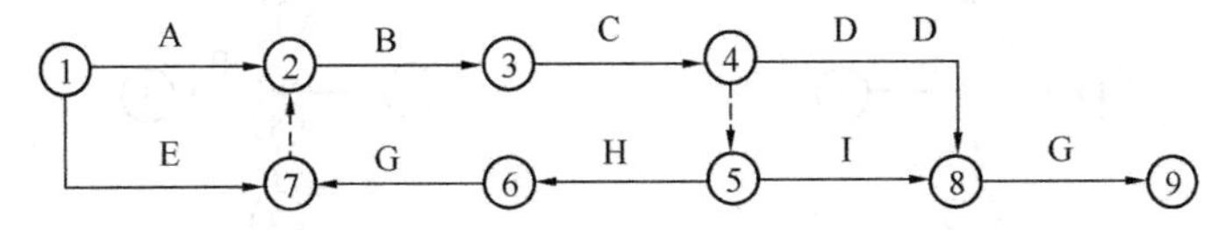

图 3-34 有循环回路的错误网络图

存在循环闭合回路时，必将出现两个情况，其一是箭尾节点的编号大于箭头节点的编号；其二是出现逆指向的箭线。这两种情况也可能在无循环闭合回路情况时单独存在，由此还应满足以下两项绘制规则：严禁出现箭尾节点编号大于箭头节点编号的情况（节点编号原则）；尽量避免出现逆指向箭线。

一项网络计划，往往其中的节点、箭线数量较多，图幅也较大，在绘制时所有箭线宜保持从左到右的方向，垂直箭线也应根据情况宜按照自上而下的方向绘制。当有箭线指向与总体方向相反时，就可看做是逆指向箭线。单纯出现这种逆指向箭线时，工作之间的逻辑关系或许并没有错误，但应尽量通过修改网络图的布局，使箭线方向一致，方便阅读和使用。如图 3-35 所示。

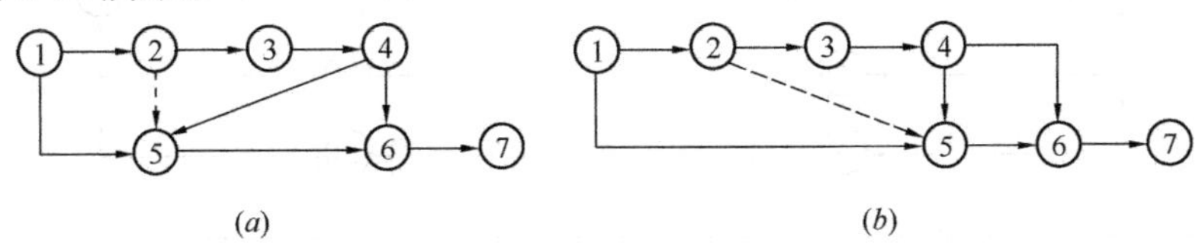

图 3-35 双代号网络图的表达

(a) 较差；(b) 较好

5. 绘制网络图时，应尽量避免出现箭线的交叉。当工作数量较多，且逻辑关系复杂的情况下，可能会出现箭线的交叉，此时应尽可能对网络图进行合理布局和调整，使其不出现箭线的交叉，如图 3-36 所示。

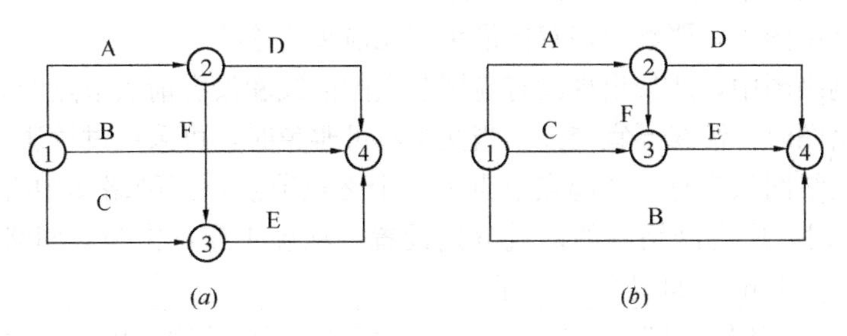

图 3-36 避免箭线交叉

(a) 调整前；(b) 调整后

有时经过对网络图合理调整布局，但也无法避免箭线的交叉，此时应采用过桥法或指向法表示，如图 3-37 所示。采用过桥法或指向法表示，网络图中就不会出现箭线交叉处无节点的情形，使构图符合规则，工作之间的逻辑关系清晰，识读应用方便。应当注意，采用指向法时，由于箭线交叉处的节点及编号重复出现，故一般应在网络图编号后应用。

6. 一个节点引出或引入多条箭线时，可采用母线法表示。在一项网络计划中，当某工作与其他多项工作之间有逻辑制约关系时，将会出现某一节点有多条内向箭线或外向箭

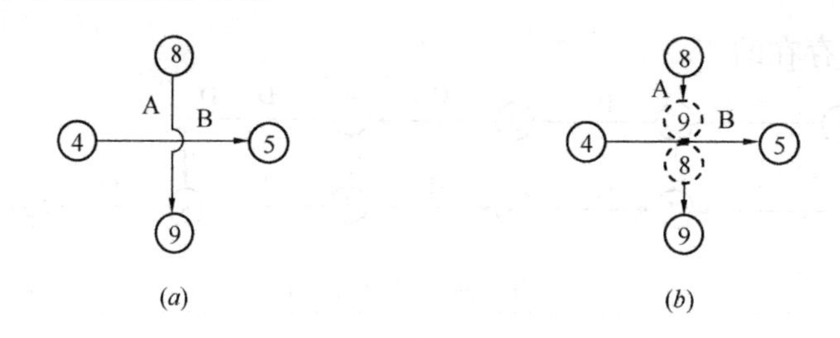

图 3-37 箭线交叉时表达方法

(a) 过桥法；(b) 指向法

线。为使绘图工作简化，可用一条共用的线段表示，即母线，如图 3-38 所示。其中如有关键线路上的工作，可单独绘出以示区别。应当注意，采用母线法表示时，不同于箭线交叉处无节点的情形，应正确判断。

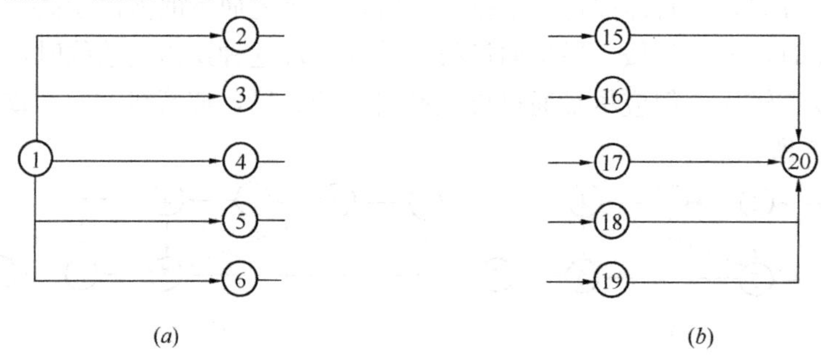

图 3-38 母线法表示

(a) 起点节点处母线法表达；(b) 终点节点处母线法表达

3.1.4 单代号网络图绘制的一般规则

1. 单代号网络图必须正确表达已定的逻辑关系；

2. 单代号网络图中，严禁出现循环回路；

3. 单代号网络图中，严禁出现双向箭头或无箭头的连线；

4. 单代号网络图中，严禁出现没有箭尾节点的箭线和没有箭头节点的箭线；

5. 绘制网络图时，箭线不宜交叉，当交叉不可避免时，可采用过桥法或指向法绘制；

6. 单代号网络图只应有一个起点节点和一个终点节点，当网络图中有多项起点节点或多项终点节点时，应在网络图的两端分别设置一项虚工作，作为该网络图的起点节点(St) 和终点节点 (Fin)，如图 3-14 所示。

单代号网络图的绘图规则大部分与双代号网络图的绘图规则相同，故不再详细举例。

3.1.5 双代号网络图的绘制

【问题 3-15】 网络图的绘制过程是否有可以遵循的方法或步骤呢？

网络图逻辑关系的正确表达以及绘制规则已经有了一定的认识，要运用这些基本的原则、方法，完成一个网络图形的绘制。

网络图的绘制有时可以直接根据已定的逻辑关系，采取直接绘制草图的方式，然后核对有无错误，是否满足绘制规则等。但有时工作数量多，逻辑关系较复杂，尤其对初学者而言，若按照一定的方法步骤绘制，会使人们条理清晰、思路明确、减少反复和避免差错，逐渐熟练后，就会从中获得经验。

网络图绘制的一般原则：

(1) 先绘制没有紧前工作的工作，使它们具有相同的箭尾节点，即网络图的起点节点。

(2) 在已经绘出的工作之后，分别绘出其他紧后工作。即将拟绘制工作（以下简称本工作）的箭线直接衔接画在其紧前工作的结束节点处。若当本工作有多个紧前工作时，应按照以下四种情况分别考虑：

1）本工作的多项紧前工作中，存在一项只作为本工作的紧前工作，则本工作在其后衔接绘出，用虚箭线将其他紧前工作与本工作相连，表达逻辑关系。

2）本工作的多项紧前工作中，存在多项只作为本工作的紧前工作，则将多项紧前工作合并成一个结束节点，本工作在其后衔接绘出，用虚箭线将其他紧前工作与本工作相连，表达逻辑关系。

3）本工作的多项紧前工作中，不存在只作为本工作的紧前工作，但存在同时是本工作和其他工作（以下简称为平行工作）的紧前工作，则将多项紧前工作合并成一个结束节点，本工作和平行工作均在其后衔接绘出，用虚箭线将其他紧前工作与本工作及平行工作相连，表达逻辑关系。

4）本工作的多项紧前工作中，不存在 1）、2）、3）的情况，则本工作选择在某一适宜的紧前工作后衔接绘出，一般可选择位于图面中央区域紧前工作的后边衔接绘出，这样方便其他的紧前工作与本工作连接，但同时也应兼顾到其他的紧前工作与其紧后工作衔接方便与否。

【案例 3-4】 已知各工作之间的逻辑关系见表 3-3，试绘制其网络图。

工作逻辑关系表 **表 3-3**

工作	A	B	C	D
紧前工作	—	—	A、B	B

解： 根据网络图的绘制步骤，本例可按下述步骤绘制其双代号网络图。

(1) 按原则 1 绘制工作箭线 A 和工作箭线 B，如图 3-39（*a*）所示。

(2) 按原则 2 中的情况 1）绘制工作箭线 C，如图 3-39（*b*）所示。

(3) 按原则 2 绘制工作箭线 D 后，将工作箭线 C 和 D 的箭头节点合并，以保证网络图只有一个终点节点。当确认给定的逻辑关系表达正确后，再进行节点编号。表 3-3 给定逻辑关系所对应的双代号网络图如图 3-39（*c*）所示。

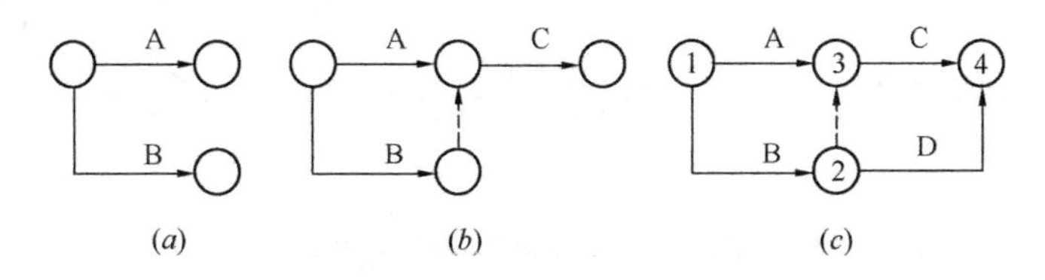

图 3-39 网络图的绘图过程

【案例 3-5】 已知各工作之间的逻辑关系见表 3-4，试绘制其网络图。

工作逻辑关系表 **表 3-4**

工作	A	B	C	D	E	F
紧前工作	—	—	—	A、B	A、B、C	D、E

解： 根据网络图的绘制步骤，本例可按下述步骤绘制其双代号网络图。

（1）按原则 1 绘制工作箭线 A、工作箭线 B 和工作箭线 C，如图 3-40（*a*）所示。

（2）按原则 2 中的情况 3）绘制工作箭线 D，如图 3-40（*b*）所示。

（3）按原则 2 中的情况 1）绘制工作箭线 E，如图 3-40（*c*）所示。

（4）按原则 2 中的情况 2）绘制工作箭线 F。当确认给定的逻辑关系表达正确后，再进行节点编号。表 3-4 给定逻辑关系所对应的双代号网络图如图 3-40（*d*）所示。

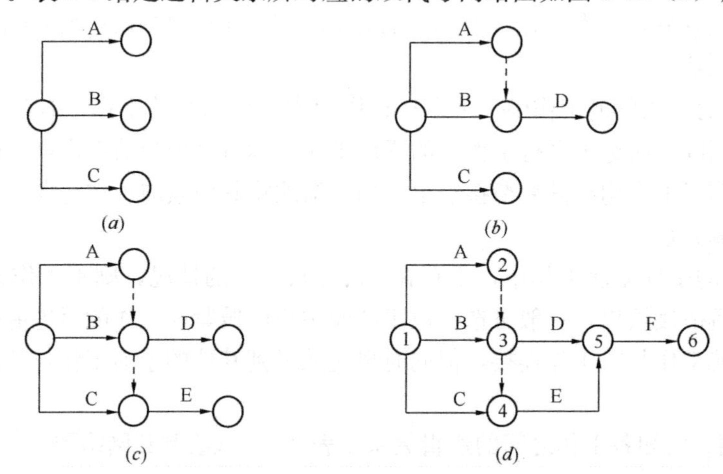

图 3-40 网络图的绘图过程

【案例 3-6】 已知各工作之间的逻辑关系见表 3-5，试绘制其网络图。

工作逻辑关系表 **表 3-5**

工作	A	B	C	D	E
紧前工作	—	—	A	A、B	B

解： 根据网络图的绘制步骤，本例可按下述步骤绘制其双代号网络图。

（1）按原则 1 绘制工作箭线 A 和工作箭线 B，如图 3-41（*a*）所示。

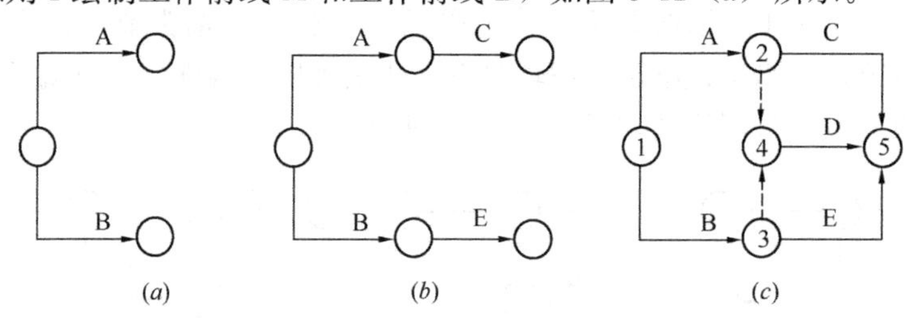

图 3-41 网络图的绘图过程

（2）按原则 2 绘制工作箭线 C 和工作箭线 E，如图 3-41（*b*）所示。

（3）按原则 2 中的情况 4）绘制工作箭线 D，并将工作箭线 C、工作箭线 D 和工作箭线 E 的箭头节点合并，以保证网络图的终点节点只有一个。当确认给定的逻辑关系表达正确后，再进行节点编号。表 3-5 给定逻辑关系所对应的双代号网络图图 3-41 如图（*c*）所示。

【案例 3-7】 已知各工作之间的逻辑关系见表 3-6，试绘制其双代号网络图。

工作逻辑关系表 **表 3-6**

工作	A	B	C	D	E	G	H
紧前工作	—	—	—	—	A、B	B、C、D	C、D

解：根据网络图的绘制步骤，本例可按下述步骤绘制其双代号网络图。

（1）按原则 1 绘制工作箭线 A、工作箭线 B、工作箭线 C 和工作箭线 D，如图 3-42（*a*）所示。

（2）按原则 2 中的情况 1）绘制工作箭线 E，如图 3-42（*b*）所示。

（3）按原则 2 中的情况 3）绘制工作箭线 H，如图 3-42（*c*）所示。

（4）按原则 2 中的情况 4）绘制工作箭线 G。并将工作箭线 E、工作箭线 G 和工作箭线 H 的箭头节点合并，以保证网络图的终点节点只有一个。当确认给定的逻辑关系表达正确后，再进行节点编号。表 3-6 给定逻辑关系所对应的双代号网络图如图 3-42（*d*）所示。

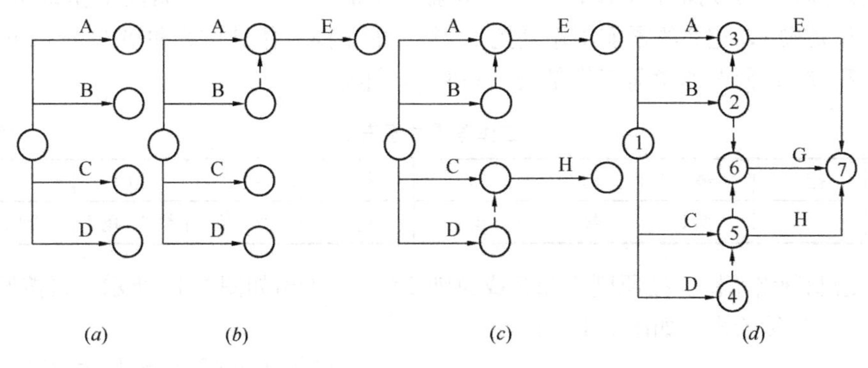

图 3-42 网络图的绘图过程

通过以上案例的训练，可逐渐掌握网络图绘制的方法步骤，当能够较熟练地绘制网络图时，可以不必死记硬背上述的基本步骤，随机灵活地完成绘制，满足逻辑关系正确、符合绘制规则、图面观感效果好等各项要求即可。

【问题 3-16】 如何将网络图应用在实际工程中，表达一项工程计划？

3.1.6 基础工程网络计划编制应用

网络图的绘制，目的是要应用在工程实践中，用以表达一项工程计划，形成工程网络计划。网络图计划的编制，涉及的因素较多，一般应根据工程对象，按照确定施工方案（施工段划分、施工过程划分、施工顺序确定等）、确定施工持续时间（或流水节拍）、绘制草图、调整完善、定案编制等几个总体步骤进行绘制，其中的确定施工方案、确定施工持续时间等已在单元 2 中进行了初步训练，此处研究在此基础上的网络计划编制。

调整完善就是对已经绘出的草图进一步合理布局，使其逻辑关系正确、符合绘制规则、图面观感效果好等。具体工作主要有：多个没有外向箭线的节点整合成一个终点节点；去掉事实上不存在的逻辑关系；增加事实上有逻辑关系工作之间的连接箭线；省略不必要的节点和箭线；回避箭线交叉或用过桥法等表示；检查是否有不符合绘制规则的其他情况；调整箭线的长短、相互间位置等。

定案编制就是通过调整完善后，确认网络图的布局，进行节点编号，标注工作名称、持续时间、确定关键线路等，绘制完成最终的网络计划图。

【案例 3-8】 某基础工程由挖基槽、做垫层、砌基础和回填土四个分项工程组成，在平面上划分两个施工段，各施工过程的流水节拍分别为 4 天、2 天、4 天、2 天，绘制其网络施工进度计划？

解：

（1）分析（或制定）施工方案，确定施工过程的划分和顺序安排。本例已确定分成两个施工段组织流水施工，划分为挖基槽、做垫层、砌基础和回填土四个施工过程，其施工顺序依次为挖基槽、做垫层、砌基础和回填土。

（2）计算或确定各施工过程（即工作）的流水节拍（或施工持续时间）。本例已确定了各工作的流水节拍值，即 $t_{挖}4$ 天、$t_{垫}2$ 天、$t_{砌}4$ 天、$t_{回}2$ 天。

（3）确定工作之间的逻辑关系。在工艺上按施工顺序安排即可，即挖基槽→做垫层→砌基础→回填土；在组织上由于分两个施工段，其组织逻辑关系现确定按第Ⅰ段→第Ⅱ段的顺序。

从而得到：挖 1 无紧前工作；垫 1 的紧前工作是挖 1；砌 1 的紧前工作是垫 1；回 1 的紧前工作是砌 1；挖 2 的紧前工作是挖 1；垫 2 的紧前工作是挖 2 和垫 1；砌 2 的紧前工作是垫 2 和砌 1；回 2 的紧前工作是砌 2 和回 1，详见表 3-7。

工作逻辑关系表 **表 3-7**

工作	挖 1	垫 1	砌 1	回 1	挖 2	垫 2	砌 2	回 2
紧前工作	—	挖 1	垫 1	砌 1	挖 1	挖 2、垫 1	垫 2、砌 1	砌 2、回 1

（4）绘制网络草图。按原则 1 和 2 或原则 2 的 3）绘出如图 3-43 所示，再按原则 2 和原则 2 的 1）连续绘出，如图 3-44 所示。

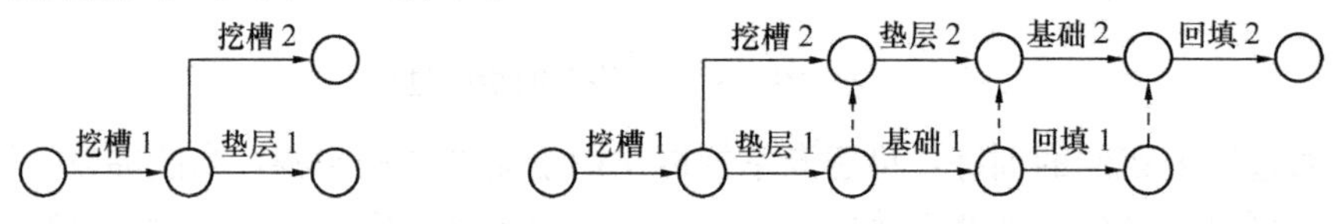

图 3-43　基础工程网络计划绘制步骤一　　图 3-44　基础工程网络计划绘制步骤二

（5）调整完善和定稿。本例经调整完善，去掉多余节点和虚箭线，定稿绘出如图 3-45 所示。此即为该基础工程的网络进度计划，关键线路为 1→2→4→6→7→8 和 1→2→3→5→6→7→8，工期为 16 天。

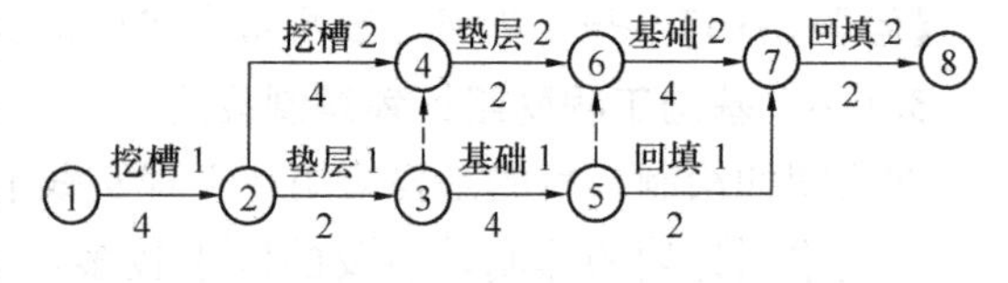

图 3-45　完整的基础工程双代号网络进度计划方案（一）

【问题 3-17】 按照案例 3-8 的条件，网络进度计划是否还有其他表达方案？

工程网络进度计划方案可从以下两个方面考虑其调整变化问题：其一是施工方案本身的变化，涉及施工段划分、施工顺序安排、施工过程划分、流水节拍值等的重新确定等；其二是施工方案本身不变，仅仅是网络图绘制表达形式的变化。案例 3-8 中，施工方案是已定的，现研究网络计划绘制表达形式的变化问题。

按已经确定的工作之间逻辑关系，但改变网络图绘制表达的过程，即：

按原则 1 和 2 绘出如图 3-46 所示。

按原则 2 绘出工作基础 1，再按原则 2 的 2）绘出垫 2，如图 3-47 所示。而事实上挖 2 与基础 1 无逻辑制约关系，还应调整去掉它们之间的制约关系，如图 3-48 所示。在这里就是通过增加节点及增加虚工作的方法，切断了挖 2 和基础 1 两项工作之间的逻辑关系，体现了虚工作的断路作用。

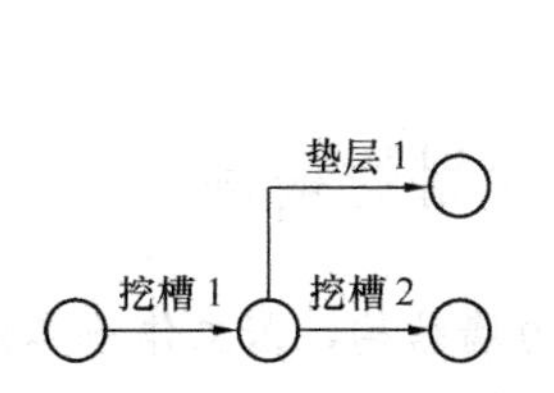

图 3-46 基础工程网络计划绘制步骤一

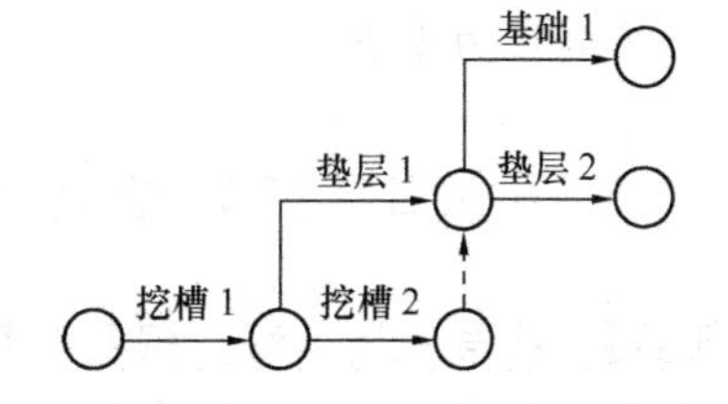

图 3-47 基础工程网络计划绘制步骤二

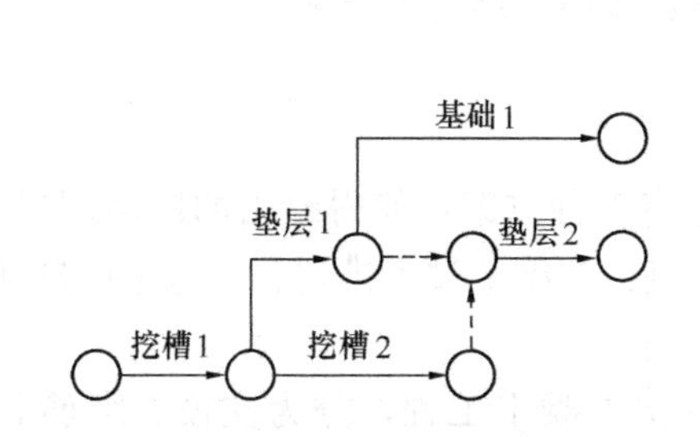

图 3-48 基础工程网络计划绘制步骤三

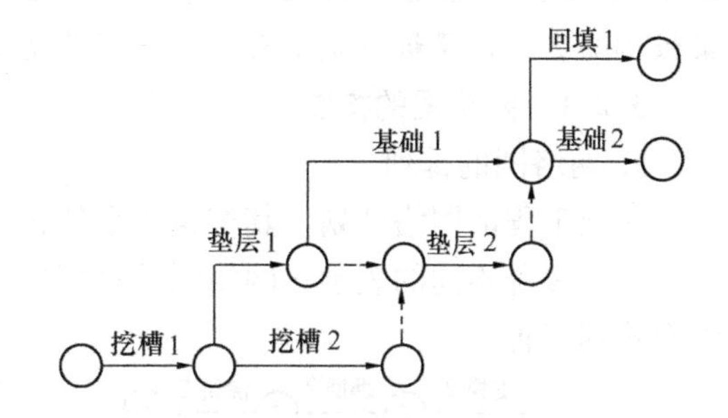

图 3-49 基础工程网络计划绘制步骤四

重复以上的第二步骤，绘出回 1 和基础 2，如图 3-49 所示。此时同样应调整去掉垫 2 与回 1 之间事实上不存在的逻辑制约关系，如图 3-50 所示。

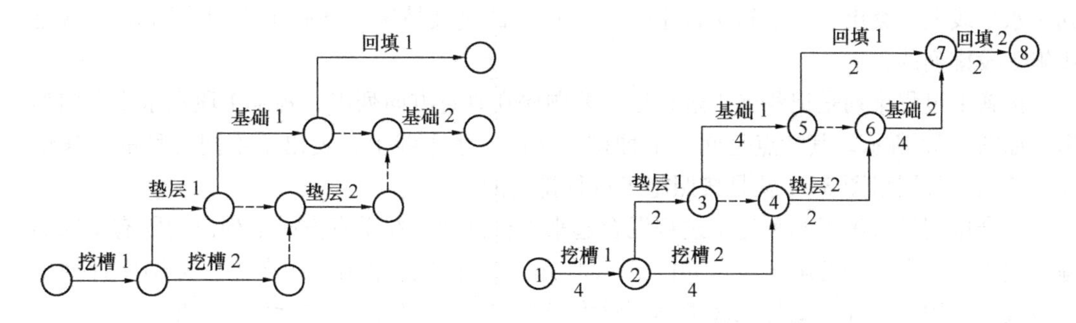

图 3-50 基础工程网络计划绘制步骤五　图 3-51 完整的基础工程双代号网络进度计划方案（二）

按照原则（2）的 1）或 2）绘出回 2，经调整完善、节点编号、标注持续时间等，形成如图 3-51 的网络进度计划表达方案之二，关键线路为 1→2→4→6→7→8 和 1→2→3→5→6→7→8，工期 16 天。

参照以上的案例，可以对本任务之初的教学任务编制网络计划。

【问题 3-18】 基础工程的两个网络进度计划表达方案有什么相同和不同之处？

【教学指导建议】

1. 本任务的中心目标是能够完成一般基础工程的网络计划编制，所以要结合各类典型工程的基础施工实际情况，安排训练任务。

2. 具备编制基础工程网络计划职业能力的前提是：施工过程之间正确逻辑关系的网络表达。本任务中有多个案例结合引导问题，进行了举一反三的演练，这方面内容应加强训练，给足学生思考、分析和动手训练的时间，这是实现本任务、本单元、本课程教学目标的基础。

3. 训练过程要从简单案例入手，循序渐进，学生开始就面对相对复杂或综合性强的案例，往往会感到压力重重。

3.2　主体结构工程网络计划的编制

【教学任务】 某写字楼工程，钢筋混凝土框架剪力墙结构，若主体施工按两个施工段组织流水，划分为柱墙绑筋→柱墙支模→柱墙浇筑→梁板支模→梁板绑筋→梁板浇筑等施工过程，流水节拍分别为柱墙绑筋 1 天，柱墙支模 1 天，柱墙浇筑 1 天，梁板支模 2 天，梁板绑筋 2 天，梁板浇筑 1 天。试绘制其两层主体施工的网络进度计划？

3.2.1　网络图的构图

1. 网络图的排列

一项工程的网络计划，其逻辑关系的正确表达有多种方案，使得绘出的网络图形状、构图等有多种不同的表示。网络图的排列方式主要有：按施工过程排列、按施工段排列和混合排列三种。

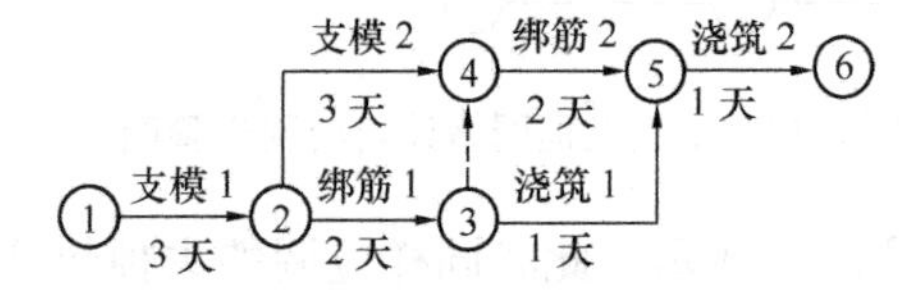

图 3-52　网络图按施工段排列

如某现浇混凝土工程，分为支模、绑筋和浇筑混凝土三个施工过程，分两个施工段组织流水施工。按施工段排列是把各施工段按组织顺序在垂直方向列出，各施工过程在水平方向列出，如图 3-52 所示。其特点是同一施工段的工作排列在同一水平线上，突出了一个施工段上各施工过程的进展情况。基础工程网络图 3-45 就是按施工段排列的。

按施工过程排列是把各施工过程按工艺顺序在垂直方向列出，各施工段在水平方向列出，如图 3-53 所示。其特点是同一工种排列在同一水平线上，突出了不同工种的工作情况。基础工程网络图 3-51 就是按照施工过程排列的。

混合排列是将施工段和施工过程混合起来进行排列，在垂直方向上列出的既有不同的施工过程，也有不同的施工段，如图 3-54 所示，适用于简单图形，在无时标网络计划中一般较少采用。其优点就是把虚工作调整为竖直方向，方便用于时标网络计划。

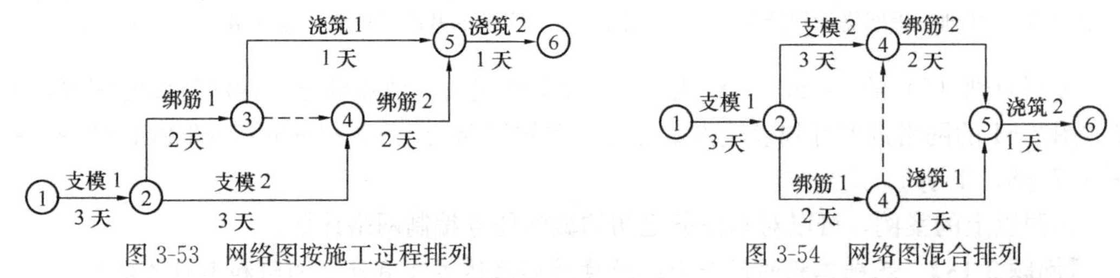

图 3-53　网络图按施工过程排列　　图 3-54　网络图混合排列

2. 网络图的合并

为了使网络图简化，突出要点，可将一些工作合并成一个工作，网络图由多箭线变成少箭线，使图面简单清晰，容易识读和应用。合并的基本方法是：保留网络图与外部工作相联系的节点和工作；对一条线路上的几项工作合并；对局部范围网络整体合并。合并后的箭线其工作持续时间应为合并前持续时间总和的最大值，如图 3-55 和图 3-56 所示。

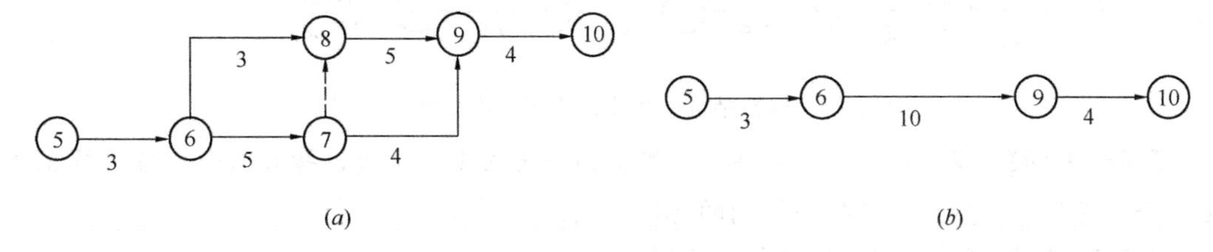

图 3-55 网络图的合并（一）

（a）合并前；（b）合并后

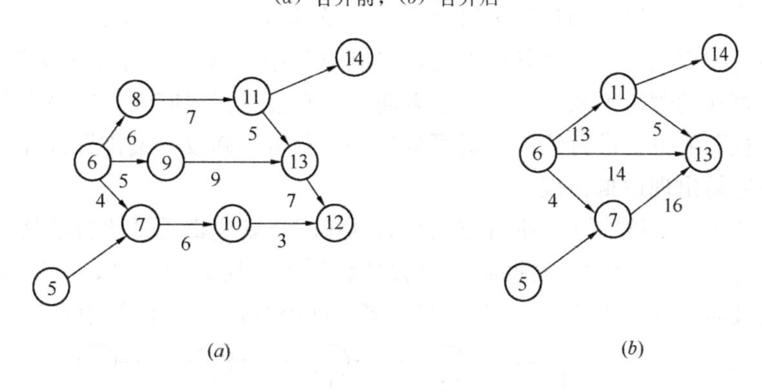

图 3-56 网络图的合并（二）

（a）合并前；（b）合并后

【案例 3-9】 某现浇框架结构大型商场，主体阶段每层施工划分为两个施工段，标准层每段的施工过程及流水节拍为：柱绑扎钢筋 2 天→墙绑扎钢筋 1 天→柱模板安装 2 天→墙模板安装 1 天→柱浇筑混凝土 1 天→墙浇筑混凝土 1 天→梁支模 2 天→板支模 2 天→梁绑扎钢筋 2 天→板绑扎钢筋 2 天→梁浇筑混凝土 1 天→板浇筑混凝土 1 天，按施工段排列绘制其标准层的网络进度计划。

解：

（1）施工过程及网络构成分析

本例可遵照网络图绘制的一般方法和规则绘制，但按给定的施工过程和流水节拍绘出网络计划，其中的施工过程数量较多，使图面布局繁琐，故可以在绘制之前考虑到这一问题而进行适当的简化合并。

（2）施工过程合并

柱模板安装是在柱、墙钢筋绑扎均完成后进行，且考虑到柱、墙绑扎钢筋由同一工种操作完成，所处施工阶段和施工环境一致，柱和墙的绑筋相互之间又有搭接关联等诸多因素，所以绘制前先将柱绑扎钢筋和墙绑扎钢筋合并为柱钢筋绑扎 3 天，同理可得合并后的施工过程柱模板安装 3 天、柱混凝土浇筑 2 天、板支模 4 天、板绑扎钢筋 4 天、板浇筑混凝土 2 天。

(3) 绘制网络计划

根据以上的适当合并，可绘制该工程标准层的网络计划图，如图 3-57 所示。

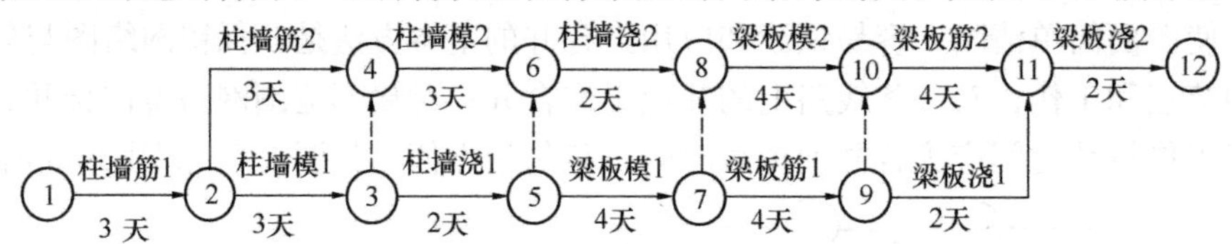

图 3-57 框架结构商场主体施工标准层网络计划

【问题 3-19】 案例 3-9 中，若平面上假定划分为三个施工段，暂且不考虑流水节拍值是否会有变化，仍按施工段排列绘制的标准层网络计划又将会怎样?

3.2.2 网络图“绘制模板法”的应用

无论在基础工程阶段，还是在主体工程阶段以及室内装饰工程阶段，往往要绘制流水施工网络图。当按施工段排列且施工段数为三个及其以上（或有多个楼层），或者按施工过程排列且施工过程数为三个及其以上时，绘制过程中常常需要通过增加节点和虚工作，切断事实上不存在的逻辑关系。对于初学者而言，常会觉得很麻烦且容易出现错误，如果使用“绘制模板”的方法进行绘制，就可减少许多分析、修改、编排等过程，使绘制工作简单化，且不容易出现逻辑错误。

当绘制的流水施工网络图在垂直方向只有两排时，则逻辑关系比较清晰，其“绘制模板”如图 3-58 所示。应用时可根据施工过程的数量确定模板的长度，然后在模板上填写工作名称、持续时间（流水节拍）、节点编号等，即得逻辑关系正确的网络图。

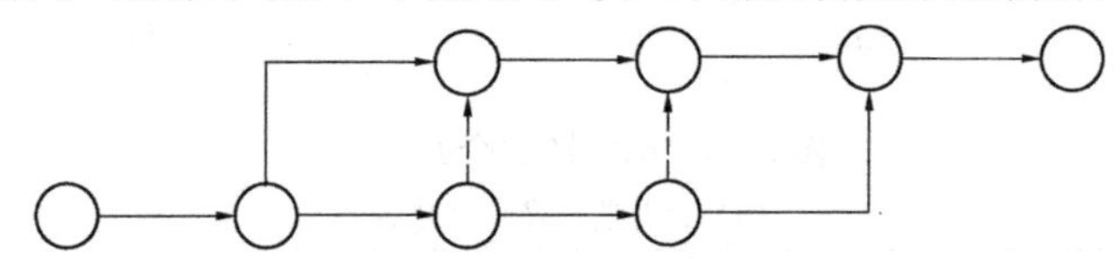

图 3-58 两段流水施工的网络图绘制模板

当绘制的流水施工网络图在垂直方向有三排及以上时（分三段或三个过程及以上），逻辑关系需要调整，调整后其“绘制模板”如图 3-59 所示。应用时可根据施工过程的数量确定模板的长度，根据施工段的数量确定模板排数，然后在模板上填写工作名称、持续时间（流水节拍）、节点编号等，即得逻辑关系正确的网络图。

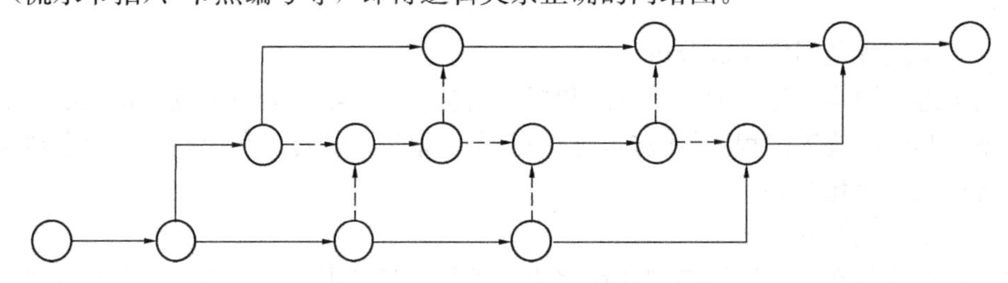

图 3-59 三段及以上流水施工的网络图绘制模板

【案例 3-10】 某现浇混凝土工程，分为支模、绑筋和浇筑混凝土三个施工过程，流水节拍分别为 2 天、2 天、1 天，按照施工段排列，当划分两个施工段或三个施工段时分别绘制其网络图。若按照施工过程排列且划分为四个施工段时，绘制其网络计划。

解：

（1）划分两个施工段施工

当划分两个施工段时，且有三个施工过程，首先确定模板规格如图 3-60 所示，再填写相应工作名称并编号形成最终网络图，如图 3-61 所示。

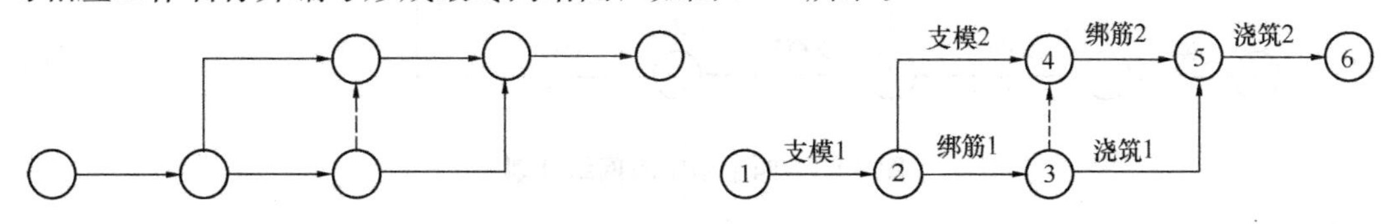

图 3-60　两个施工段时的绘制模板　　图 3-61　两个施工段的网络计划

（2）划分三个施工段施工

当划分三个施工段时，且有三个施工过程，首先确定模板规格如图 3-62 所示，再填写相应工作名称并编号形成最终网络图，如图 3-63 所示。

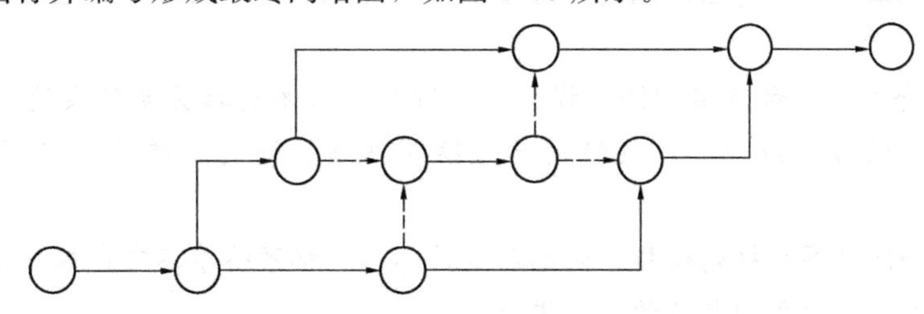

图 3-62　三个施工段时的绘制模板

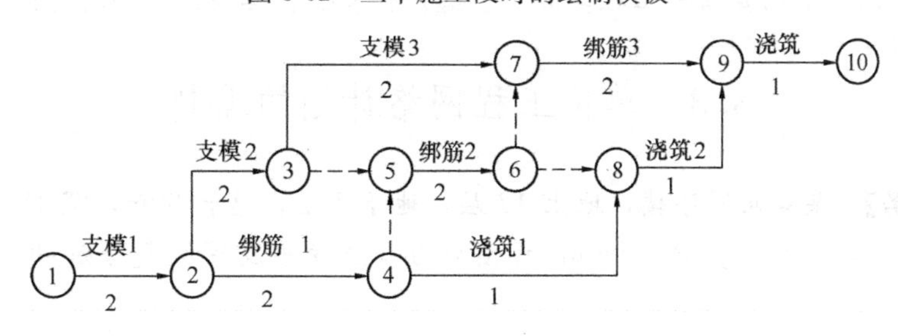

图 3-63　三个施工段的网络计划

（3）划分四个施工段施工

当按施工过程排列，且划分为四个施工段时，首先确定模板规格如图 3-64 所示，再形成最终网络图如图 3-65 所示。

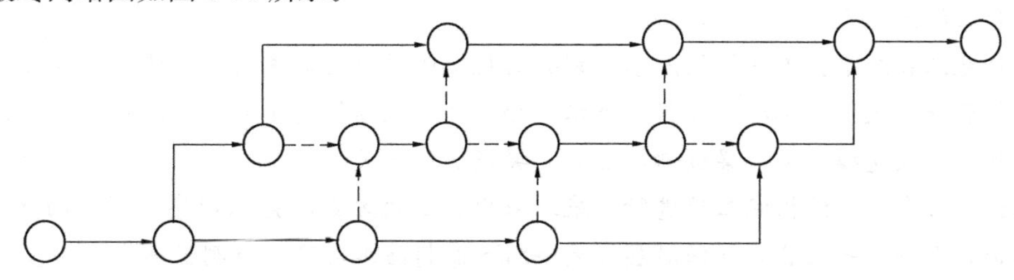

图 3-64　四个施工段时的绘制模板

【问题 3-20】　案例 3-10 中，分四个施工段时，若按施工段排列，如何运用模板法

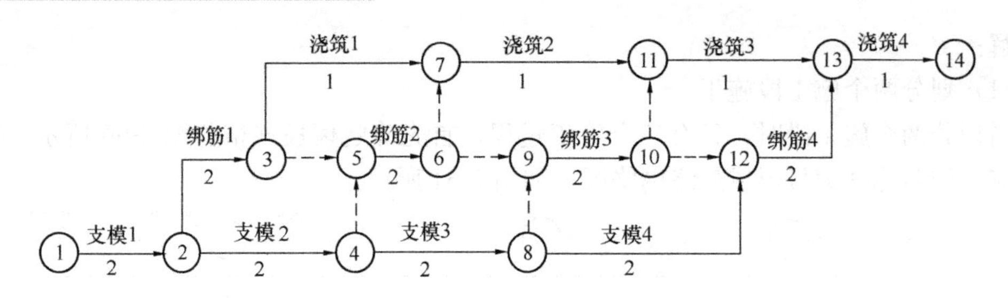

图 3-65 四个施工段网络计划

绘制?

【问题 3-21】 "绘制模板法"有帮助作用吗?

【教学指导建议】

1. 本任务在 3.1 基础上仅进行了适当扩展,并没有增加许多新内容,目标就是结合一般工程主体施工阶段的特点,继续训练 3.1 中的关键问题,从而形成主体施工网络计划的编制能力。

2. 本任务介绍了一种运用"绘制模板法"进行网络图逻辑关系的表达训练。要通过这种训练方法,结合传统方法,最终使学生绘制网络计划的熟练程度应提升到相当的高度。

有些内容如网络图的排列衔接、时间参数计算、时标网络等不宜在本任务中介绍,一定要按照由浅入深、简单到复杂的过程进行训练,

3. 采用的训练实例要结合工程实际,多选择代表性、典型性,切忌空谈空练。

3.3 单位工程网络计划的编制

【教学任务】 某高层写字楼,地上 12 层,地下 1 层,总长 90m,宽 18m,钢筋混凝土框架剪力墙结构,采用直径 600mm 的预应力静压管桩及筏板复合基础,地质条件良好,无地下水。

地下工程的施工方案为:用钢板桩配合预应力锚杆进行基坑支护,组织一次性完成基坑土方开挖 15 天,而后分成两个施工段组织流水施工,分别进行打桩施工 10 天(节拍)→垫层浇筑(含桩头处理、防水层)8 天→筏板绑筋 4 天→筏板安装模板 2 天→筏板浇筑混凝土 2 天→地下室柱墙(含筋、模、混)4 天→地下室梁板 5 天→最后统一进行墙身防水 4 天和回填土 5 天。

主体施工分两个施工段组织流水,划分为柱墙绑筋→柱墙支模→柱墙浇筑→梁板支模→梁板绑筋→梁板浇筑等施工过程,流水节拍分别为柱墙绑筋 1 天,柱墙支模 1 天,柱墙浇筑 1 天,梁板支模 2 天,梁板绑筋 2 天,梁板浇筑 1 天。

屋面工程在主体结构完工后进行,采取依次施工的方式,施工顺序为:屋面找平层 2 天→养护 5 天→隔气层 2 天→保温层 3 天→SBS 卷材防水层 3 天→刚性防水 8 天。

装饰装修工程可在屋面完工后开始进行,总体上按先外后内、自上而下的原则进行。外装修有:外抹灰 10 天→外墙面真石漆 8 天→水落管 4 天。内装修可在外抹灰完工后即可开始,以自然楼层为一个施工段,组织流水施工,施工顺序为:顶墙抹灰 4 天→塑钢窗

安装 2 天→玻璃安装 2 天→顶墙刮大白 2 天→顶墙涂料 2 天→楼地面抹灰 3 天→金属门安装 2 天。其他室内装饰及零星工程在以上室内装饰施工完成后统一安排约 20 天。台阶、散水等在室内外装修基本完工后进行约 10 天。

为使装修及早投入施工，内外墙砌筑工作可在主体完成大约三分之二的工程量后即可插入，直至屋面完工同时或之前完成即可，不组织流水，统一安排砌筑 20 天完成。

首层地面垫层施工 5 天，保证在首层地面抹灰前完成即可。

根据以上条件，编制该单位工程的时标网络进度计划。

【问题 3-22】 当一项工程的网络计划工作数量繁多、图形布局很大时，是否还有其他方法确定关键线路和计划工期?

【问题 3-23】 前面大家看到的都是一个局部的网络计划，对于一个整体的单位工程、单项工程以及建筑群体工程的网络计划如何绘制?

单位工程网络计划是一个相对全面完整的计划，它要包含各个分部工程的计划并成为一体，同时应计算填写有关参数，确定关键线路，甚至用具体的时间坐标进行标注等。因此，在能够绘出逻辑关系正确的工程局部网络图形基础上，还要进一步研究有关问题。

3.3.1　双代号网络计划时间参数的计算

到目前为止，我们已经能够运用网络图表达一项工程计划，可以正确表达工作之间的逻辑关系；安排确定各项工作的施工持续时间（或流水节拍）；查得计划的工期；找出其中的关键工作和关键线路等。

【问题 3-24】 非关键线路上的工作如果拖延，拖延多少时间会对计划工期有影响?

双代号网络计划时间参数计算是一个定量分析过程，并使网络计划具有更大的应用价值。具体说来，通过计算网络计划时间参数的目的有：确定网络计划的关键工作、关键线路，便于在施工中能抓住重点所在，用关键线路控制施工进程；明确非关键线路上各项工作存在多少机动时间，以便合理调配，统筹全局，向非关键线路挖掘劳动力、材料、机械等资源；为网络计划的优化、调整和实施控制提供明确的数量依据。

双代号网络计划时间参数的计算方法很多。按照计算的切入基准点进行划分有：工作计算法和节点计算法。按照计算时间参数的方式方法不同有：分析计算法、表上计算法、图上计算法、矩阵计算法和计算机计算法等。

1. 工作计算法

工作计算法就是以网络计划中的工作为对象，直接计算各项工作的时间参数。这些参数包括：工作的最早开始时间和最早完成时间、工作的最迟开始时间和最迟完成时间、工作的总时差和自由时差以及网络计划的计算工期。

各项工作时间参数计算完成后，应标注在箭线的上方，如图 3-66 所示。其中的虚工作也应计算时间参数，持续时间为零。现以某双代号网络图 3-67 为例，按照分析计算方法的过程，说明工作计算法。

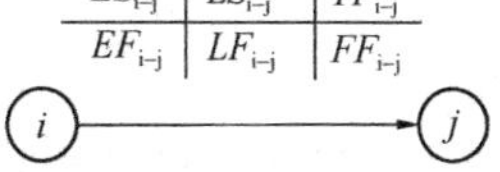

ES_{i-j}	LS_{i-j}	TF_{i-j}
EF_{i-j}	LF_{i-j}	FF_{i-j}

i ⟶ j

图 3-66　工作计算法的时间参数标注

(1) 计算工作的最早开始时间和最早完成时间

工作的最早开始时间是指在其所有紧前工作全部完成后，本工作有可能开始的最早时刻。工作 $i-j$ 的最早开始时间和最早完成时间用 ES_{i-j} 表示。

工作的最早完成时间是指在其所有紧前工作全部完成后，本工作有可能完成的最早时

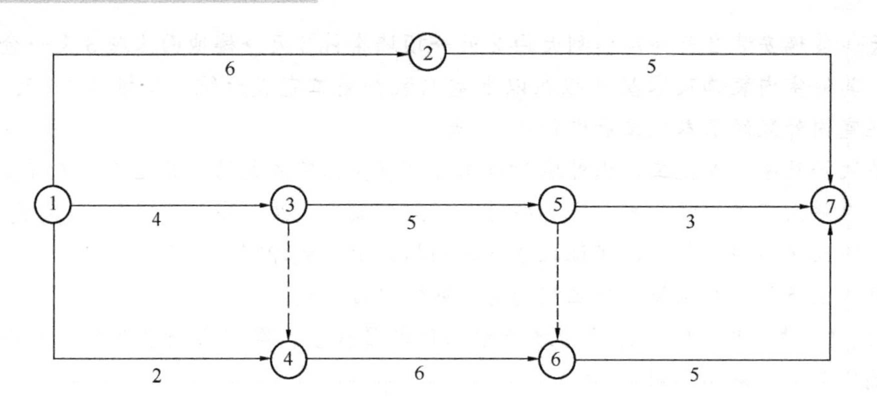

图 3-67 某双代号网络图

刻。工作 $i-j$ 的最早完成时间用 EF_{i-j} 表示。

1）工作最早开始时间的基本计算方法：从网络计划的起点节点开始，顺着箭线方向，到达本工作开始节点处，累加所经过的线路上各项工作持续时间，得到的持续时间总和即为本工作的最早开始时间。当有多条线路时，取最大值。

从开始节点引出的各项工作，由于没有紧前工作，当未规定其最早开始时间时，其最早开始时间等于零。从而得：

$ES_{1-2}=0$

$ES_{1-3}=0$

$ES_{1-4}=0$

$ES_{3-4}=4$

$ES_{3-5}=4$

2）工作的最早完成时间等于本工作的最早开始时间与其持续时间之和。可按公式（3-1）进行计算：

$$EF_{i-j}=ES_{i-j}+D_{i-j} \tag{3-1}$$

式中 EF_{i-j}——工作 $i-j$ 的最早完成时间；

ES_{i-j}——工作 $i-j$ 的最早开始时间；

D_{i-j}——工作 $i-j$ 的持续时间。

从而得：

$$EF_{1-2}=ES_{1-2}+D_{1-2}=0+6=6$$
$$EF_{1-3}=ES_{1-3}+D_{1-3}=0+4=4$$
$$EF_{1-4}=ES_{1-4}+D_{1-4}=0+2=2$$
$$EF_{3-4}=ES_{3-4}+D_{3-4}=4+0=4$$
$$EF_{3-5}=ES_{3-5}+D_{3-5}=4+5=9$$

3）工作最早开始时间的简捷计算方法：工作的最早开始时间应等于其紧前工作（包括虚工作）最早完成时间。当有多个紧前工作时，取多个紧前工作最早完成时间的最大值，即：

$$ES_{i-j}=EF_{h-i}=ES_{h-i}+D_{h-I} \tag{3-2}$$

$$ES_{i-j}=\max\{EF_{h-i}\}=\max\{ES_{h-i}+D_{h-i}\} \tag{3-3}$$

从而得：

$$ES_{2-7}=EF_{1-2}=6$$
$$EF_{2-7}=ES_{2-7}+D_{2-7}=6+5=11$$
$$ES_{4-6}=\max\{EF_{1-4},EF_{3-4}\}=\max\{2,4\}=4$$
$$EF_{4-6}=ES_{4-6}+D_{4-6}=4+6=10$$
$$ES_{5-7}=EF_{3-5}=9$$
$$EF_{5-7}=ES_{5-7}+D_{5-7}=9+3=12$$
$$ES_{5-6}=EF_{3-5}=9$$
$$EF_{5-6}=ES_{5-6}+D_{5-6}=9+0=9$$
$$ES_{6-7}=\max\{EF_{4-6},EF_{5-6}\}=\max\{10,9\}=10$$
$$EF_{6-7}=ES_{6-7}+D_{6-7}=10+5=15$$

【问题 3-25】 通过工作最早开始时间和最早完成时间的计算，从中有什么规律特征？应注意哪些问题？

（2）计算工作的最迟完成时间和最迟开始时间

工作的最迟完成时间是指在不影响整个任务按期完成的前提下，本工作必须完成的最迟时刻。工作 $i-j$ 的最迟完成时间用 LF_{i-j} 表示。

工作的最迟开始时间是指在不影响整个任务按期完成的前提下，本工作必须开始的最迟时刻。工作的最迟开始时间等于本工作的最迟完成时间与其持续时间之差。工作 $i-j$ 的最迟开始时间用 LS_{i-j} 表示。

1）确定网络计划的工期。计算工作最迟完成时间（或最迟开始时间）时，与工期有关。工期是指完成一项任务所需要的时间。在网络计划中，工期一般有以下三种：

计算工期：是根据网络计划时间参数计算而得到的工期，用 T_c 表示。

要求工期：是任务委托人所提出的指令性工期，用 T_r 表示。

计划工期：是指根据要求工期和计算工期所确定的作为实施目标的工期，用 T_p 表示。

当规定了要求工期时，计划工期不应超过要求工期，即：

$$T_p \leqslant T_r \tag{3-4}$$

当未规定要求工期时，可令计划工期等于计算工期，即：

$$T_p = T_c \tag{3-5}$$

网络计划的计算工期应等于以网络计划终点节点为完成节点的工作最早完成时间。当以网络计划终点节点为完成节点的工作有多个时，取各工作最早完成时间的最大值，即：

$$T_c=\max\{EF_{i-n}\} \tag{3-6}$$

式中 T_c——网络计划的计算工期；

EF_{i-n}——以网络计划终点节点 n 为完成节点的工作的最早完成时间。

本例中，网络计划的计算工期为：

$$T_c=\max\{EF_{2-7},\ EF_{5-7},\ EF_{6-7}\}=\max\{11,\ 12,\ 15\}=15$$

2）工作最迟完成时间的基本计算方法：从网络图的终点节点开始，逆着箭线方向，到达本工作的结束节点处，累加所经过的线路上各工作持续时间，用计划工期减去这个持续时间总和即得本工作的最迟完成时间。当有多条线路时，取最小值。

以网络计划终点节点为完成节点的工作，由于没有紧后工作，其最迟完成时间等于计

划工期。即

$$LF_{i-n} = T_p \tag{3-7}$$

从而得

$$LF_{2-7} = T_p = 15$$
$$LF_{5-7} = T_p = 15$$
$$LF_{6-7} = T_p = 15$$
$$LF_{4-6} = 15 - 5 = 10$$
$$LF_{5-6} = 15 - 5 = 10$$
$$LF_{3-5} = \min\{15 - 5 - 0, 15 - 3\} = 10$$

3）工作的最迟开始时间等于本工作的最迟完成时间与其持续时间之差。可按公式（3-8）进行计算：

$$LS_{i-j} = LF_{i-j} - D_{i-j} \tag{3-8}$$

式中 LS_{i-j}——工作 $i-j$ 的最迟开始时间；

LF_{i-j}——工作 $i-j$ 的最迟完成时间；

D_{i-j}——工作 $i-j$ 的持续时间。

从而得

$$LS_{2-7} = LF_{2-7} - D_{2-7} = 15 - 5 = 10$$
$$LS_{5-7} = LF_{5-7} - D_{5-7} = 15 - 3 = 12$$
$$LS_{6-7} = LF_{6-7} - D_{6-7} = 15 - 5 = 10$$
$$LS_{4-6} = LF_{4-6} - D_{4-6} = 10 - 6 = 4$$
$$LS_{5-6} = LF_{5-6} - D_{5-6} = 10 - 0 = 10$$
$$LS_{3-5} = LF_{3-5} - D_{3-5} = 10 - 5 = 5$$

4）工作最迟完成时间的简捷计算方法：工作最迟完成时间应等于其紧后工作（包括虚工作）最迟开始时间的最小值，即：

$$LF_{i-j} = \min\{LS_{j-k}\} = \min\{LF_{j-k} - D_{j-k}\} \tag{3-9}$$

式中 LF_{i-j}——工作 $i-j$ 的最迟完成时间；

LS_{i-j}——工作 $i-j$ 的紧后工作 $j-k$ 的最迟开始时间；

LF_{j-k}——工作 $i-j$ 的紧后工作 $j-k$ 的最迟完成时间；

D_{j-k}——工作 $i-j$ 的紧后工作 $j-k$ 的持续时间。

从而得

$$LF_{3-4} = LS_{4-6} = 4$$
$$LS_{3-4} = LF_{3-4} - D_{3-4} = 4—0 = 4$$
$$LF_{1-4} = LS_{4-6} = 4$$
$$LS_{1-4} = LF_{1-4} - D_{1-4} = 4—2 = 2$$
$$LF_{1-3} = \min\{LS_{3-4}, LS_{3-}\} = \min\{4, 5\} = 4$$
$$LS_{1-3} = LF_{1-3} - D_{1-3} = 4 - 4 = 0$$
$$LF_{1-2} = LS_{2-7} = 10$$

$$LS_{1-2}=LF_{1-2}-D_{1-2}=10-6=4$$

【问题 3-26】 通过工作最早开始时间和最早完成时间的计算，从中有什么规律特征？应注意哪些问题？

（3）计算工作的总时差

工作的总时差是指在不影响总工期的前提下，本工作可以利用的机动时间。工作 $i-j$ 的总时差用 TF_{i-j} 表示。

在不影响总工期的前提下，已经计算确定了一项工作的最迟开始时间（或最迟完成时间），这就表明了某一工作只要在从最早开始时间至最迟完成时间的范围内完成，不会影响工期，这个时间区间就是一项工作可以利用的时间范围，从中扣减掉工作实施所必需的持续时间值 D_{i-j}，余下的时间就是工作可以利用的机动时间，这个机动时间值就是工作的总时差。如图 3-68 所示。

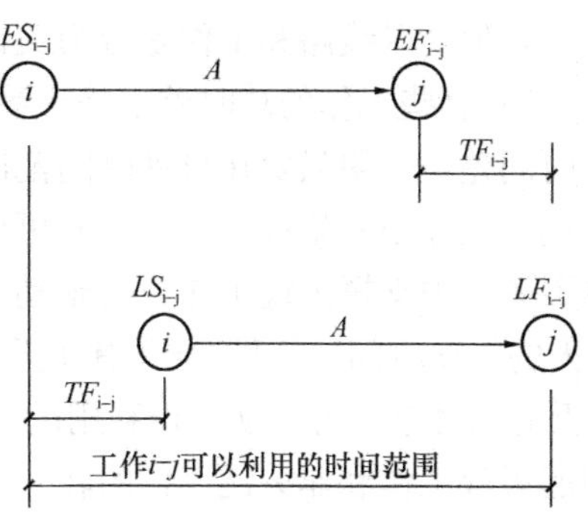

图 3-68　总时差计算示意图

换句话说，工作可以从最早开始时间开始，也可以从最迟开始时间开始，均不会影响工期。所以，工作的总时差等于该工作最迟完成时间减去最早完成时间，或等于该工作最迟开始时间减去最早开始时间，即：

$$TF_{i-j}=LF_{i-j}-EF_{i-j}=LS_{i-j}-ES_{i-j} \tag{3-10}$$

式中　TF_{i-j}——工作 $i-j$ 的总时差。

本例中各工作的总时差为：

$$TF_{1-2}=LS_{1-2}-ES_{1-2}=4-0=4$$
$$TF_{1-3}=LS_{1-3}-ES_{1-3}=0-0=0$$
$$TF_{1-4}=LS_{1-4}-ES_{1-4}=2-0=2$$
$$TF_{2-7}=LS_{2-7}-ES_{2-7}=10-6=4$$
$$TF_{3-4}=LS_{3-4}-ES_{3-4}=4-4=0$$
$$TF_{3-5}=LS_{3-5}-ES_{3-5}=5-4=1$$
$$TF_{4-6}=LS_{4-6}-ES_{4-6}=4-4=0$$
$$TF_{5-6}=LS_{5-6}-ES_{5-6}=10-9=1$$
$$TF_{5-7}=LS_{5-7}-ES_{5-7}=12-9=3$$
$$TF_{6-7}=LS_{6-7}-ES_{6-7}=10-10=0$$

【问题 3-27】 通过工作总时差的计算，从中得到哪些认识和启迪？非关键线路上的工作如果拖延，拖延多少时间会对计划工期有影响？

通过工作总时差的计算，并对计算结果加以分析，可得出以下特点：

1）各工作的总时差大小不相同，有些工作的总时差等于零，即最早开始时间与最迟开始时间是同一时刻，表明在计划实施的过程中，这些工作没有机动时间，必须按时开始，按时完成，才不会影响工期。所以，这些工作就是一项计划中的关键性工作，从而可定义：总时差为零（当规定要求工期时为最小）的工作即为关键工作，关键工作连成的线路即为关键线路。本例中工作 1—3、虚工作 3—4、工作 4—6 和工作 6—7 均为关键工作，故线路 1→3→4→6→7 为关键线路。

2）有些工作的总时差不等于零，即最早开始时间与最迟开始时间不是同一时刻，表明在计划实施的过程中，这些工作有机动时间，同关键性工作相比，处于相对次要地位，从而可定义：总时差大于零（当规定要求工期时为非最小）的工作即为非关键工作，非关键工作连成的线路即为非关键线路。在网络计划中，关键线路和非关键线路有相交的共同节点，但要以线路和工作是否为关键作为关注的基准。

3）有些工作的总时差不等于零，有机动时间，即最早完成时间和最迟完成时间之间有时间差，表明只要在机动时间范围内，一项工作不超过最迟完成时间完成，就不会影响工期。在计划实施过程中，有时可以利用这一特点，在非关键工作上抽调部分人力、物力等资源，去支援关键工作，实施动态的调整，确保计划按期完成。如本例中工作 1—2 有 4 天的机动时间，工作 2—7 有 4 天的机动时间，工作 3—5 有 1 天的总时差，工作 5—7 有 3 天的总时差。若一项工作利用的机动时间超出其总时差的范围，必将影响工期，同时会引起关键工作和非关键工作的转化。

4）同样是工作的总时差不等于零，但本例中若工作 1—2 的 4 天机动时间全部利用了，即工作 1—2 的持续时间变为 10 天时，则重新计算网络计划时间参数，可得工作 2—7 将没有总时差，反之，工作 1—2 的 4 天机动时间没有利用，则工作 2—7 仍将有 4 天的总时差；同样，工作 3—5 有 1 天的总时差，工作 5—7 有 3 天的总时差，若工作 3—5 利用了 1 天的总时差，持续时间变为 6 天，则重新计算网络计划时间参数，可得工作 5—7 仅有 2 天的总时差，反之，工作 3—5 的 1 天总时差没有利用，则工作 5—7 仍将有 3 天的总时差。因此，工作总时差可以被本工作利用，也可以不利用而保留给其紧后工作，显然工作总时差属于某相关的非关键线路所共有。即当某项工作全部或部分地使用了总时差时，则将会引起通过该工作的线路上，其他工作总时差的重新分配。

5）同样是工作的总时差不等于零，均定义为非关键工作。但总时差的大小有时差距较大，对于那些总时差接近最小值的工作，也应引起一定的重视。在计划实施过程中，一旦这些工作本身稍有拖延，或线路上其他工作利用了时差，都将会使其转化为关键工作，所以，在这里暂且把这些工作定义为次关键工作。

（4）计算工作的自由时差

工作的自由时差是指在不影响其紧后工作最早开始时间的前提下，本工作可以利用的机动时间。工作 $i-j$ 的自由时差用 FF_{i-j} 表示。

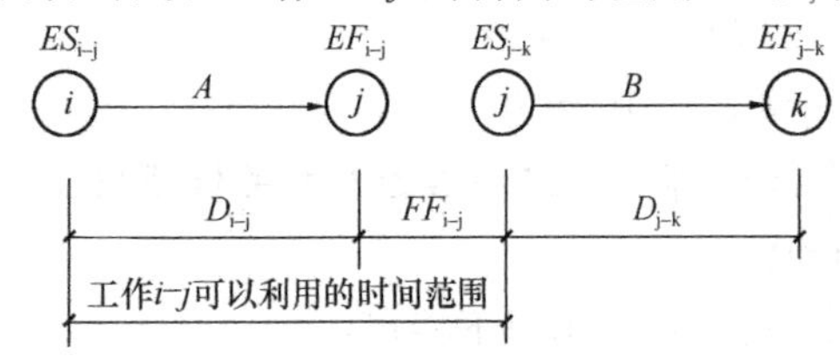

图 3-69　自由时差计算示意图

前述已经计算确定了各项工作的最早开始时间，按照自由时差的定义，一项工作只要在从本工作最早开始时间至紧后工作最早开始时间的范围内完成，不会影响其紧后工作按最早开始时间开工，这个时间区间就是本工作可以利用的时间范围，从中扣减掉本工作实施所必需的持续时间值 D_{i-j}，余下的时间就是本工作可以利用的机动时间，这个机动时间值就是本工作的自由时差。如图 3-69 所示。

因此，某工作的自由时差等于其紧后工作的最早开始时间减去本工作的最早开始时间，再减去本工作的持续时间，或等于其紧后工作的最早开始时间减去本工作的最早完成时间，即：

$$FF_{i-j} = ES_{j-k} - ES_{i-j} - D_{i-j} = ES_{j-k} - EF_{i-j} \quad (3\text{-}11)$$

式中 FF_{i-j}——工作 $i-j$ 的自由时差；

ES_{j-k}——工作 $i-j$ 的紧后工作 $j-k$ 的最早开始时间；

EF_{i-j}——工作 $i-j$ 的最早完成时间；

ES_{i-j}——工作 $i-j$ 的最早开始时间；

D_{i-j}——工作 $i-j$ 的持续时间。

对于无紧后工作的工作，也就是以网络计划终点节点为完成节点的工作，如果假想其有紧后工作时，那么其假想的紧后工作的最早完成时间就是计划工期。当未规定要求工期时，计划工期等于计算工期，故自由时差应等于计划工期（或计算工期）减去本工作最早完成时间，即：

$$FF_{i-n} = T_p - EF_{i-n} = T_p - ES_{i-n} - D_{i-n} \quad (3\text{-}12)$$

式中 FF_{i-n}——以网络计划终点节点 n 为完成节点的工作 $i-n$ 的自由时差；

T_p——网络计划的计划工期；

EF_{i-n}——以网络计划终点节点 n 为完成节点的工作 $i-n$ 的最早完成时间；

ES_{i-n}——以网络计划终点节点 n 为完成节点的工作 $i-n$ 的最早开始时间；

D_{i-n}——以网络计划终点节点 n 为完成节点的工作 $i-n$ 的持续时间。

本例中各项工作的自由时差为：

$$FF_{1-2} = ES_{2-7} - EF_{1-2} = 6 - 6 = 0$$

$$FF_{1-3} = ES_{3-5} - EF_{1-3} = 4 - 4 = 0$$

$$FF_{1-4} = ES_{4-6} - EF_{1-4} = 4 - 2 = 2$$

$$FF_{3-4} = ES_{4-6} - EF_{3-4} = 4 - 4 = 0$$

$$FF_{3-5} = ES_{5-7} - EF_{3-5} = 9 - 9 = 0$$

$$FF_{4-6} = ES_{6-7} - EF_{4-6} = 10 - 10 = 0$$

$$FF_{5-6} = ES_{6-7} - EF_{5-6} = 10 - 9 = 1$$

$$FF_{2-7} = T_p - EF_{2-7} = 15 - 11 = 4$$

$$FF_{5-7} = T_p - EF_{5-7} = 15 - 12 = 3$$

$$FF_{6-7} = T_p - EF_{6-7} = 15 - 15 = 0$$

以上计算过程中，工作 1—3、工作 3—5 均有两个紧后工作，由于虚工作也视同工作一并计算时间参数，所以两个紧后工作（其中有一个虚工作）的最早开始时间是相同的，故任取其一的最早开始时间即可。如果出于某些单一目的的需要，考虑适当简化计算，而没有计算虚工作的时间参数，此时工作 1—3 的紧后工作按照常规逻辑关系应为工作 3—5 和工作 4—5，工作 3—5 的紧后工作按照常规逻辑关系应为工作 5—7 和工作 6—7，但工作 5—7 和工作 6—7 的最早开始时间并不相同，要选择紧后工作中最早开始时间较小值进行计算。

该网络图中各工作六个时间参数计算完成后，应按照相应位置标注，如图 3-70 所示。

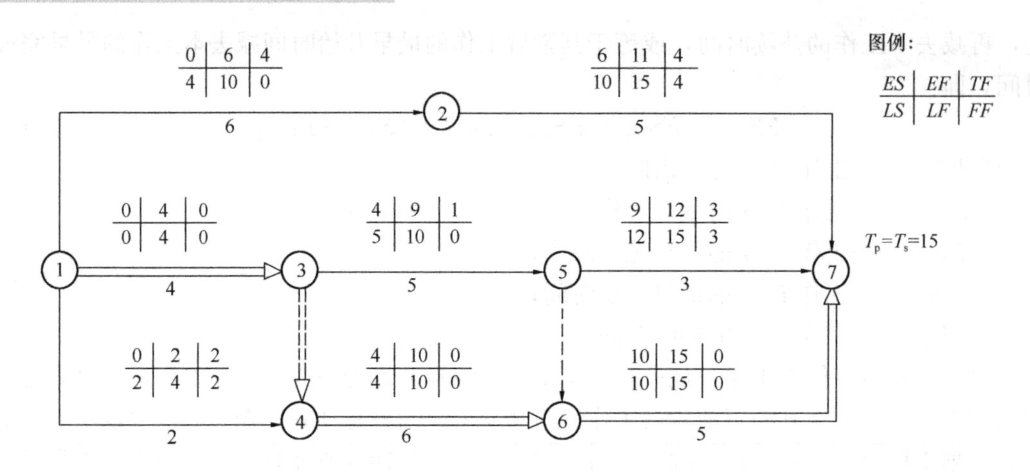

图 3-70 网络计划工作时间参数计算结果

【问题 3-28】 通过工作自由时差的计算，从中又会有哪些认识？总时差与自由时差是什么关系？

通过工作自由时差的计算，并对计算结果加以分析，可得出以下特点：

1）自由时差是在不影响紧后工作按最早开始时间开工的前提下确定的。也就是说，某工作一旦动用了自由时差，并没有对后续工作带来任何影响，故自由时差是某项非关键工作独立拥有、独立使用的机动时间。如本例中工作 1－4 有 2 天的自由时差，如果工作 1－4 利用了这 2 天的自由时差，使工作 1－4 的持续时间变为 4 天，其紧后工作 4－6 的最早开始时间仍为 4 天，再重新计算网络计划的时间参数后可以看到，其他任何后续工作的时间参数均没有变化。

2）自由时差虽然属于是某项非关键工作独立拥有、独立使用的机动时间，但当该工作实施完成后，其原来所拥有的自由时差也将随之消失，不会像总时差那样可以保留给后续工作。

3）某工作的自由时差必定小于或等于该工作的总时差。

首先根据两个时差的定义条件，总时差是不影响工期，自由时差是不仅不影响工期，还要不影响紧后工作按最早开始时间开工，前者的计算条件宽泛，计算的机动时间值比后者要大。当一项工作没有总时差也即总时差等于零时，自由时差也不可能是小于零的负数，此时两个时差相等均为零。按照这一规律，当已经计算某工作的总时差等于零，则自由时差就不用套公式计算，直接列出等于零。

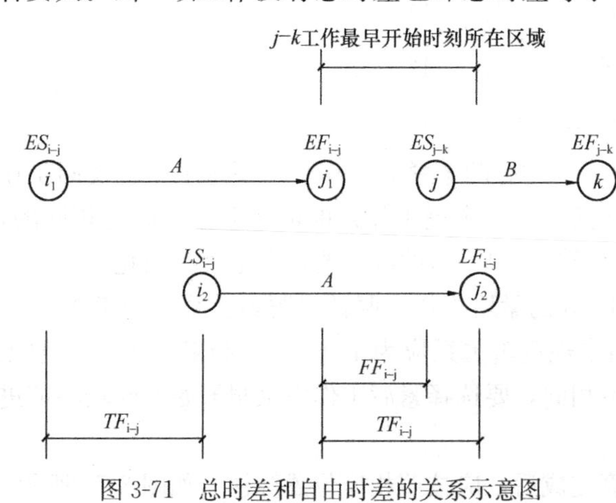

图 3-71 总时差和自由时差的关系示意图

其次，根据图 3-71 所示，假定某工作 $i-j$ 有机动时间，即存在总时差，其最早完成时刻和最迟完成时刻分别位于 j_1 和 j_2 节点处，两个节点时刻的时间差即为工作 $i-j$ 的总时差。紧后工作 $j-k$ 的最早开始时刻不可能早于 j_1 节点时刻，因为工作 $i-j$ 还没有完成。紧后工作 $j-k$ 的最早开始时刻也不应该晚于 j_2 节点时刻，因为没有体现工作 $j-k$ 最早开始的意义，所以紧后工作 $j-k$ 的最早开始时刻只能在 j_1 和 j_2 两个节点时刻之间，其中 j_1 和 j 两个节点时刻的时间差即为工作 $i-j$ 的自由时差。显然，工作 $i-j$ 的自由时差小于工作 $i-j$ 的总时差，当工作 $i-j$ 没有总时差时，j_1、j 和 j_2 三个节点时刻重叠为一点，此时工作 $i-j$ 的自由时差等于工作 $i-j$ 的总时差。

2. 节点计算法

节点计算法，就是先计算网络计划中各个节点的最早时间和最迟时间，然后据此计算各项工作的时间参数和网络计划的计算工期。按节点计算法计算时间参数，其计算结果应标注在节点之上，如图 3-72 所示。现仍以图 3-67 网络图为例，说明节点计算法。

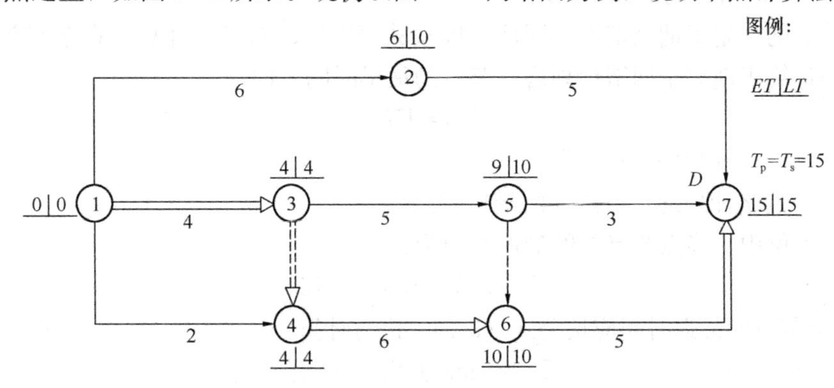

图 3-72 双代号网络图节点计算法

(1) 计算节点的最早时间

节点最早时间是指在双代号网络计划中，以该节点为开始节点的各项工作的最早开始时间。节点 i 的最早时间用 ET_i 表示。

节点最早时间的计算应从网络计划的起点节点开始，顺着箭线方向（从左向右）依次进行。其计算步骤如下：

1）网络计划起点节点，如未规定最早时间时，其值等于零。例如在本例中，起点节点①的最早时间为零，即：

$$ET_1=0$$

2）其余节点的最早时间应按公式（3-13）进行计算：

$$ET_j = \max\{ET_i + D_{i-j}\} \quad (3\text{-}13)$$

式中 ET_j——工作 $i-j$ 的完成节点 j 的最早时间；

ET_i——工作 $i-j$ 的开始节点 i 的最早时间；

D_{i-j}——工作 $i-j$ 的持续时间。

即节点 j 的最早时间等于紧前节点（箭线箭头指向 j 的开始节点包括虚箭线）的最早时间 ET_i 加上 $i-j$ 工作的持续时间。当节点 j 有多条内向箭线时，则取其中的最大值。

例如在本例中，节点③和节点④的最早时间分别为：

$$ET_3 = ET_1 + D_{1-3} = 0 + 4 = 4$$

$$ET_4 = \max\{ET_1 + D_{1-4}, ET_3 + D_{3-4}\} = \max\{0+2, 4+0\} = 4$$

按照以上计算方法，可计算出全部节点的最早时间，如图 3-71 所示。

(2) 计算节点的最迟时间

节点最迟时间是指在双代号网络计划中，以该节点为完成节点的各项工作的最迟完成时间。节点 i 的最迟时间用 LT_i 表示。

节点最迟时间的计算应从网络计划的终点节点开始，逆着箭线方向（从右向左）依次进行。

1）网络计划终点节点的最迟时间等于网络计划的计划工期，即：

$$LT_n = T_p \tag{3-14}$$

式中 LT_n——网络计划终点节点 n 的最迟时间；

T_p——网络计划的计划工期。

网络计划的计划工期确定方法同前，即按式（3-4）、（3-5）计算。在节点计算法中，网络计划的计算工期等于网络计划终点节点的最早时间，即：

$$T_c = ET_n \tag{3-15}$$

式中 T_c——网络计划的计算工期；

ET_n——网络计划终点节点 n 的最早时间。

例如在本例中，终点节点⑦的最迟时间为：

$$LT_7 = T_p = T_c = 15$$

2）其余节点的最迟时间应按公式（3-16）进行计算：

$$LT_i = \min\{LT_j - D_{i-j}\} \tag{3-16}$$

式中 LT_i——工作 $i-j$ 的开始节点 i 的最迟时间；

LT_j——工作 $i-j$ 的完成节点 j 的最迟时间；

D_{i-j}——工作 $i-j$ 的持续时间。

即节点 i 的最迟时间等于紧后节点（箭线箭尾从 i 出去的完成节点包括虚箭线）的最迟时间 LT_j 减去 $i-j$ 工作的持续时间。当节点 i 有多个外向箭线时，则取其中的最小值。

例如在本例中，节点⑥和节点⑤的最迟时间分别为：

$$LT_6 = LT_7 - D_{6-7} = 15 - 5 = 10$$

$$LT_5 = \min\{LT_6 - D_{5-6}, LT_7 - D_{5-7}\} = \min\{10 - 0, 15 - 3\} = 10$$

按照以上计算方法，可计算出全部节点的最迟时间，如图 3-71 所示。

(3) 确定关键节点、关键工作和关键线路

在双代号网络计划中，关键线路上的节点称为关键节点。关键工作两端的节点必为关键节点。

关键节点的最迟时间与最早时间的差值最小（当 $T_p = T_c$ 时，差值为零）。例如在本例中，节点①、③、④、⑥、⑦就是关键节点。

利用关键节点判定关键工作时，应注意关键节点之间的工作不一定是关键工作，同样由关键节点组成的线路也不一定是关键线路。例如在本例中，由关键节点①、④、⑥、⑦组成的线路就不是关键线路。所以，判定两个节点 i、j 之间的工作 $i-j$ 是关键工作时，必须同时满足下列两个判别式：

$$ET_i + D_{i-j} = ET_j \tag{3-17}$$

$$LT_i + D_{i-j} = LT_j \tag{3-18}$$

式中 ET_i——工作 $i-j$ 的开始节点（关键节点）i 的最早时间；

D_{i-j}——工作 $i-j$ 的持续时间；

ET_j——工作 $i-j$ 的完成节点（关键节点）j 的最早时间；

LT_i——工作 $i-j$ 的开始节点（关键节点）i 的最迟时间；

LT_j——工作 $i-j$ 的完成节点（关键节点）j 的最迟时间。

如果两个关键节点之间的工作同时符合上述两个判别式，则该工作必然为关键工作，否则，该工作就不是关键工作。关键工作连成的线路就是关键线路。例如在本例中，工作1—3、虚工作3—4、工作4—6和工作6—7均同时符合上述两个判别式，故线路①→③→④→⑥→⑦为关键线路。

关键节点具有如下特性：

在双代号网络计划中，当计划工期等于计算工期时，关键节点具有以下一些特性，掌握好这些特性，有助于确定工作的时间参数。

1）开始节点和完成节点均为关键节点的工作，不一定是关键工作。例如在图3-71所示网络计划中，节点①和节点④为关键节点，但工作1—4为非关键工作。由于其两端为关键节点，机动时间不可能为其他工作所利用，故其总时差和自由时差均为2。

2）以关键节点为完成节点的工作，其总时差和自由时差必然相等。例如在图3-71所示网络计划中，工作1—4的总时差和自由时差均为2；工作2—7的总时差和自由时差均为4；工作5—7的总时差和自由时差均为3。

3）当两个关键节点间有多项工作，且工作间的非关键节点无其他内向箭线和外向箭线时，则两个关键节点间各项工作的总时差均相等。在这些工作中，除以关键节点为完成的节点的工作自由时差等于总时差外，其余工作的自由时差均为零。例如在图3-71所示网络计划中，工作1—2和工作2—7的总时差均为4。工作2—7的自由时差等于总时差，而工作1—2的自由时差为零。

4）当两个关键节点间有多项工作，且工作间的非关键节点有外向箭线而无其他内向箭线时，则两个关键节点间各项工作的总时差不一定相等。在这些工作中，除以关键节点为完成的节点的工作自由时差等于总时差外，其余工作的自由时差均为零。例如在图3-71所示网络计划中，工作3—5和工作5—7的总时差分别为1和3。工作5—7的自由时差等于总时差，而工作3—5的自由时差为零。

（4）根据节点时间参数计算工作时间参数

当双代号网络计划的节点时间参数计算完成后，可以利用节点参数简便快捷地计算出各工作的时间参数。

1）工作最早开始时间等于该工作的开始节点的最早时间。

$$ES_{i-j} = ET_i \tag{3-19}$$

如本例中，$ES_{1-2}=ET_1=0$；

$ES_{1-3} = ET_1 = 0$；

$ES_{3-5} = ET_3 = 4$；

$ES_{4-6} = ET_4 = 4$；

$ES_{6-7} = ET_6 = 10$；

其余略。

2）工作的最早完成时间等于该工作的开始节点的最早时间加上持续时间。

$$EF_{i-j}=ET_i+D_{i-j} \tag{3-20}$$

如本例中，$EF_{1-2}=ET_1+D_{1-2}=0+6=6$；

$EF_{1-3}=ET_1+D_{1-3}=0+4=4$；

$EF_{3-5}=ET_3+D_{3-5}=4+5=9$；

$EF_{4-6}=ET_4+D_{4-6}=4+6=10$；

$EF_{6-7}=ET_6+D_{6-7}=10+5=15$；

其余略。

3）工作最迟完成时间等于该工作的完成节点的最迟时间。

$$LF_{i-j}=LT_j \tag{3-21}$$

如本例中，$LF_{1-2}=LT_2=10$；

$LF_{1-3}=LT_3=4$；

$LF_{3-5}=LT_5=10$；

$LF_{4-6}=LT_6=10$；

$LF_{6-7}=LT_7=15$；

其余略。

4）工作最迟开始时间等于该工作的完成节点的最迟时间减去持续时间。

$$LS_{i-j}=LT_j-D_{i-j} \tag{3-22}$$

如本例中，$LS_{1-2}=LT_2-D_{1-2}=10-6=4$；

$LS_{1-3}=LT_3-D_{1-3}=4-4=0$；

$LS_{3-5}=LT_5-D_{3-5}=10-5=5$；

$LS_{4-6}=LT_6-D_{4-6}=10-6=4$；

$LS_{6-7}=LT_7-D_{6-7}=15-5=10$；

其余略。

5）工作总时差等于该工作的完成节点最迟时间减去该工作开始节点的最早时间再减去持续时间。

$$TF_{i-j}=LT_j-ET_i-D_{i-j} \tag{3-23}$$

如本例中，$TF_{1-2}=LT_2-ET_1-D_{1-2}=10-0-6=4$；

$TF_{1-3}=LT_3-ET_1-D_{1-3}=4-0-4=0$；

$TF_{3-5}=LT_5-ET_3-D_{3-5}=10-4-5=1$；

$TF_{4-6}=LT_6-ET_4-D_{4-6}=10-4-6=0$；

$TF_{6-7}=LT_7-ET_6-D_{6-7}=15-10-5=0$；

其余略。

6）工作自由时差等于该工作的完成节点最早时间减去该工作开始节点的最早时间再减去持续时间。

$$FF_{i-j}=ET_j-ET_i-D_{i-j} \tag{3-24}$$

如本例中，$FF_{1-2}=ET_2-ET_1-D_{1-2}=6-0-6=0$；

$FF_{1-3}=ET_3-ET_1-D_{1-3}=4-0-4=0$；

$FF_{3-5}=ET_5-ET_3-D_{3-5}=9-4-5=0$；

$FF_{4-6}=ET_6-ET_4-D_{4-6}=10-4-6=0$；

$FF_{6-7}=ET_7-ET_6-D_{6-7}=16-10-5=0$；

其余略。

【问题 3-29】 节点计算法有什么特点？

3. 图上计算法

图上计算法是通过观察图上有关节点、工作等之间的相互关系，根据工作计算法或节点计算法的时间参数计算公式，直接将计算结果标注于图上的一种较直观、简便的方法。这种方法不必列出计算过程，但要求计算人员在头脑中要清晰地演练计算过程。

图上计算法的应用要点：

（1）计算工作的最早开始时间和最早完成时间

1）先全部计算出各工作的最早开始时间，再计算各工作的最早完成时间；

2）以起点节点为开始节点的工作，无特殊规定时，其最早开始时间记为 0；

3）其余工作的最早开始时间用公式（3-3）计算，连续应用直到计算完毕；

4）工作的最早完成时间取该工作最早开始时间与本工作持续时间之和；

5）标注方法同前。

（2）计算工作的最迟完成时间和最迟开始时间

1）先全部计算出各工作的最迟完成时间，再计算各工作的最迟开始时间；

2）以终点节点为完成节点的工作，其最迟完成时间就等于计划工期；

3）其余工作的最迟完成时间用公式（3-9）计算，连续应用直到计算完毕；

4）工作的最迟开始时间取该工作最迟完成时间减去本工作持续时间；

5）标注方法同前。

（3）计算工作的总时差

1）工作的总时差可采用“迟早相减”的计算方法求得，即某工作的总时差等于该工作的最迟开始时间减去工作的最早开始时间；

2）或者等于该工作的最迟完成时间减去工作的最早完成时间。

（4）计算工作的自由时差

1）工作的自由时差等于紧后工作的最早开始时间减去本工作的最早完成时间；

2）或者都用最早时间计算，即等于紧后工作的最早开始时间减去本工作的最早开始时间，再减去本工作的持续时间；

3）虽然后者多一个相减的计算过程，但均以同一类的参数即最早开始时间计算，思路清晰，不容易混淆。

（5）计算节点最早时间

1）起点节点的最早时间，无特殊规定时记为 0；

2）其余节点的最早时间用公式（3-13）计算，连续应用直到计算完毕；

3）标注方法同前。

（6）计算节点最迟时间

1）终点节点的最迟时间等于计划工期，当网络计划有规定工期时，其最迟时间就等于规定工期，当没有规定工期时，其最迟时间就等于终点节点的最早时间；

2）其余节点的最迟时间用公式（3-16）计算，连续应用直到计算完毕。

【问题 3-30】 总结图上计算法有什么特点?

4. 表上计算法

为了使网络计划时间参数方便查阅、比较或汇总分析等，依据工作计算法和节点计算法的计算公式以及所建立的关系式，将计算出的时间参数全部列于表中的一种方法。这种方法虽然以表格的形式列出各项时间参数，计算时可直接查用已经计算完毕的参数，但运算过程仍然要写出或者在头脑中清晰地演练。如按照图 3-67 所示的网络计划，采用表上计算法的结果见表 3-8。

网络计划时间参数计算表 **表 3-8**

节点	ET_i	LT_i	工作	D_{i-j}	ES_{i-j}	EF_{i-j}	LS_{i-j}	LF_{i-j}	TF_{i-j}	FF_{i-j}
(1)	(2)	(3)	(4)	(5)	(6)	(7)	(8)	(9)	(10)	(11)
①	0	0	1—2	6	0	6	4	10	4	0
			1—3	4	0	4	0	4	0	0
			1—4	2	0	2	2	4	2	2
②	6	10	2—7	5	6	11	10	15	4	4
③	4	4	3—4	0	4	4	4	4	0	0
			3—5	5	4	9	5	10	1	0
④	4	4	4—6	6	4	10	4	10	0	0
⑤	9	10	5—6	0	9	9	10	10	1	1
			5—7	3	9	12	12	15	3	3
⑥	10	10	6—7	5	10	15	10	15	0	0
⑦	15	15								

表上计算法的应用要点：

(1) 制作行列数符合要求的表格，将栏目定义并进行栏目编号，详见表 3-8。

(2) 将网络计划中的节点编号、工作代号、工作持续时间等基本条件填入表格，此后可抛开网络计划图（根据自己的熟悉程度）。

(3) 判定某工作 $i—j$ 的紧前工作时，凡是工作代号中有后一个编号为 i 的工作均为工作 $i—j$ 的紧前工作；同理，凡是工作代号中有前一个编号为 j 的工作均为工作 $i—j$ 的紧后工作。

(4) 运用节点时间参数的计算方法计算各节点的最早时间和最迟时间，填入表中相应栏目，熟记计算公式，最好一个参数一次连续计算完毕。

(5) 运用节点时间参数和工作时间参数的转换计算公式，分别计算完成六个工作时间参数填入表中相应栏目，熟记计算公式，也最好一个参数一次连续计算完毕。

(6) 计算时所需的参数均可从表中直接查得。

【问题 3-31】 用表上计算法进行时间参数的计算，有哪几个关键环节?

3.3.2 单代号网络计划时间参数的计算

单代号网络计划时间参数的计算原理与双代号基本相同，在单代号网络图中，其中的节点就是工作，综合前述的双代号网络图中工作计算法和节点计算法原理即可进行时间参数的计算。

1. 工作最早开始时间的计算应符合下列规定

(1) 工作 i 的最早开始时间 ES_i 应从网络图的起点节点开始，顺着箭线方向依次计算。

(2) 起点节点的最早开始时间 ES 如无规定时，其值等于零，即

$$ES_1 = 0 \tag{3-25}$$

(3) 其余工作的最早开始时间为：

$$ES_i = \max\{ES_h + D_h\} \tag{3-26}$$

式中 ES_h——工作 i 的紧前工作 h 的最早开始时间；

D_h——工作 i 的紧前工作 h 的持续时间。

2. 工作 i 的最早完成时间 EF_i

$$EF_i = ES_i + D_i \tag{3-27}$$

3. 工作最迟完成时间的计算应符合下列规定

(1) 工作 i 的最迟完成时间 LF_i 应从网络图的终点节点开始，逆着箭线方向依次逐项计算。当部分工作分期完成时，有关工作的最迟完成时间应从分期完成的节点开始逆向逐项计算。

(2) 终点节点所代表的工作 n 的最迟完成时间 LF_n 应等于网络计划的计划工期 T_p，即

$$LF_n = T_p \tag{3-28}$$

T_p 的确定方法同前，无要求工期时，可取 $T_p = T_c$，T_c 为计算工期，等于终点节点的最早完成时间，即

$$T_c = EF_n \tag{3-29}$$

式中 EF_n——终点节点的最早完成时间。

分期完成工作的最迟完成时间应等于分期完成的时刻。

(3) 其余工作 i 的最迟完成时间 LF_i 应为

$$LF_i = \min\{LF_j - D_j\} \tag{3-30}$$

式中 LF_j——工作 i 的紧后工作 j 的最迟完成时间；

D_j——工作 i 的紧后工作 j 的持续时间。

4. 工作 i 的最迟开始时间 LS_i

$$LS_i = LF_i - D_i \tag{3-31}$$

5. 工作总时差的计算应符合下列规定

(1) 工作 i 的总时差 TF 应从网络图的终点节点开始，逆着箭线方向依次逐项计算。当部分工作分期完成时，有关工作的总时差必须从分期完成的节点开始逆向逐项计算。

(2) 终点节点所代表的工作 n 的总时差 TF_n 值为零，即

$$TF_n = 0 \tag{3-32}$$

分期完成的工作的总时差值为零。

(3) 其余工作的总时差 TF_i 应按下式计算：

$$TF_i = \min\{LAG_{i,j} + TF_j\} \tag{3-33}$$

式中 TF_j——工作 i 的紧后工作 j 的总时差；

$LAG_{i,j}$——相邻两项工作 i 和 j 之间的时间间隔，$LAG_{i,j} = ES_j - EF_i$。

【问题 3-32】 $LAG_{i,j}$ 有什么特点？

(4) 工作 i 的总时差仍按照以往的计算原理计算，即

$$TF_i = LS_i - ES_i \tag{3-34}$$

$$\text{或 } TF_i = LF_i - EF_i \tag{3-35}$$

6. 工作 i 的自由时差 FF_i

$$FF_i = \min\{LAG_{i,j}\} \tag{3-36}$$

$$\text{或 } FF_i = \min\{ES_j - EF_i\} \tag{3-37}$$

$$\text{或 } FF_i = \min\{ES_j - ES_i - D_i\} \tag{3-38}$$

【案例 3-11】 试计算如图 3-73 所示单代号网络计划的时间参数。

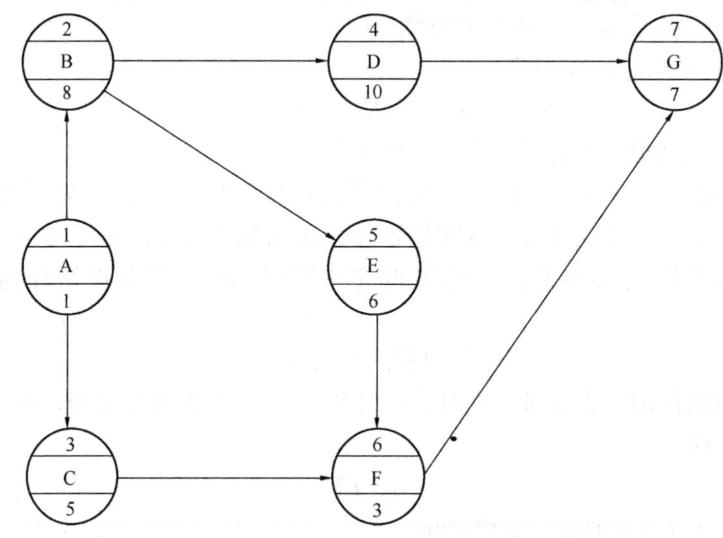

图 3-73 单代号网络计划

解:

(1) 计算工作的最早开始时间:

$$ES_1 = 0$$

由 $ES_i = \max\{ES_h + D_h\}$ 得

$ES_2 = ES_1 + D_1 = 0 + 1 = 1$

$ES_3 = ES_1 + D_1 = 0 + 1 = 1$

$ES_4 = ES_2 + D_2 = 1 + 8 = 9$

$ES_5 = ES_2 + D_2 = 1 + 8 = 9$

$ES_6 = \max\{ES_3 + D_3, ES_5 + D_5\} = \max\{1 + 5, 9 + 6\} = 15$

$ES_7 = \max\{ES_4 + D_4, ES_6 + D_6\} = \max\{9 + 10, 15 + 3\} = 19$

(2) 计算工作的最早完成时间:

由 $EF_i = ES_i + D_i$ 得

$EF_1 = ES_1 + D_1 = 0 + 1 = 1$

$EF_2 = ES_2 + D_2 = 1 + 8 = 9$

$EF_3 = ES_3 + D_3 = 1 + 5 = 6$

$EF_4 = ES_4 + D_4 = 9 + 10 = 19$

$EF_5 = ES_5 + D_5 = 9 + 6 = 15$

$EF_6 = ES_6 + D_6 = 15 + 3 = 18$

$EF_7 = ES_7 + D_7 = 19 + 1 = 20$

(3) 计算工作的最迟完成时间：

$LF_7 = T_p = 20$

由 $LF_i = \min \{LF_j - D_j\}$ 得

$LF_6 = LF_7 - D_7 = 20 - 1 = 19$

$LF_5 = LF_6 - D_6 = 19 - 3 = 16$

$LF_4 = LF_7 - D_7 = 20 - 1 = 19$

$LF_3 = LF_6 - D_6 = 19 - 3 = 16$

$LF_2 = \min\{LF_4 - D_4, LF_5 - D_5\} = \{19 - 10, 16 - 6\} = 9$

$LF_1 = \min\{LF_2 - D_2, LF_3 - D_3\} = \{9 - 8, 16 - 5\} = 1$

(4) 计算工作的最迟开始时间：

由 $LS_i = LF_i - D_i$ 得

$LS_7 = LF_7 - D_7 = 20 - 1 = 19$

$LS_6 = LF_6 - D_6 = 19 - 3 = 16$

$LS_5 = LF_5 - D_5 = 16 - 6 = 10$

$LS_4 = LF_4 - D_4 = 19 - 10 = 9$

$LS_3 = LF_3 - D_3 = 16 - 5 = 11$

$LS_2 = LF_2 - D_2 = 9 - 8 = 1$

$LS_1 = LF_1 - D_1 = 1 - 1 = 0$

(5) 计算工作的总时差：

$TF_7 = 0$

由 $LAG_{i,j} = ES_j - EF_i$ 和 $TF_i = \min \{LAG_{i,j} + TF_j\}$ 得

$LAG_{1,2} = ES_2 - EF_1 = 1 - 1 = 0$

$LAG_{1,3} = ES_3 - EF_1 = 1 - 1 = 0$

$LAG_{2,4} = ES_4 - EF_2 = 9 - 9 = 0$

$LAG_{2,5} = ES_5 - EF_2 = 9 - 9 = 0$

$LAG_{3,6} = ES_6 - EF_3 = 15 - 6 = 9$

$LAG_{5,6} = ES_6 - EF_5 = 15 - 15 = 0$

$LAG_{4,7} = ES_7 - EF_4 = 19 - 19 = 0$

$LAG_{6,7} = ES_7 - EF_6 = 19 - 18 = 1$

$TF_6 = LAG_{6,7} + TF_7 = 1 + 0 = 1$

$TF_5 = LAG_{5,6} + TF_6 = 0 + 1 = 1$

$TF_4 = LAG_{4,7} + TF_7 = 0 + 0 = 0$

$TF_3 = LAG_{3,6} + TF_6 = 9 + 1 = 10$

$TF_2 = \min\{LAG_{2,4} + TF_4, LAG_{2,5} + TF_5\} = \min\{0 + 0, 0 + 1\} = 0$

$TF_1 = \min\{LAG_{1,2} + TF_2, LAG_{1,3} + TF_3\} = \min\{0 + 0, 0 + 10\} = 0$

(6) 计算工作的自由时差：

由 $FF_i = \min \{LAG_{i,j}\}$ 得

$$FF_7 = 0$$

$$FF_6 = LAG_{6,7} = 1$$

$$FF_5 = LAG_{5,6} = 0$$

$$FF_4 = LAG_{4,7} = 0$$

$$FF_3 = LAG_{3,6} = 9$$

$$FF_2 = \min\{LAG_{2,4}, LAG_{2,5}\} = \min\{0,0\} = 0$$

$$FF_1 = \min\{LAG_{1,2}, LAG_{1,3}\} = \min\{0,0\} = 0$$

计算结果如图 3-74 所示。

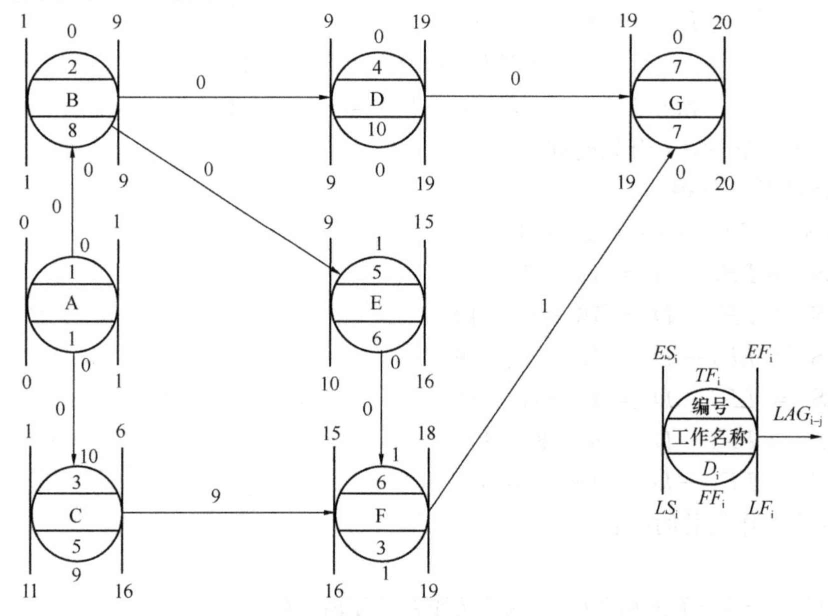

图 3-74 单代号网络计划时间参数计算结果

【问题 3-33】 用网络图表达一项工程计划，虽有很多优势，但并不直观，能否改变一下直观效果呢？

3.3.3 时标网络计划的编制

1. 时标网络计划的表达

网络图具有逻辑关系清晰，便于计算时间参数等特点，但没有横道图表达的更直观。为了增加网络图表达的直观效果，把网络图绘制在有时间坐标的图面上，形成了有时间坐标的网络计划，使横道图中的时间坐标和网络计划的原理有机结合，充分发挥了两者的优势，如图 3-75（*c*）所示。这种有时间坐标的网络计划简称时标网络计划。相对于这种没有时间坐标的网络计划，可称为无时标网络计划或非时标网络计划。前面看到的都是无时标网络图。如某工程有 A、B、C 三个施工过程，分四个施工段组织流水施工，流水节拍分别为 $t_A=3$ 天，$t_B=5$ 天，$t_C=2$ 天，其无时标网络图按施工过程（也可以按施工段）排列如图 3-75（*a*）所示，若绘制成仅有竖向虚工作的网络图如图 3-75（*b*）所示，现将其绘成时标网络图如图 3-75（*c*）所示。由此可见，混合排列的无时标网络图有利于用于时标网络图，可与其对应的时标网络相互参照对比。

在无时标网络图中，工作持续时间由箭线下方标注的数字标明，而与箭线的长短无

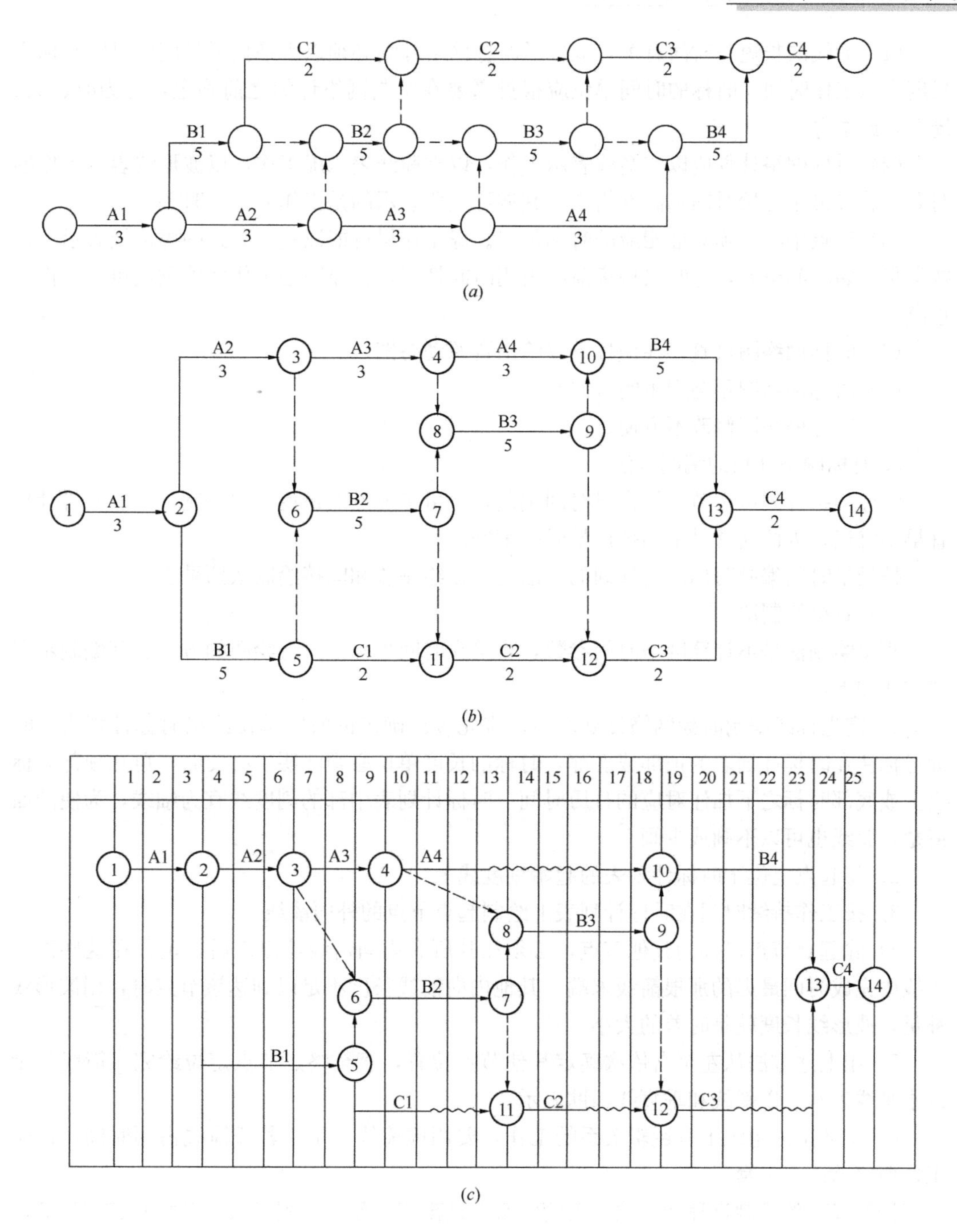

图 3-75　时标网络计划示意图

（*a*）无时标网络图；（*b*）无时标网络图（仅有竖向虚工作）；（*c*）时标网络图

关。无时标网络计划更改比较方便，但是由于没有时标，看起来不太直观，不能一目了然地在图上直接看出各项工作的开工和结束时间。为了克服非时标网络计划的不足，产生了时标网络计划。在时标网络计划中，箭线的长短和所在的位置即表示工作的时间长短与进程，因此它能够表达工程各项工作之间恰当的时间关系。

2. 时标网络计划的图示特点

(1) 箭线的长短与时间有关，双代号时标网络计划必须以水平投影长度的时间坐标为尺度表示工作时间。时标的时间单位应根据需要在编制网络计划之前确定，可为时、天、周、月或季等。

(2) 时标网络计划应以实箭线表示工作，以虚箭线表示虚工作，以波形线表示工作的时差。若按最早开始时间编制网络图，其波形线所表示的是工作的自由时差。

(3) 节点中心必须对准相应的时标位置。虚工作尽可能以垂直方式的虚箭线表示，若按最早开始时间编制，有时出现虚箭线占用时间情况，其原因是工作面停歇或班组工作不连续。

(4) 时标网络图可直接在坐标下方绘出资源动态图。

(5) 时标网络图不会产生闭合回路。

(6) 时标网络图修改不方便。

3. 时标网络计划的编制方法

时标网络计划可按节点的最早时间编制，也可按节点的最迟时间编制，一般安排计划宜早不宜迟，因此通常是采用按最早时间编制。

按最早时间编制时标网络计划的方法有直接绘制法和间接绘制法两种。

(1) 直接绘制法

直接绘制法是不计算网络时间参数，直接在时间坐标上进行绘图的方法。其编制步骤和方法如下：

1) 定坐标线编制时标网络计划之前，应先按已确定的时间单位绘出时标计划表。时标可标注在时标计划表的顶部或底部，时标的长度单位必须注明。必要时，可在顶部时标之上或底部时标之下加注对应的日历时间。时标计划表中部的刻度线宜为细线，为使图面清楚，此线也可以不画或少画。

2) 将起点定位于时标计划表的起始刻度线上。

3) 按工作持续时间在时标计划表上绘制起点节点的外向箭线。

4) 除起点节点以外的其他节点，必须在其所有内向箭线绘出以后，定位在这些内向箭线中完成时间最迟的那根箭线末端。其他内向箭线长度不足以到达该节点时，用波形线补足，波形线长度就是时差的大小。

5) 用上述方法从左至右依次确定其他节点位置，直至终点节点定位绘完，箭线尽量以水平线表示，以斜线和垂直线辅助表示。

6) 工艺上或组织上有逻辑关系的工作，要用虚箭线表示。若虚箭线占用时间，说明工作面停歇或人工窝工。

按照以上的绘制过程和方法，人们常常总结出了方便的绘图口诀："时间长短坐标限，曲直斜平利相连；箭线到齐画节点，画完节点补波线；零线尽量拉垂直，否则安排有缺陷。"

时间长短坐标限：箭线的长度代表着具体的施工时间，受到时间坐标的制约。

曲直斜平利相连：箭线的表达方式可以是直线、折线、斜线等，但布图应合理，直观清晰。

箭线到齐画节点：工作的开始节点必须在该工作的全部紧前工作都画出后，定位在这些紧前工作最晚完成的时间刻度上。

画完节点补波线：某些工作的箭线长度不足以达到其完成节点时，用波形线补足。

零线尽量拉垂直：虚工作持续时间为零，应尽可能让其为垂直线。

否则安排有缺陷：若出现虚工作占据时间的情况，其原因是工作面停歇或施工作业队组工作不连续。

（2）间接绘制法

间接绘制方法是先绘制出无时标的网络图并计算网络计划时间参数，根据时间参数在时间坐标上进行绘制的方法。其步骤如下：

1）根据已知的工程条件，绘制无时标的网络计划图，确认逻辑关系正确，满足绘制规则。

2）计算节点的时间参数（节点的最早时间和最迟时间），确定关键工作及关键线路。

3）根据需要确定时间单位并绘制时标横轴。时间可标注在时标网络图的顶部或底部，时标的长度单位必须注明。

4）根据网络图中各节点的最早时间（或各工作的最早开始时间），从起点节点开始将各节点（或各工作的开始节点）逐个定位在时间坐标的纵轴上。

5）依次在各节点绘出箭线长度及时差。绘制时宜先画关键工作、关键线路，再画非关键工作。箭线最好画成水平或由水平线和竖直线组成的折线箭线，以直接表示其持续时间。如箭线画成斜线，则以其水平投影长度为其持续时间。如箭线长度不够与该工作的结束节点直接相连，则用波形线从箭线端部画至结束节点处。波形线的水平投影长度，即为该工作的自由时差。

6）用虚箭线连接各有关节点，将各有关的施工过程连接起来。在时标网络计划中，有时会出现虚线的投影长度不等于零的情况，其水平投影长度为该虚工作的自由时差。

7）把时差为零的箭线从起点节点到终点节点连接起来，并用粗线、双箭线或彩色箭线表示，即形成时标网络计划的关键路线。

【案例 3-12】 某工程双代号网络计划如图 3-76 所示，试绘制成时标网络计划。

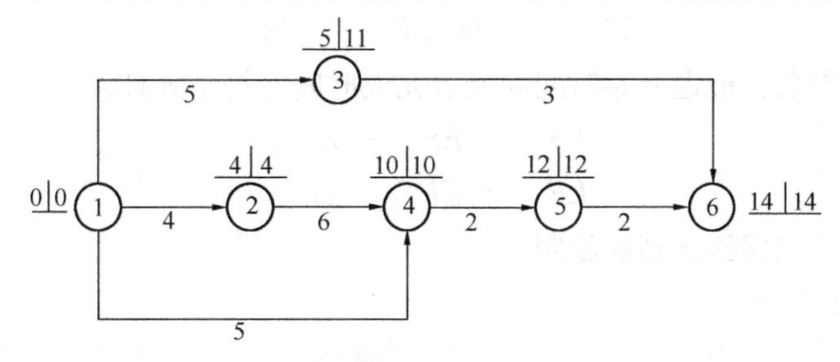

图 3-76 某工程双代号网络图

解：采用间接绘制法。由于原始网络图已经计算出各节点的最早时间和最迟时间，现按照最早时间绘制。

①节点最早时间为 0，绘制在零刻度处；

②节点最早时间为 4，绘制在第 4 天刻度处；

③节点最早时间为 5，绘制在第 5 天刻度处；

④节点最早时间为 10，绘制在第 10 天刻度处；

⑤节点最早时间为 12，绘制在第 12 天刻度处；

⑥节点最早时间为14，绘制在第14天刻度处；

⑦按照给定的工作及逻辑关系，绘出连接箭线，其中持续时间长度不足以达到相应节点的，均用波形线补足，如图3-77所示。

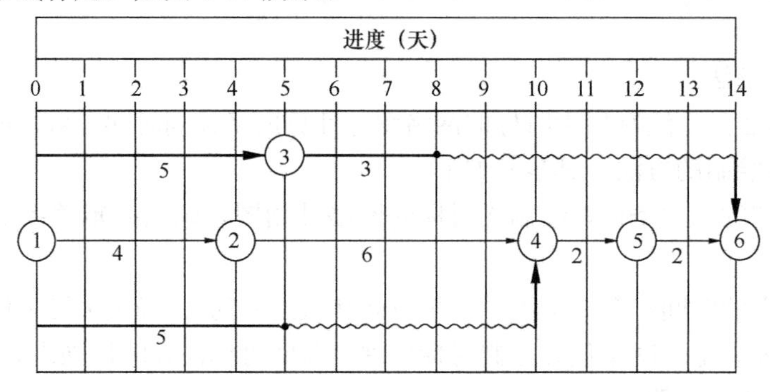

图3-77 按最早时间绘制的时标网络计划

【问题3-34】 在案例3-12中，若按最迟时间绘制，将会怎样？

4. 时标网络计划关键线路的确定和时间参数的判读

（1）关键线路的确定自终点节点逆箭线方向朝起点节点观察，自始至终不出现波形线的线路为关键线路。时标网络计划的计算工期，应是其终点节点与起点节点所在位置的时标值之差。

（2）时间参数的判读

1）最早时间参数：按最早时间绘制的时标网络计划，每条箭线的箭尾和箭头所对应的时标值应为该工作的最早开始时间和最早完成时间。

2）自由时差：波形线的水平投影长度即为该工作的自由时差。

3）总时差：自右向左进行，其值等于各紧后工作的总时差的最小值与本工作的自由时差之和。即

$$TF_{i-j} = \min\{TF_{j-k}\} + FF_{i-j} \tag{3-39}$$

4）最迟时间参数：最迟开始时间和最迟完成时间应按下式计算

$$LS_{i-j} = ES_{i-j} + TF_{i-j} \tag{3-40}$$

$$LF_{i-j} = EF_{i-j} + TF_{i-j} \tag{3-41}$$

3.3.4 单位工程网络计划的绘制

1. 网络计划的分级

网络计划在实际应用中，往往由于工程对象的规模大小、复杂程度、计划性质、计划功能等各不相同。对于大中型建设项目和复杂项目而言，为了能够有效、层次清晰地控制工程建设进度，有必要编制多级网络计划系统，即：建设项目施工总进度网络计划、单项工程（或分阶段）施工进度网络计划、单位工程施工进度网络计划、分部工程（或专项工程）施工进度网络计划等，从而做到项目层层有控制、局部与整体相统一，实现系统化控制与管理。

网络进度计划又是施工组织设计的重要组成部分，显然其分级应与施工组织设计文件编制相适应，编制某一级的施工组织设计文件，应配套编制某相应一级的网络进度计划。

2. 网络图的连接

绘制较复杂的网络图时，往往先将其分解成若干个相对独立的部分分别绘制，再按逻

辑关系进行连接，形成一个总体网络图，如图 3-78 所示。

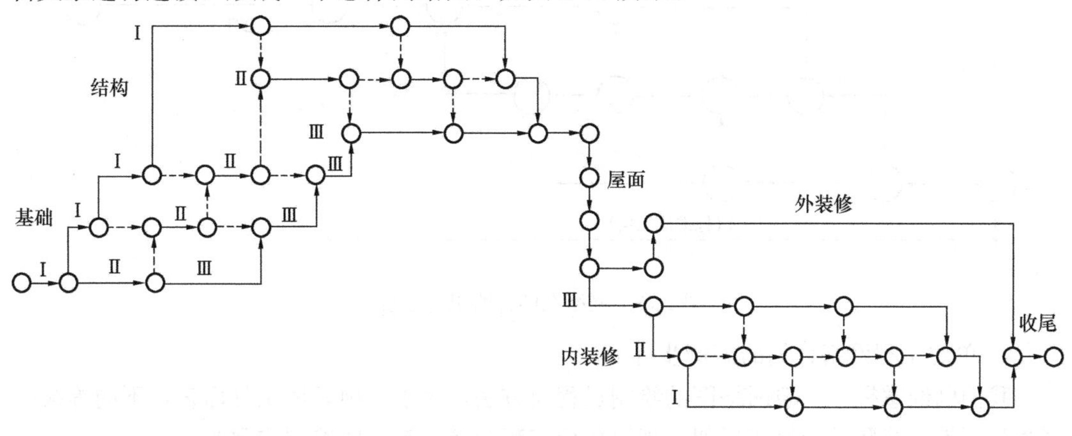

图 3-78 网络计划的各阶段连接示意

对于一般单位工程的网络图，由于工作数量多、图幅尺寸大，不同施工阶段的工作（施工过程）之间存在逻辑关系，组织流水施工部分又与非流水施工部分相互关联，采取整体的一次性绘制会带来复杂性，甚至可能出现逻辑关系的错误，故应采取分阶段绘制，再连接成整体网络图的方法比较有利。而一项建筑工程的施工组织，常常按照基础工程阶段、主体工程阶段、屋面工程阶段以及装饰工程阶段等分别组织相对独立的施工，也恰好符合先分别绘制再连接的思想方法。

对于土建单位工程而言，要以流水施工组织为主导，就是先分别绘制组织流水施工的局部网络图，如先绘制基础工程阶段、主体工程阶段及室内装修阶段的网络图，然后按照施工顺序安排合理连接起来。其中应注意屋面工程施工，一般地屋面面积不大，也无变形缝时多采用不分段逐层依次施工的方式，绘制简单，但应将其合理衔接于主体施工和装饰施工之间，也应注意将外装修施工（常可不组织流水）与屋面工程及内装修工程合理衔接，通常可与内装修组织平行搭接施工或先外装修后内装修施工，最后将其他有关的不参与流水的零星施工过程，如地面垫层、室外散水、台阶等绘出，并按逻辑关系连接完善，形成一个单位工程的网络图。

网络图连接时，为了使网络计划表达内容繁简程度协调统一，构图不失去整体效果，并能顺利实现衔接，还应注意以下几个基本要点：

（1）必须有统一的构图和排列形式；

（2）施工过程划分的粗细程度应一致；

（3）连接之前应适当预留连接的节点；

（4）整体网络图的节点编号应协调一致；

（5）连接后注意原有各局部网络中逻辑关系不能改变；

（6）连接后完整建立应该存在的逻辑关系。

3. 网络图的详略组合

在网络图的绘制中，为了简化网络图的图面布局，同时又突出网络计划的细部和重点，常常采取“局部详细、整体简略”的绘制表达方式，达到主次分明的目的，称为详略组合。例如某高层建筑工程的主体施工网络进度，可按照图 3-79 所示的方式绘制。

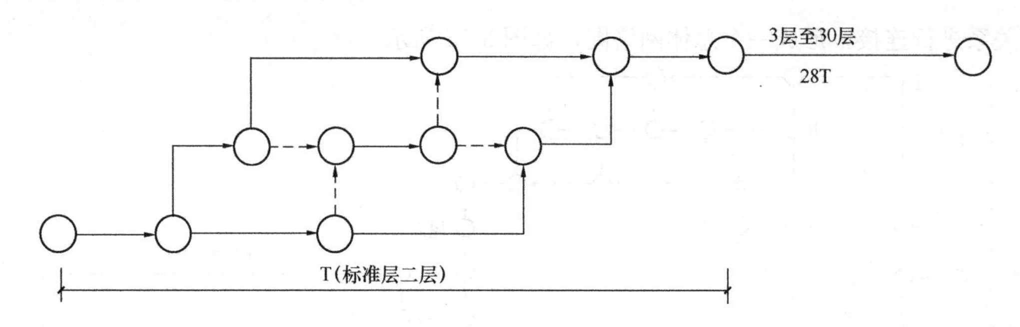

图 3-79 网络图的详略组合示意

4. 单位工程网络计划的编制步骤

我们已经掌握了一般网络图的绘制过程及方法，对于一项具体工程而言，不同等级的网络计划编制步骤及内容相近似，现以单位工程为例，其一般编制步骤为：

(1) 调查研究收集资料；

(2) 明确施工方案和施工方法；

(3) 明确合同工期等主要目标；

(4) 划分施工过程，确定工作名称及施工顺序；

(5) 计算工程量、劳动量或机械台班量；

(6) 计算确定各施工过程的施工持续时间或流水节拍；

(7) 分几段绘制初始网络计划并衔接成整体网络；

(8) 计算网络图的各项时间参数；

(9) 确定关键线路和工期；

(10) 检查、调整及优化；

(11) 绘制正式网络计划。

其中的检查、调整及优化，主要是依据初始网络计划，计算时间参数，进行工期、资源、成本等目标的检查调整与优化，确认满足上级（或建设单位）的有关要求和资源配置要求，并实现预期的经济效益目标，再绘制正式的网络计划图。

在以上单位工程网络计划的编制步骤中，有关明确施工方案、方法、划分施工过程、施工持续时间或流水节拍等在单元 2 中以进行了训练，在本单元的任务 3.1、3.2 中又进行了分部工程无时标网络的绘制，结合本任务 3.3 中的网络图连接、组合、时间参数计算、时标网络图绘制等，即可完成一个单位工程网络计划的编制任务。

【案例 3-13】 某综合楼工程，建筑面积 3300m²，主体四层，局部五层，首层层高 4.5m，二层至四层层高 4.2m，五层（电梯间）层高 3.9m，建筑总高度 21m，平面形状为矩形。采用钢筋混凝土桩及筏板承台基础，桩顶标高−2.4m。主体结构为钢筋混凝土框架结构，横向三跨，结构柱网尺寸为两边边跨 7200×6000mm，中间跨柱网尺寸为 7500×6000mm。

施工方案为由桩基础公司统一打桩完毕后组织机械大开挖至−2.0m，以下人工开挖至−3.2m 进行地基处理后，再组织基础承台施工。

选择塔吊垂直运输并有一部龙门架配合。

脚手架为多立杆式钢管扣件脚手。

混凝土以预拌商品混凝土为主，一、二层柱等级为 C30，其余等级为 C25。

其余屋面、装修均为常规做法，计划工期 178 天。

解：根据以上工程条件，按照单位工程网络计划的编制步骤进行分阶段编制，然后整体衔接，其编制完成后的单位工程无时标网络计划如图 3-80 所示。

【案例 3-14】 某五层商业楼工程，建筑面积 30000m^2，建筑物长 108m，宽 64m，层高分别为：一层 5.4m，二层至四层 4.6m，五至六层 3.7m，主要用途为商场，交工验收时均为普通装修，由承租商进行后期精装修。

预制桩基础由分包单位一次性连续施工完后，总包单位开始组织人工挖基槽（承台梁和基础梁土方）等展开施工。

主体为现浇框架结构，柱网尺寸为 7.2m×7.2m。

计划工期为：2013 年 3 月 1 日至 2013 年 7 月 20 日。

施工准备及打桩工程占用一个月，即总包单位从 2013 年 4 月 1 日起开挖基槽。

解：根据以上条件，按照单位工程网络计划的编制步骤进行分阶段编制，绘制成时标网络计划，然后整体衔接，该单位工程时标网络计划如图 3-81 所示。

【问题 3-35】 用网络图表达一项工程计划，还有哪些潜力和优势呢？

3.4 网络计划在项目管理中的应用

3.4.1 网络计划的优化

通过前面的学习训练，针对一项具体的工程，初步具有了确定施工方案、划分施工过程、安排流水施工以及制定网络计划方案的能力。但是如果对照一定目标进行分析衡量，不一定是最优的。在项目管理过程中，为了实现缩短工期、质量优良、资源消耗小、工程成本低的目标，必要时应进行网络计划的优化。

网络计划的优化，就是在满足既定约束条件下，针对选定目标，通过不断改进网络计划寻求满意方案。

网络计划的优化，按其优化达到的目标不同，一般分为工期优化、费用优化和资源优化。

1. 工期优化

工期优化是指在满足既定约束条件下，按要求工期目标，通过延长或缩短网络计划初始方案的计算工期，以达到要求工期目标，保证按期完成任务。

当计算工期大于要求工期时，优化的途径有两个：一是在不改变网络计划中各项工作之间的逻辑关系的前提下，通过压缩关键工作的持续时间来满足要求工期；二是在第一个途径不能有效解决时，则应改变网络计划方案，这一途径等于全面改变了原有的一系列安排，相当于重新设计。现以第一个途径说明优化的方法。

（1）优选拟压缩的关键工作。选择应缩短持续时间的关键工作时，应考虑的因素有：缩短持续时间对质量和安全影响不大的工作；有充足备用资源的工作；缩短持续时间所需增加费用最小的工作。

将所有工作按其是否满足上述几方面要求，确定优选系数，由小到大进行排列，优先选优选系数最小的关键工作。若需要同时压缩多个关键工作的持续时间时，则它们的优选系数之和（即组合优选系数）最小者应优先作为压缩对象。

（2）工期优化的步骤：

1）计算网络计划的时间参数，确定计算工期 T_c、关键工作及关键线路。

2）按要求工期 T 计算应缩短的时间 ΔT，$\Delta T=T-T_c$。

3）确定各关键工作可能缩短的持续时间。

4）按优选系数选择关键工作，压缩其持续时间。应注意不能将关键工作压缩成非关键工作。当出现多条关键线路时，必须将平行的各关键线路的持续时间压缩相同的数值，否则，将不能有效地缩短工期。

5）重新计算网络计划的计算工期，当计算工期仍超过要求工期时，则重复以上步骤，直到满足要求工期或工期不能再缩短为止。

当所有关键工作的持续时间都已达到其能缩短的极限而工期仍不能满足要求工期时，应对计划的原技术方案、组织方案进行调整，或对要求工期重新审定。

【案例 3-15】 已知某工程双代号网络计划如图 3-82 所示，图中箭线上下方标注内容，箭线上方括号外为工作名称，括号内为优选系数，箭线下方括号外为工作正常持续时间，括号内为最短持续时间。现假定要求工期为 30，试对其进行工期优化。

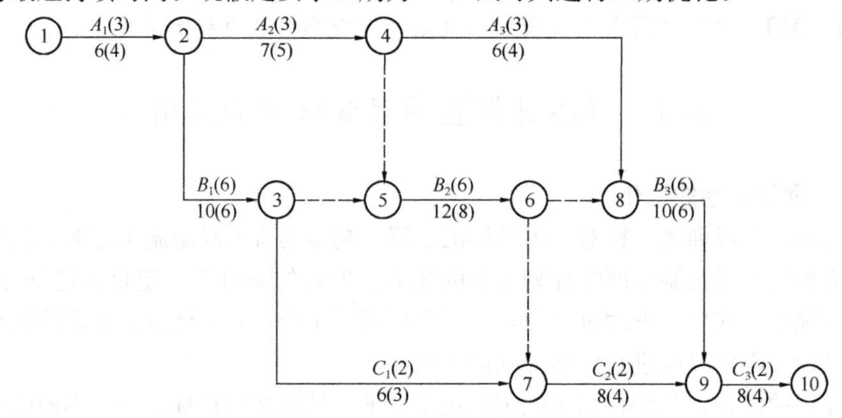

图 3-82 某工程双代号网络计划

解：

(1) 计算网络计划的时间参数，如图 3-83 所示。关键线路为 1→2→3→5→6→8→9→10，计算工期 $T=46$ 天。

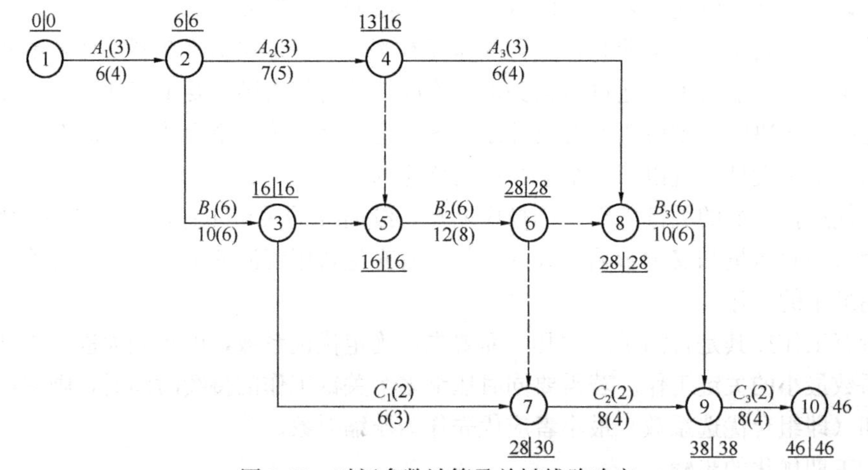

图 3-83 时间参数计算及关键线路确定

(2) 计算应缩短的时间 ΔT。

$$\Delta T = T - T_c = 46 - 30 = 16\ 天$$

(3) 选择关键线路上优选系数较小的工作，依次进行压缩，直到满足要求工期。

第一次压缩，选择关键线路上优选系数最小的工作为 9—10 工作，可压缩 4 天，压缩后网络计划如图 3-84 所示。

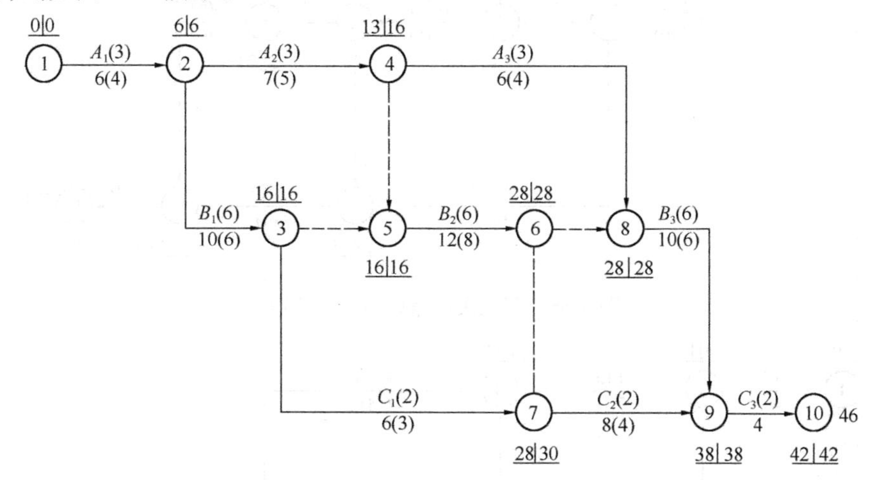

图 3-84 第一次压缩后的网络计划

第二次压缩，选择关键线路上优选系数最小的工作为 1—2 工作，可压缩 2 天，压缩后网络计划如图 3-85 所示。

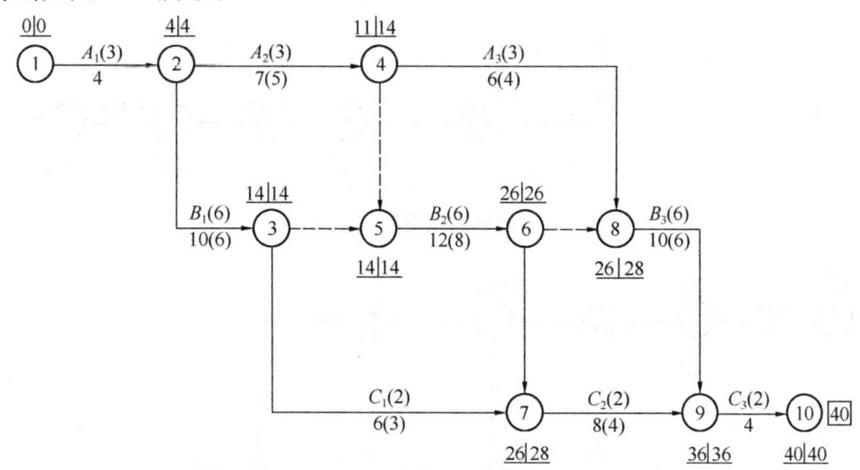

图 3-85 第二次压缩后的网络计划

第三次压缩，选择关键线路上优选系数最小的工作为 2—3 工作，可压缩 3 天，则 2—4工作为关键工作，压缩后网络计划如图 3-86 所示。

第四次压缩，选择关键线路上优选系数最小的工作为 5 — 6 工作，可压缩 4 天，压缩后网络计划如图 3-87 所示。

第五次压缩，选择关键线路上优选系数最小的工作为 8—9 工作，可压缩 2 天，则 7—9工作也成为关键工作，压缩后网络计划如图 3-88 所示。

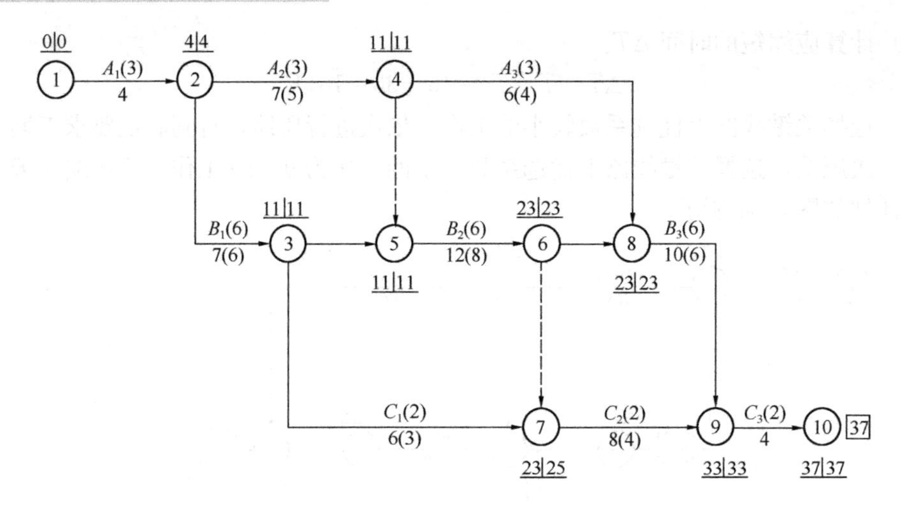

图 3-86 第三次压缩后的网络计划

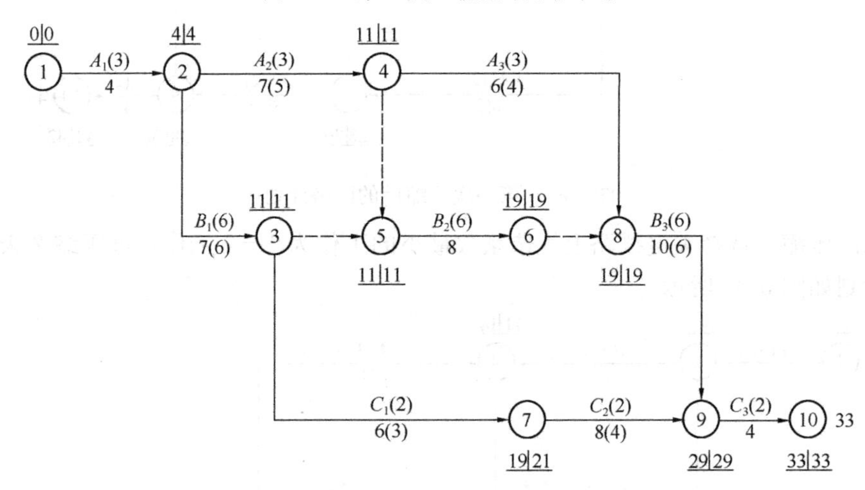

图 3-87 第四次压缩后的网络计划

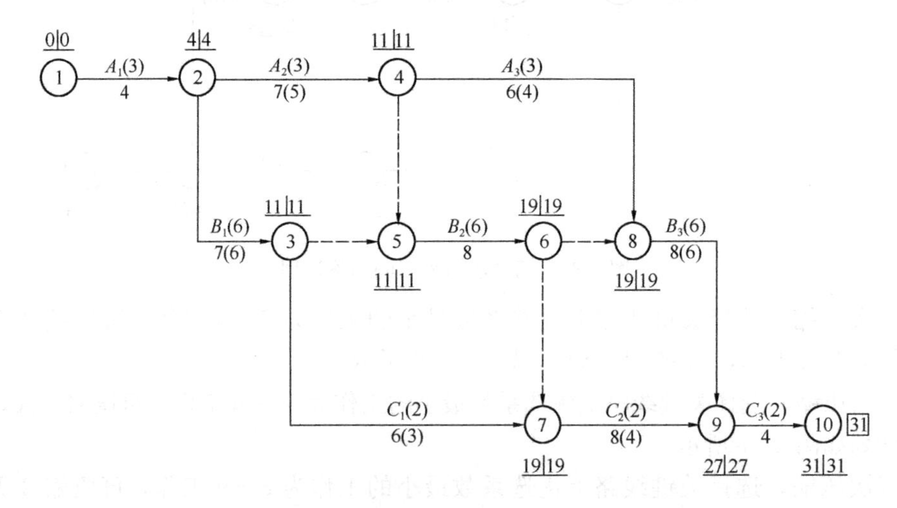

图 3-88 第三次压缩后的网络计划

第六次压缩，选择关键线路上组合优选系数最小的工作为 8—9 和 7—9 工作，只需压缩 1 天，则共计压缩 16 天，压缩后网络计划如图 3-89 所示。

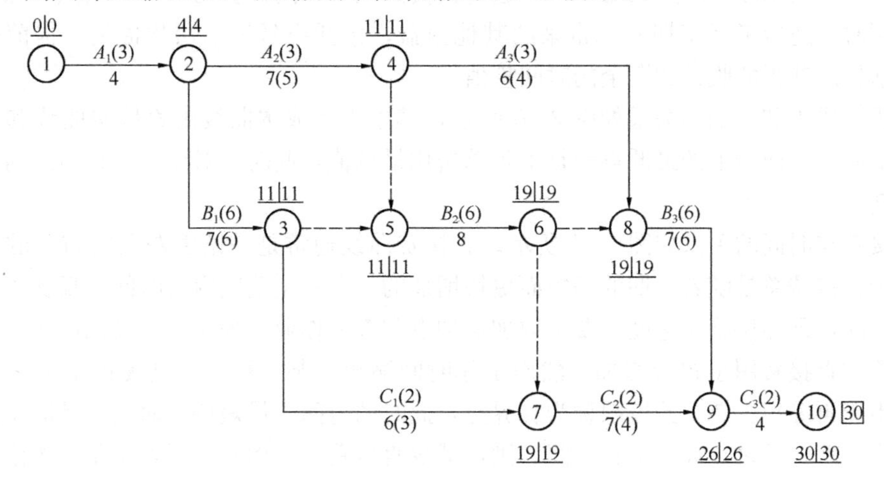

图 3-89 优化后的网络计划

通过六次压缩，工期达到 30 天，满足要求的工期规定。其优化压缩过程见表 3-9。

某工程网络计划工期优化压缩过程表 **表 3-9**

优化次数	压缩工序	组合优选系数	压缩天数（天）	工期（天）	关键工作
0				46	①—②—③—⑤—⑥—⑧—⑨—⑩
1	⑨—⑩	2	4	42	①—②—③—⑤—⑥—⑧—⑨—⑩
2	①—②	3	2	40	①—②—③—⑤—⑥—⑧—⑨—⑩
3	②—③	6	3	37	①—②—③—⑤—⑥—⑧—⑨—⑩、②—④—⑤
4	⑤—⑥	6	4	33	①—②—③—⑤—⑥—⑧—⑨—⑩、②—④—⑤
5	⑧—⑨	6	2	31	①—②—③—⑤—⑥—⑧—⑨—⑩、②—④—⑤、⑥—⑦—⑨
6	⑧—⑨、⑦—⑨	8	1	30	①—②—③—⑤—⑥—⑧—⑨—⑩、②—④—⑤、⑥—⑦—⑨

当计算工期小于要求工期不多或两者相等，则在工期指标方面不必进行优化。当检验资源供应、保证质量安全、费用消耗等方面没有突出问题时一般也不必优化。

如果计算工期小于要求工期较多，则应综合考虑工程成本费用、工程质量状况、资源均衡情况以及施工合同中的工期提前奖等因素，确定是否进行工期优化。当需优化时，优化的方法主要有：延长关键线路上资源占用量大或直接费用高的工作的持续时间（相应减少其单位时间资源需要量）；重新选择施工方案，改变施工机械，调整施工顺序，再重新分析逻辑关系等。经反复多次进行，直至最优为止。

【问题 3-36】 当拟进行工期优化时，之前应做好哪些方面的工作？

2. 费用优化

费用优化综合考虑了费用和工期两个指标，即寻求成本最低时的工期安排或按要求工期寻求最低成本的过程。也称为工期成本优化或时间成本优化。

（1）费用和时间的关系

工程项目的总费用由直接费用和间接费用组成。一般情况下，缩短工期会引起直接费的增加和间接费的减少，延长工期会引起直接费的减少和间接费的增加。当然，在考虑工程总费用时，还应考虑工期变化带来的其他损益，包括拖延工期罚款损失、提前竣工奖励、提前投产获得的收益和资金的时间价值等。

工程总成本和工期的关系如图 3-90 所示，其中工程成本曲线由直接费曲线和间接费曲线叠加而成。曲线上的最低点就是工程总费用最低值，此时相对应的工程持续时间称为最优工期。

直接费与时间的关系如图 3-91 所示。直接费曲线通常是一条由左上向右下的下凹曲线。因为直接费总是随着工期的缩短而更快增加的，在一定范围内与时间成反比关系。如果缩短时间，即加快施工速度，要采取加班加点和多班作业，采用费用高的施工方法和机械设备等，直接费用也跟着增加。然而工作时间缩短至某一极限，则无论增加多少直接费，也不能再缩短工期，此极限称为临界点，此时的时间为最短持续时间，此时费用为最短时间直接费。反之，如果延长时间，则可减少直接费。然而时间延长至某一极限，则无论将工期延至多长，也不能再减少直接费。此极限为正常点，此时的时间称为正常持续时间，此时的费用称为正常时间直接费。连接正常点与临界点的曲线，称为直接费曲线。把因缩短工作持续时间使每一单位时间所需增加的直接费，简称为直接费用率，对于某项工作 $i-j$，其费用率按如下公式计算：

$$\Delta C_{i-j}=\frac{CC_{i-j}-CN_{i-j}}{DN_{i-j}-DC_{i-j}} \tag{3-42}$$

式中 ΔC_{i-j}——工作 $i-j$ 的费用率；

CC_{i-j}——将工作 $i-j$ 持续时间缩短为最短持续时间后，完成该工作所需的直接费用；

CN_{i-j}——在正常条件下完成工作 $i-j$ 所需的直接费用；

DN_{i-j}——工作 $i-j$ 的正常持续时间；

DC_{i-j}——工作 $i-j$ 的最短持续时间。

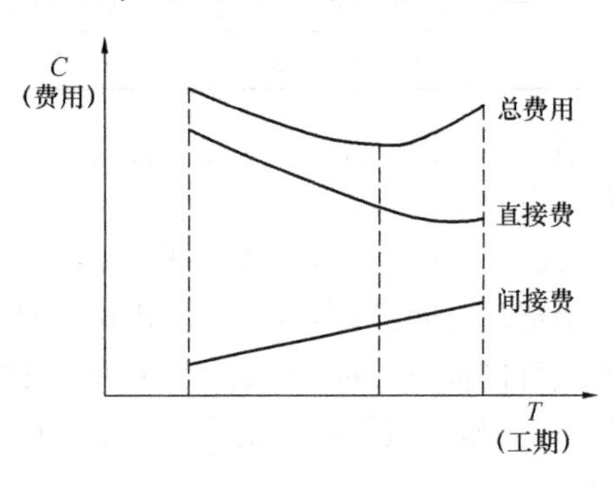

图 3-90 工期—费用关系示意图

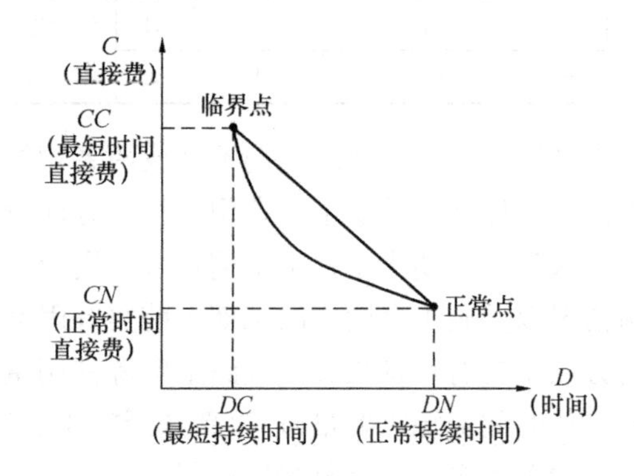

图 3-91 时间与直接费的关系示意图

从公式中可以看出，工作的直接费用率越大，则将该工作的持续时间缩短一个时间单位，相应增加的直接费就越多；反之，工作的直接费用率越小，则将该工作的持续时间缩短一个时间单位，相应增加的直接费就越少。

间接费用与时间成正比关系，其斜率表示间接费用在单位时间内的增加或减少值。间接费用与施工单位的管理水平、施工条件、施工组织等有关。

(2) 费用优化的方法步骤

费用优化的基本方法：先求出不同工期下最低直接费用，然后考虑相应的间接费的影响和工期变化带来的其他损益，最后叠加求出最低工程总成本。

优化步骤：

1) 按工作的正常持续时间找出关键工作和关键线路，计算工期，确定总费用。

2) 计算各项工作的直接费用率。

3) 找出费用率（或组合费用率）最低的一项关键工作或一组关键工作，作为缩短持续时间的对象。即当只有一条关键线路时，应找出直接费用率最小的一项关键工作，作为缩短持续时间的对象；当有多条关键线路时，应找出组合直接费用率最小的一组关键工作，作为缩短持续时间的对象。

4) 对选定的压缩对象（一项关键工作或一组关键工作）缩短持续时间。注意不能压缩成非关键工作，缩短后其持续时间不小于最短持续时间。

5) 计算相应增加的直接费用。

6) 考虑工期变化带来的间接费及其他损益，计算总费用。

7) 重复以上步骤，一直计算到总费用最低为止。

在以上的优化步骤中，如果能够首先比较其直接费用率或组合直接费用率与工程间接费用率的大小关系，则在优化过程中可以随时做出正确判断。即：

如果被压缩对象的直接费用率或组合直接费用率小于工程间接费用率，说明压缩关键工作的持续时间会使工程总费用减少，故应缩短关键工作的持续时间；

如果被压缩对象的直接费用率或组合直接费用率等于工程间接费用率，说明压缩关键工作的持续时间不会使工程总费用增加，故应缩短关键工作的持续时间；

如果被压缩对象的直接费用率或组合直接费用率大于工程间接费用率，说明压缩关键工作的持续时间会使工程总费用增加，此时应停止缩短关键工作的持续时间，在此之前的方案即为优化方案。

【案例 3-16】 某工程网络计划如图 3-92 所示，图中箭线上方的标注为工作的正常费用和最短时间的费用（单位为千元），箭线下方的标注为工作的正常持续时间和最短持续时间，已知间接费用率为 120 元/天，试求出费用最少的工期。

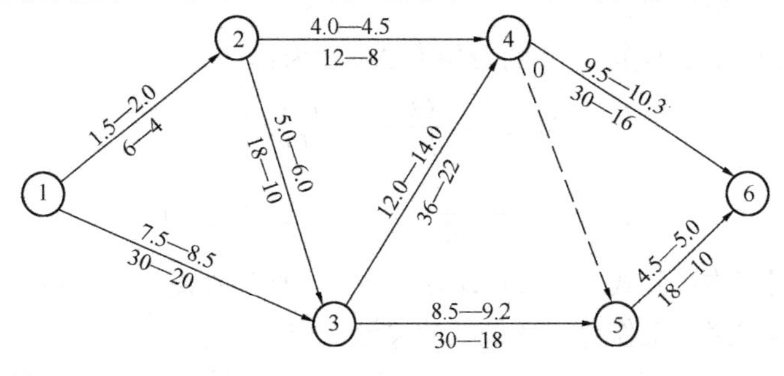

图 3-92 已知网络图

解：

(1) 简化网络图：

简化网络图的目的是在缩短工期过程中，删去那些不能变成关键工作的非关键工作，使网络图简化，减少计算工作量。

首先按持续时间计算，找出关键线路及关键工作，如图 3-93 所示。

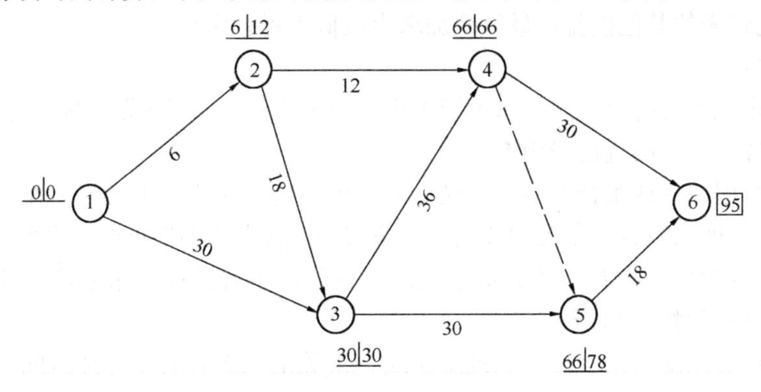

图 3-93　按正常持续时间计算的网络计划

其次，从图 3-93 中看，关键线路为 1→3→4→6，关键工作为 1－3、3－4、4－6。用最短的持续时间置换那些关键工作的正常持续时间，重新计算，找出关键线路及关键工作。重复本步骤，直至不能增加新的关键线路为止。

经计算，图 3-93 中的工作 2－4 不能转变为关键工作，故删去它，重新整理成新的网络计划，如图 3-94 所示。

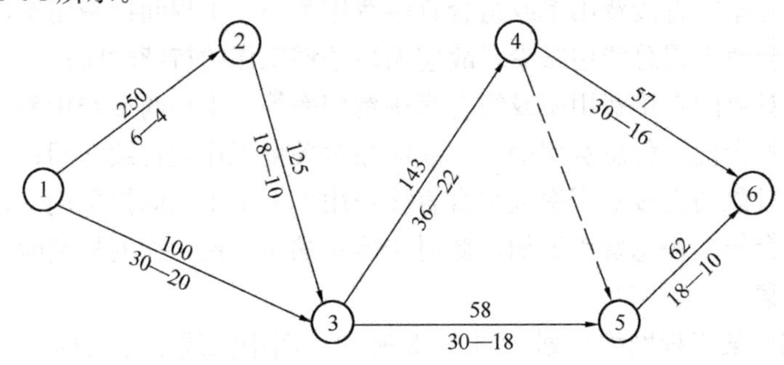

图 3-94　新的网络计划

（2）计算各工作费用率：

按公式（3-42）计算工作 1－2 的费用率 ΔC_{1-2} 为：

$$\Delta C_{1-2}=\frac{CC_{1-2}-CN_{1-2}}{DN_{1-2}-DC_{1-2}}$$

$$\Delta C_{1-2}=\frac{2000-1500}{6-4}=250\text{ 元 /d}$$

其他工作费用率均按公式（3-42）计算，将它们标注在图 3-94 中的箭线上方。

（3）找出关键线路上工作费用率最低的关键工作：

在图 3-95 中，关键线路为 1→3→4→6，工作费用率最低的关键工作是 4－6。

（4）确定缩短时间，并进行缩短：

确定缩短时间大小的原则就是原关键线路不能变为非关键线路。

已知关键工作 4－6 的持续时间可缩短 14d，由于工作 5－6 的总时差只有 12d（96－

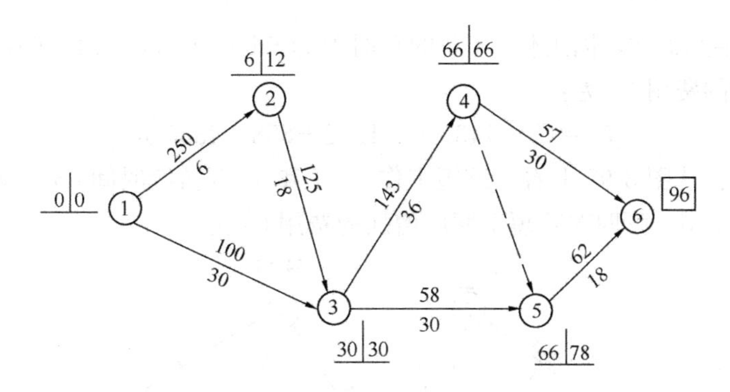

图 3-95 按新的网络计划确定关键线路

18－66＝12)，因此，第一次缩短只能是 12d，工作 4－6 的持续时间应改为 18d，见图 3-96所示。计算第一次缩短工期后增加费用 C_1 为

$$C_1=57\times12=684\text{ 元}$$

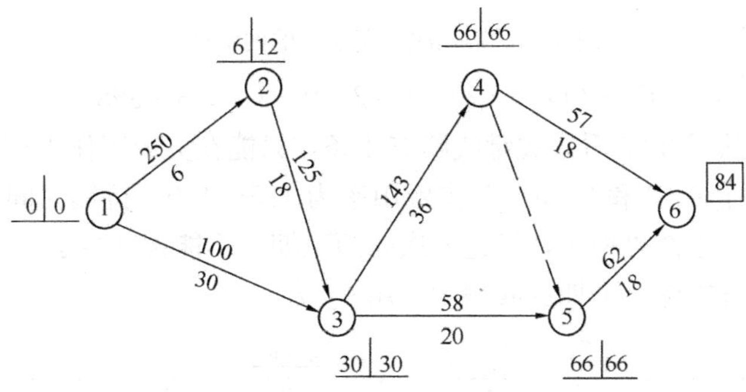

图 3-96 第一次工期缩短的网络计划

第二次缩短：通过第一次缩短后，在图 3-96 中关键线路变成两条，即 1→3→4→6 和 1→3→4→5→6。如果使该图的工期再缩短，必须同时缩短两关键线路上的时间。为了减少计算次数，关键工作 1－3、4－6 及 5－6 都缩短时间，工作 5－6 持续时间只能允许再缩短 2d，故该工作的持续时间缩短 2d。工作 1－3 持续时间可允许缩短 10d，但考虑工作 1－2 和 2－3 的总时差有 6d（12－0－6＝6 或 30－18－6＝6)，因此工作 1－3 持续时间缩短 6d，共计缩短 6d，计算第二次缩短工期后增加的费用 C_2 为：

$$C_2=C_1+100\times6+(57+62)\times2=684+600+238=1522\text{ 元}$$

第三次缩短：从图 3-97 上看，工作 4－6 不能再缩，工作费用率用∞表示，关键工作

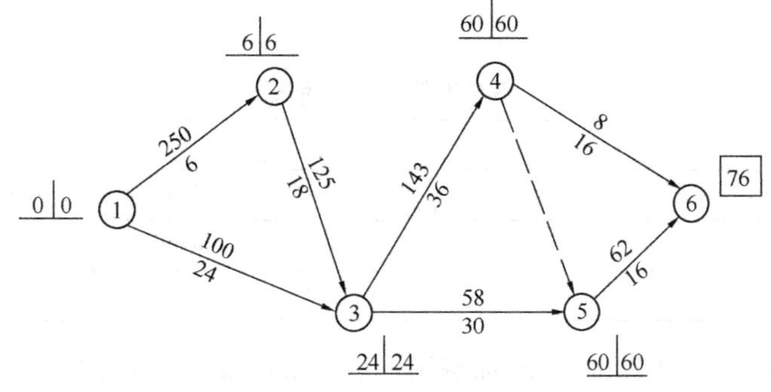

图 3-97 第二次工期缩短的网络计划

3—4 的持续时间缩短 6d，因工作 3—5 的总时差为 6d（60—30—24=6），计算第三次缩短工期后，增加的费用 C_3 为：

$$C_3=C_2+143\times6=1522+858=2380\text{ 元}$$

第四次缩短：从图 3-98 上看，缩短工作 3—4 和 3—5 持续时间 8d，因为工作 3—4 最短的持续时间为 22d，第四次缩短工期后增加的费用 C_4 为：

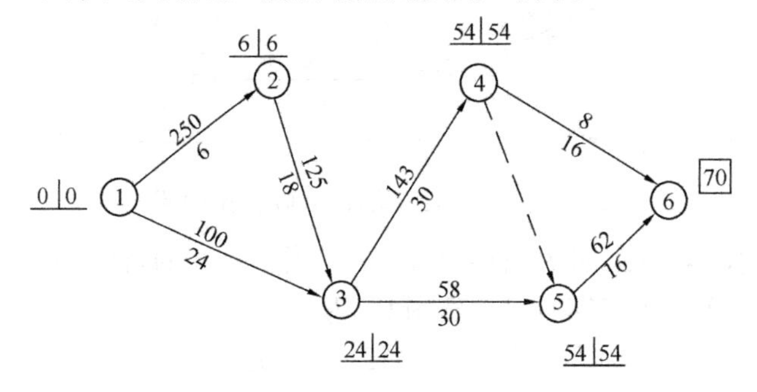

图 3-98 第三次工期缩短的网络计划

$$C_4=C_3+(143+58)\times8=2380+201\times8=3988\text{ 元}$$

第五次缩短：从图 3-99 看，关键线路有 4 条，只能在关键工作 1—2、1—3、2—3 中选择，只有缩短工作 1—3 和 2—3（工作费用率为 125+100）持续时间。工作 1—3 的持续时间已达到最短，不能再缩短，经过五次缩短工期，不能再减少了，不同工期增加直接费用计算结束，第五次缩短工期后共增加费用 C_5 为：

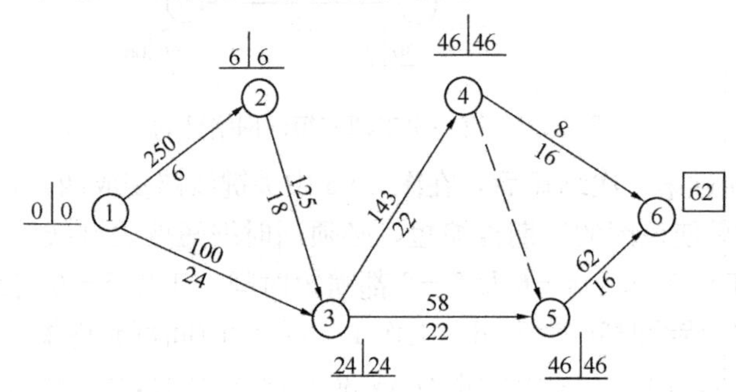

图 3-99 第四次工期缩短的网络计划

$$C_5=C_4+(125+100)\times4=3988+900=4888\text{ 元}$$

考虑不同工期增加费用及间接费用影响，见表 3-10 选择其中组合费用最低的工期作最佳方案。

不同工期组合费用表 **表 3-10**

不同工期	96	84	76	70	62	58
增加直接费用	0	684	1522	2380	3988	4888
间接费用	11520	10080	9120	8400	7440	6960
合计费用	11520	10764	10642	10780	11428	11748

从表 3-10 中看，工期 76d，所增加费用最少，费用最低方案如图 3-100 所示。

单代号网络计划进行费用优化计算时，除各工作费用率计算公式不同外，其他步骤与

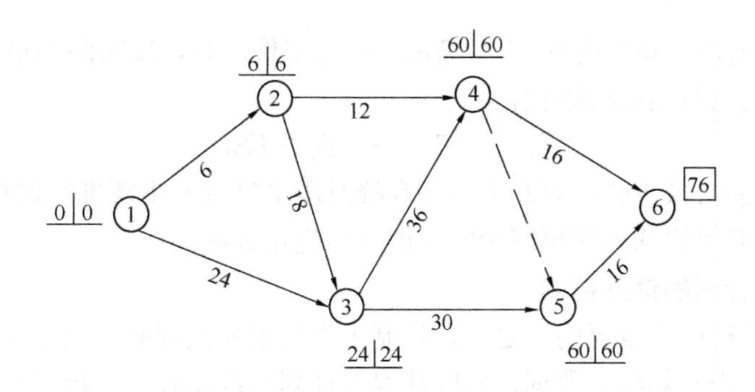

图 3-100 费用最低网络计划

双代号网络计划一样。

【问题 3-37】 所谓费用优化，是只考虑费用吗?

3. 资源优化

资源优化是指为完成一项工程任务所需投入的人力、材料、机械设备和资金等的统称。资源限量是单位时间内可供使用的某种资源的最大数量，用 R 表示。网络计划的资源优化并不是要减少资源总用量，而是在满足资源限量的条件下工期延长最短，称为“资源有限—工期最短”；或在工期不变的条件下通过改变工作的开始时间和完成时间，资源需用量尽可能均衡，称为“工期固定—资源均衡”。

在资源优化过程中，其前提条件为：原网络计划各工作之间的逻辑关系不改变；原网络计划的各工作的持续时间不改变；除规定可中断的工作外，一般不允许中断工作，应保持其连续性；网络计划中各工作单位时间的资源需要量为合理的常数。

(1)“资源有限、工期最短”的优化步骤

1) 按照各项工作的最早开始时间绘制时标网络计划，并绘制资源动态曲线，计算网络计划每个时间单位的资源需用量。

2) 从计划开始之日起，逐个检查每个时间单位资源需要用量是否超过资源限值，找出出现超过资源限值的时段，进行优化调整。如果在整个工期内每个时间单位均能满足资源限量的要求，则不必优化调整。

3) 分析超过资源限量的时段，对该时段内多个平行的工作，确定调整的先后顺序，即最先应调整哪项工作的最早开始时间。顺序确定的原则是：改变某工作的最早开始时间时，工期延长时间最短。

4) 绘制调整后的网络计划。在该时段内，调整一项工作的最早开始时间后仍不能满足要求，就应按调整顺序继续调整其他工作。

5) 有多个超过资源限量的时段时，应按照计划的进展顺序继续逐段调整，重复以上步骤，直到满足要求。

(2)“工期固定，资源均衡”的优化步骤

采用削高峰法。

1) 根据网络计划初始方案计算时间参数，确定关键线路及非关键工作的总时差。在优化过程中不考虑关键工作的调整。

2) 计算网络计划每个时间单位的资源需用量。

3) 确定削峰目标，其值等于每个时间单位的资源需用量的最大值减去一个单位量。

4）找出高峰时段的最后时间 T_h，确定调整的工作对象，即时间差最大的工作。以双代号为例，时间差 ΔT_{i-j} 按下式计算：

$$\Delta T_{i-j} = TF_{i-j} - (T_h - ES_{i-j}) \tag{3-43}$$

5）当峰值不能再减少时，再对下一个高峰时段重复以上步骤进行调整。

6）所有的高峰时段均不能再减少时，即得到优化方案。

3.4.2 网络计划的进度控制

控制是管理学科中的重要内容之一。控制工作的主要流程有：制定计划标准、按计划组织实施、跟踪检查收集状态数据、实际状况与计划标准比较、分析产生偏差的原因、制定纠正（或预防）措施、按措施执行、实现预期目标。网络计划常用于表达工程进度计划，工程管理人员运用控制的基本原理及方法，并结合网络计划自身的优势，完成对工程进度的控制。

1. 网络计划的检查和对比

对已制定并正在实施的网络计划，应定期进行检查。检查周期的长短应视计划工期的长短和管理的需要确定，一般可按天、周、旬、月、季等为周期。还应对意外情况进行"应急检查"，以便采取应急调整措施。有必要时还可进行"特别检查"。

网络计划的检查内容主要有：关键工作进度，非关键工作进度及时差利用，工作之间的逻辑关系。

（1）前锋线比较法

前锋线是指在原时标网络计划上，从检查时刻的时标点出发，用点划线（或其他线条）依次将各项工作实际进展位置点连接成折线，如图 3-101 所示。图中表明在计划执行到第 5 天末进行检查时，A 工作已完成，B 工作已进行 1 天，C 工作已进行 2 天，D 工作尚未开始。前锋线比较法就是通过实际进度前锋线与原进度计划中各工作箭线交点的位置来判断工作实际进度与计划进度的偏差，进而判定该偏差对后续工作及总工期影响程度的一种方法。

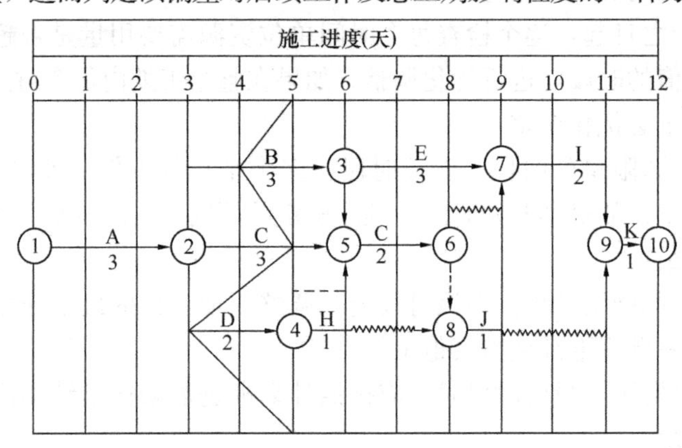

图 3-101 某工程施工前锋线比较图

前锋线比较法主要适用于时标网络计划，进行实际进度与计划进度的比较，可按以下步骤进行：

1）绘制时标网络计划图。工程项目实际进度前锋线是在时标网络计划图上标示，图面较大时，可在时标网络计划图的上方和下方各设一时间坐标。

2）绘制实际进度前锋线。一般从时标网络计划图上方时间坐标的检查日期开始绘制，依次连接相邻工作的实际进展位置点，最后与时标网络计划图下方坐标的检查日期相连接。

工作实际进展位置点的标定方法根据不同情况有两种方法：

①按该工作已完任务量比例进行标定。假设工程项目中各项工作均为匀速进展，根据实际进度检查时刻该工作已完任务量占其计划完成总任务量的比例，在工作箭线上从左至右按相同的比例标定其实际进展位置点。

②按尚需作业时间进行标定。当某些工作的持续时间难以按实物工程量来计算而只能凭经验估算时，可以先估算出检查时刻到该工作全部完成尚需作业的时间，然后在该工作箭线上从右向左逆向标定其实际进展位置点。

3）进行实际进度与计划进度的比较。前锋线可以直观地反映出检查日期有关工作实际进度与计划进度之间的关系。

①工作实际进展位置点落在检查日期的左侧，表明该工作实际进度拖后，拖后的时间为二者之差。

②工作实际进展位置点与检查日期重合，表明该工作实际进度与计划进度一致。

③工作实际进展位置点落在检查日期的右侧，表明该工作实际进度超前，超前的时间为二者之差。

④预测进度偏差对后续工作及总工期的影响。通过实际进度与计划进度的比较确定进度偏差后，再根据工作的自由时差和总时差预测该进度偏差对后续工作及项目总工期的影响。

以上比较是针对匀速进展的工作，对于非匀速进展的工作，比较方法较复杂。

【案例 3-17】 某工程项目时标网络计划如图 3-101 所示。该计划执行到第 5 天末进行检查时，试用前锋线法进行实际进度与计划进度的比较。

解：根据第 5 天末实际进度的检查结果绘制前锋线，如图 3-101 中斜线所示。通过比较可看出：

（1）A 工作已完成，B 工作已进行 1 天，比实际进度拖后 1 天，将使其后续工作 E 的最早开始时间推迟 1 天，并使总工期延长 1 天（此为关键线路）；

（2）C 工作已进行 2 天，与实际进度一致，不影响其后续工作的正常进行，也不影响总工期；

（3）D 工作尚未开始，比实际进度拖后 2 天，但 D 工作有时差，且其紧后工作 H 还有 2 天的自由时差。4—5 工作为虚工作，也有时差。

综上所述，如果不采取措施加快进度，该工程的进度将延长 1 天。

（2）列表比较法

列表比较法就是将检查时正在进行的工作代号、工作名称、已完工天数、尚需作业天数等有关数据，记录列于表中，见表 3-11 所示。计算有关时间参数后，进行实际进度与计划进度的比较。

列表比较法 **表 3-11**

工作代号	工作名称	检查计划时尚需作业时间	到计划最迟完成尚有时间	原有总时差	尚有总时差	情况判断
(1)	(2)	(3)	(4)	(5)	(6)	(7)

尚需作业时间等于工作的计划持续时间减去已进行的时间。

尚有作业时间等于工作的最迟完成时间减去检查时间。

原有总时差按照原始网络图计算。

尚有总时差等于工作的尚有时间减去尚需时间。

尚有总时差大于或等于零，则不会影响工期；尚有总时差小于零，则会影响工期，在情况判断栏填入影响天数，以便在下一步调整。

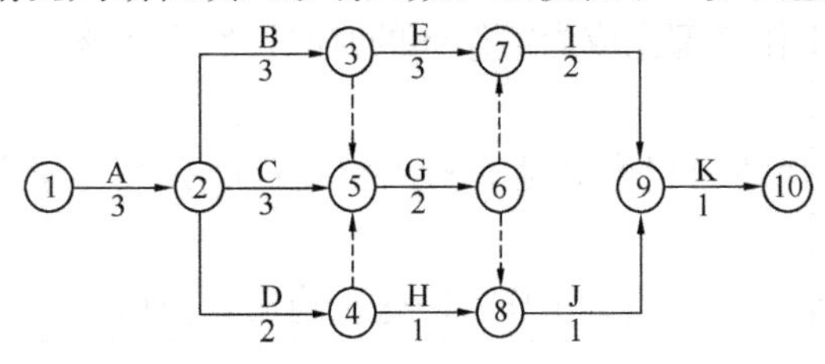

图 3-102 某施工网络计划

【案例 3-18】 按照案例 3-15 的条件，其初始如图 3-102 所示，在第 5 天检查时，A 工作已完成，B 工作已进行 1 天，C 工作已进行 2 天，D 工作尚未开始。用列表比较法记录和比较进度情况。

解：

（1）计算网络计划工作时间参数（计算步骤略）。

$ES_{1-2}=0$；$ES_{2-3}=3$；$ES_{2-5}=3$；$ES_{2-4}=3$；$ES_{3-7}=6$；$ES_{3-5}=6$；$ES_{4-5}=5$；$ES_{4-8}=5$；$ES_{5-6}=6$；$ES_{6-7}=8$；$ES_{6-8}=8$；$ES_{7-9}=9$；$ES_{8-9}=8$；$ES_{9-10}=11$。

$LS_{1-2}=0$；$LS_{2-3}=3$；$LS_{2-5}=4$；$LS_{2-4}=5$；$LS_{3-7}=6$；$LS_{3-5}=7$；$LS_{4-5}=7$；$LS_{4-8}=9$；$LS_{5-6}=7$；$LS_{6-7}=9$；$LS_{6-8}=10$；$LS_{7-9}=9$；$LS_{8-9}=10$；$LS_{9-10}=11$。

$TF_{1-2}=0$；$TF_{2-3}=0$；$TF_{2-5}=1$；$TF_{2-4}=2$；$TF_{3-7}=0$；$TF_{3-5}=1$；$TF_{4-5}=2$；$TF_{4-8}=4$；$TF_{5-6}=1$；$TF_{6-7}=1$；$TF_{6-8}=2$；$TF_{7-9}=0$；$TF_{8-9}=2$；$TF_{9-10}=0$。

（2）计算并填写有关参数，见表 3-12。

网络计划检查结果分析表 **表 3-12**

工作代号	工作名称	检查计划时尚需作业时间	到计划最迟完成尚有时间	原有总时差	尚有总时差	情况判断
2—3	B	2	1	0	—1	影响一天
2—5	C	1	2	1	1	正常
2—4	D	2	2	2	0	正常

（3）根据尚有总时差的计算结果，可判断实际进度情况将影响工期 1 天。

2. 网络计划的进度偏差分析

根据计划检查结果，网络计划在调整之前，必须认真分析产生偏差的原因和评估影响程度，才能有针对性地制定调整计划。

实际工程中影响进度的因素较多，归纳起来主要有计划失误、外部条件变化、管理过程中的失误等几方面。

（1）工期及相关计划的失误主要有

1）计划时遗漏部分必需的功能或工作；

2）计划值（例如计划工作量、持续时间）不足，相关的实际工作量增加；

3）资源或能力不足，例如计划时没考虑到资源的限制或缺陷，没有考虑如何完成工作；

4）出现了计划中未能考虑到的风险或状况，未能使工程实施达到预定的效率；

5）上级（业主、投资者、企业主管等）常常在一开始就提出很紧迫的工期要求，使承包商或其他设计人、供应商的工期太紧，而且许多业主为了缩短工期，常常压缩承包商的做标期、前期准备的时间。

（2）工程条件的变化主要有

1）工作量的变化，可能是由于设计的修改、设计的错误、业主新的要求、修改项目的目标及系统范围的扩展造成的；

2）外界（如政府、上层系统）对项目新的要求或限制，设计标准的提高可能造成项目资源的缺乏，使得工程无法及时完成；

3）环境条件的变化，工程地质条件和水文地质条件与勘察设计不符，如地质断层、地下障碍物、软弱地基、溶洞以及恶劣的气候条件等，都对工程进度产生影响，造成临时停工或破坏；

4）发生不可抗力事件，实施中如果出现意外的事件，如战争、内乱、拒付债务、工人罢工等政治事件，地震、洪水等严重的自然灾害；重大工程事故、试验失败、标准变化等技术事件，通货膨胀、分包单位违约等经济事件都会影响工程进度计划。

（3）管理过程中的失误主要有

1）计划部门与实施者之间，总分包商之间，业主与承包商之间缺少沟通；

2）工程实施者缺乏工期意识，例如管理者拖延了图纸的供应和批准，任务下达时缺少必要的工期说明和责任落实，拖延了工程活动；

3）项目参加单位对各个活动（各专业工程和供应）之间的逻辑关系没有清楚地了解，下达任务时也没有做详细的解释，同时对活动必要的前提条件准备不足，各单位之间缺少协调和信息沟通，许多工作脱节，资源供应出现问题；

4）由于其他方面未完成项目计划规定的任务造成拖延，例如设计单位拖延设计、运输不及时、上级机关拖延批准手续、质量检查拖延、业主不果断处理问题等；

5）承包商没有集中力量施工，材料供应拖延，资金缺乏，工期控制不紧；

6）业主没有集中资金的供应，拖欠工程款，或业主的材料、设备供应不及时。

（4）其他原因

例如由于采取其他调整措施造成工期的拖延，如设计的变更，质量问题的返工，实施方案的修改等。

3. 评估进度偏差的影响

进度偏差的大小及其所处的位置不同，对后续工作和总工期的影响程度是不同的，要利用网络计划中关键工作、工作总时差和工作自由时差等概念进行判断。

（1）分析出现进度偏差的工作是否为关键工作

如果出现进度偏差的工作为关键工作，则无论其偏差有多大，都将对后续工作和总工期产生影响，必须采取相应的调整措施；如果出现偏差的工作是非关键工作，则需要根据进度偏差值与总时差和自由时差的关系作进一步分析。

（2）分析进度偏差是否超过总时差

如果工作的进度偏差大于该工作的总时差，则此进度偏差必将影响其后续工作和总工期，必须采取相应的调整措施；如果工作的进度偏差未超过该工作的总时差，则此进度偏差不影响总工期。至于对后续工作的影响程度，还需要根据偏差值与其自由时差的关系作进一步分析。

(3) 分析进度偏差是否超过自由时差

如果工作的进度偏差大于该工作的自由时差，则此进度偏差将对其后续工作产生影响，此时应根据后续工作的限制条件确定调整方法；如果工作的进度偏差未超过该工作的自由时差，则此进度偏差不影响后续工作，原进度计划可以不作调整。

通过进度偏差的分析，进度控制人员可以根据进度偏差的影响程度，制定相应的纠偏措施进行调整。

4. 进度计划的控制措施与调整方法

网络计划的调整时间应及时进行，一般应与网络计划的检查时间一致。从管理学科的角度，施工进度控制采取的主要措施有组织措施、技术措施、合同措施、经济措施和信息管理措施等。这一系列措施一是要在计划实施前合理制定，以便进行管理和控制；二是要结合调整的方法进一步制定调整措施，形成目标统一的改进方案。调整方法可以是多样的，主要有：

(1) 增加资源投入。通过增加资源投入，缩短某些工作的持续时间，使工程进度加快，并保证实现计划工期。但会带来如下问题：造成费用的增加，如增加人员的调遣费用、周转材料一次性费用、设备的进出场费；造成资源使用效率的降低；加剧资源供应的困难，如有些资源没有增加的可能性，加剧项目之间或工序之间对资源激烈的竞争。

(2) 改变某些工作间的逻辑关系。在工作之间的逻辑关系允许改变的条件下，可改变逻辑关系，达到缩短工期的目的。但可能产生如下问题：工作逻辑上的矛盾性；平行施工要增加资源的投入强度；工作面限制及由此产生的现场混乱和低效率问题。

(3) 资源供应的调整。资源供应发生异常时，应采用资源优化方法对计划进行调整，或采取应急措施，使其对工期影响最小。例如将服务部门的人员投入到生产中去，投入风险准备资源，采用加班或多班制工作。

(4) 增减工作范围，包括增减工作量或增减一些工作内容。增减工作内容应做到不打乱原计划的逻辑关系，只对局部逻辑关系进行调整。在增减工作内容以后，应重新计算时间参数，分析对原网络计划的影响。当对工期有影响时，应采取调整措施，保证计划工期不变。

(5) 提高劳动生产率。改善工具器具以提高劳动效率；通过辅助措施和合理的工作过程提高劳动生产率。要注意如下问题：加强培训，且应尽可能提前；注意工人级别与工人技能的协调；工作中的激励机制，例如奖金、小组精神发扬、个人负责制、目标明确；改善工作环境及项目的公用设施；项目小组时间上和空间上合理的组合和搭接；加强协调与沟通，避免项目组织中的矛盾。

(6) 将部分任务转移。如分包、委托给另外的单位，将原计划由自己生产的结构构件改为外购等。当然这不仅有风险，产生新的费用，而且需要增加控制和协调工作。

(7) 将一些工作包合并。特别是在关键线路上按先后顺序实施的工作包合并，与实施者一道研究，通过局部地调整实施过程和人力、物力的分配，达到缩短工期。

【案例 3-19】 某工程项目双代号时标网络计划如图 3-103 所示，计划执行到第 40 天末检查时，实际进度如图 3-103 中的前锋线所示。试分析目前实际进度对后续工作和总工期的影响，并提出相应的进度调整计划。

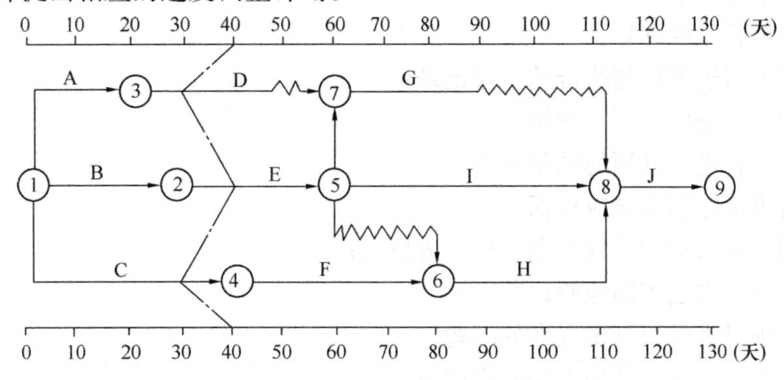

图 3-103　某工程网络计划及实际进度前锋线

解：

(1) 工作 D 拖后 10 天，但不影响其后续工作，也不影响总工期；

(2) 工作 E 实际进度正常；

(3) 工作 C 实际进度拖后 10 天，由于工作 C 为关键工作，将使总工期延长 10 天，并使其后续工作 F、H 和 J 的开始时间推迟 10 天。拖延工期的网络计划如图 3-104 所示。

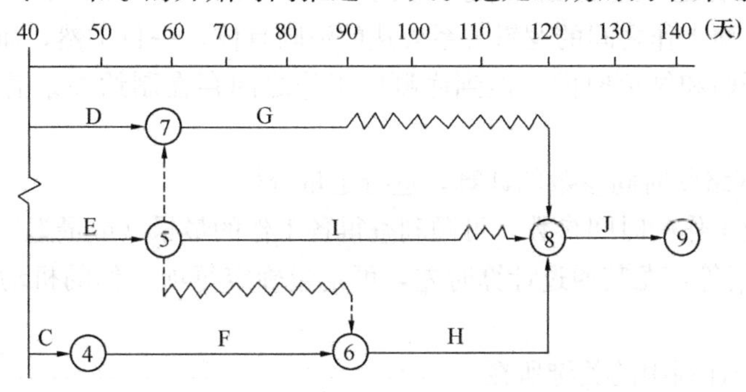

图 3-104　拖延工期的网络计划

为保证原工期不变，现对进度计划进行调整。显然应调整压缩关键线路上后续工作的持续时间。假设工作 C 的后续工作 F、H 和 J 均可以压缩 10 天，通过比较压缩 H 工作的持续时间所增加的费用最小，故将 H 工作的持续时间缩短为 20 天，调整后的网络计划如图 3-105 所示。

【问题 3-38】 网络计划进度控制时，主要的环节有哪些？用横道图表达一项工程计划，能否进行进度控制？

5. 进度控制的总结

总结工作是管理活动的重要内容之一。通过科学全面地总结，可为进度控制提供反馈信息，为今后的进度控制工作积累经验。

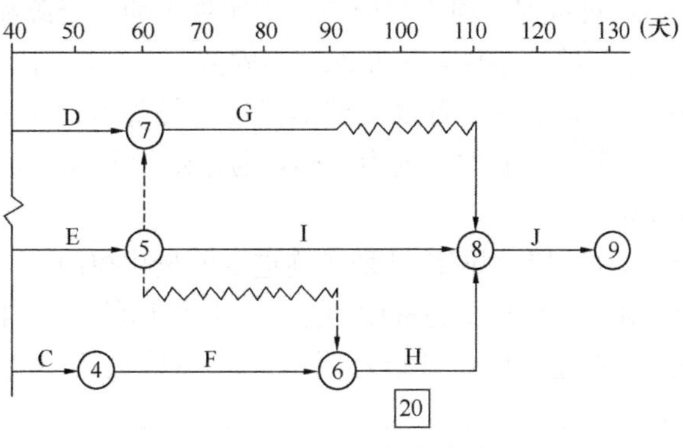

图 3-105　调整后的网络计划

总结时应依据以下资料：

（1）工程项目进度计划；

（2）工程项目进度计划执行的实际记录；

（3）工程项目进度计划检查结果；

（4）工程项目进度计划的调整资料。

工程项目进度控制总结应包括：

（1）合同工期目标和计划工期目标完成情况；

（2）工程项目进度控制经验；

（3）工程项目进度控制中存在的问题；

（4）科学的工程进度计划方法的应用情况；

（5）工程项目进度控制的改进意见。

【问题 3-39】 通过对网络计划的全面认识，它的优点有哪些？

3.4.3 网络计划的优点

用网络图表达一项计划，这种网络计划与横道计划相比较，有许多突出的优点，具体如下：

1. 能明确反映各施工过程之间的逻辑关系

通过箭线把各项工作之间的逻辑关系表达的清晰具体，一目了然，而横道图中虽可以看出各项工作的开始和结束时间，但到底哪些工作之间存在制约关系需要我们去分析和判断。

2. 可以通过网络图时间参数的计算，进行定量分析

通过计算各项工作的时间参数，可顺利查得各工作的最早（或最迟）开始时间、最早（或最迟）完成时间等，尤其通过计算时差，可定量确定每项工作的机动时间，实施定量分析与判断。

3. 能找出整个计划中的关键所在

根据时差确定了关键工作及关键线路，它是计划实施过程中的主要矛盾，便于人们更好地集中优势力量，保证关键工作按时完成，保证了计划的工期得以实现。

4. 可以进行资源的合理调配，达到降低成本的目的

根据时差值，在不影响计划工期的前提下，可将某些非关键工作的部分人力、物力等调配到关键工作中去或其他非关键工作中去，实现资源的合理调配。

5. 可以对一项工程网络计划实现工期、资源和费用等指标的定量调整和优化

根据给定条件，按照编制步骤流程，可顺利地编制完成一项工程的网络计划，但该计划在工期、资源配置以及成本费用消耗等方面不一定是最科学合理的。用网络图表达计划，以最初编制的计划为基础，通过定量分析计算，不断调整各项指标值，从而实现优化的目标。

6. 可以利用网络计划实施进度的量化控制

对一项计划实施进度的控制，是管理的重要内容之一，通过网络计划的表达形式，在进度控制过程中，可结合网络时间参数进行对比计量分析、判定影响程度及制定调整方案。

7. 可以利用计算机完成有关的计算和优化，充分发挥现代技术的优势

大型网络图的计算较繁杂，借助计算机程序软件的应用完成计算，方便快捷，从而有机地与现代技术相结合，实现现代化的科学管理。

8. 可以按照不同的计划要求，进行多样化的表达

如用单代号、双代号表达；用单目标、多目标表达；用不同排列方式进行表达；用简化合并或详略组合的形式表达；用有无时间坐标的形式表达等。

【教学指导建议】

1. 同单元 2 的情况类似，本任务是综合性的训练，包含了 3.1 和 3.2 的训练内容，所以主要教学目标是构建整体思维，形成综合应用能力，即能编制一般单位工程的网络进度计划。

2. 有机利用之前的训练成果，可节省教学时间，也易于使学生形成整体思维。

3. 本任务中新增加的内容较多也较重，对于高职学生而言，可有针对性地组织训练，比如达到能够编制单位工程时标网络计划（或无时标网络），就是本任务的重心，至于网络计划的优化应用等可以以认识原理、方法、作用及效果等为主。

4. 网络计划时间参数的计算，应集中力量以一种方法为主开展教学，其余宜简单介绍，了解即可。过多的内容、方法都详细教学，容易使学生混淆不清。

5. 要改变传统的教学思维，即网络计划的优点，宜在本单元的最后进行教学，这样才能真正深刻领会网络计划，相当于帮助学生作出一个整理和总结。当然可以由学生自己先总结归纳。在本单元的最初作为引导问题，简单介绍即可，带着这些疑问，引领学生步步深入，调动学生不断探索的兴致。

6. 在单元 4 单位工程施工组织设计编制中，还会涉及进度计划的编制，也就是单元 4 综合了单元 2 和单元 3 的内容，这是刻意作出的设计，所以在教学过程中应注意到前后单元之间的关联性，教师应有把握全局的视野。

复 习 思 考 题

1. 网络图、网络计划及网络计划技术几个名词有什么不同?
2. 网络图的构成要素有哪些?
3. 网络图分为哪些类型? 单代号和双代号网络图的主要区别是什么?
4. 节点有哪几种? 节点的编号原则是什么?
5. 箭线有哪几种? 虚工作有什么特点? 有什么作用?
6. 虚工作和虚节点是什么关系?
7. 逻辑关系表达了什么意义? 分哪几种? 区别是什么?
8. 网络图绘制的规则有哪些?
9. 网络图的排列有哪几种?
10. 网络图时间参数有哪些? 含义是什么?
11. 计算时间参数有哪些方法?
12. 工作总时差和自由时差有什么区别?
13. 什么叫线路? 什么是关键线路?
14. 关键工作的意义是什么? 关键工作如何确定?
15. 一项网络计划中，关键线路有多少? 关键线路多好还是关键线路少好?
16. 节点时间参数和工作时间参数有什么关系? 有什么不同?

17. 什么是时标网络计划？怎样表达？

18. 时标网络计划与无时标网络计划相比优缺点是什么？

19. 时标网络计划的绘制步骤是什么？

20. 时标网络计划时间参数判读有哪些要点？

21. 什么是网络图的优化？目的是什么？

22. 根据优化目标划分，有哪几种优化？

23. 工期优化、资源优化、费用优化的步骤是什么？

24. 为了能开展网络计划的优化工作，要确定哪些条件？

25. 什么是前锋线比较法？

26. 网络进度计划控制的要点有哪些？

训　练　题

1. 找出图 3-106 所示网络图中的错误，并说明原因。

2. 找出图 3-107 所示网络图中存在的错误，并说明原因。

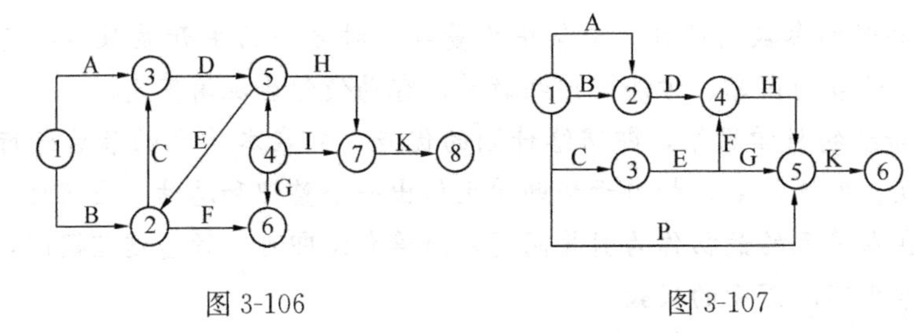

图 3-106　　　　图 3-107

3. 根据表 3-13 中的工作逻辑关系，绘制双代号网络图，并将双代号网络图修改成单代号网络图。

工作逻辑关系表　　　　表 3-13

工作名称	A	B	C	D	E	F	G
紧前工作	D、C	E、G	—	—	—	G、D	—

4. 根据表 3-14 中的工作逻辑关系，绘制只有竖向虚工作的双代号网络图。

工作逻辑关系表　　　　表 3-14

工作名称	A	B	C	D	E	F
紧前工作	—	—	—	—	A、B、C	B、C、D

5. 根据表 3-15 中的工作逻辑关系，绘制双代号网络图。若要求不允许有水平虚工作，将如何绘制？

工作逻辑关系表　　　　表 3-15

工作名称	E	H	K	A	B	C	D	G	J
紧前工作	—	—	—	E	H、A	J、G	A、H、K	A、H	E

6. 根据表 3-16 中的有关资料，试编制双代号网络计划，试分别用节点计算法和工作分析计算法计算各工作的时间参数，确定关键线路。

网络计划资料表　　　　表 3-16

工作名称	A	B	C	D	E	F	G	H	J	K
持续时间	2	3	4	5	6	3	4	7	2	3
紧前工作	—	A	A	A	B	C、D	D	B	E、F、G	F

7. 根据表 3-17 中的资料，绘制单代号网络图，计算时间参数，确定各工作之间的时间间隔。

网络计划资料表 **表 3-17**

工作名称	C	D	E	G	M	N
紧前工作	—	—	—	D	D	E、G
持续时间	12	10	5	7	6	4

8. 已知网络计划如图 3-108 所示，箭线下方括号外为正常持续时间，括号内为最短持续时间，箭线上方括号内为优先选择系数。要求目标工期为 12 天，试对其进行工期优化。

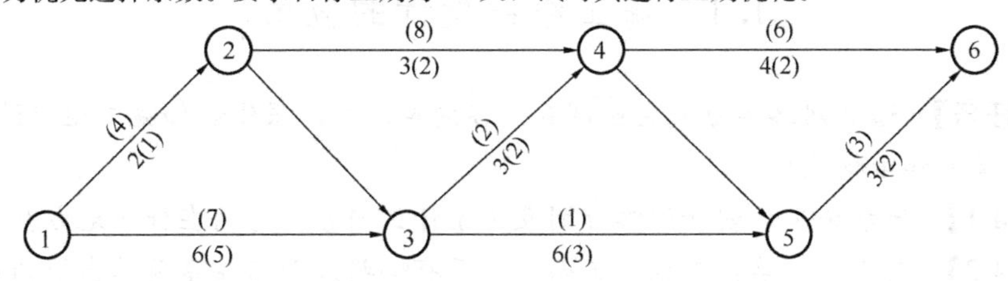

图 3-108

9. 已知网络计划如图 3-109 所示，假定每天可能供应的资源数量为常数（10 个单位）。箭线下方为工作持续时间，箭线上方为资源强度。试进行资源有限、工期最短的优化。

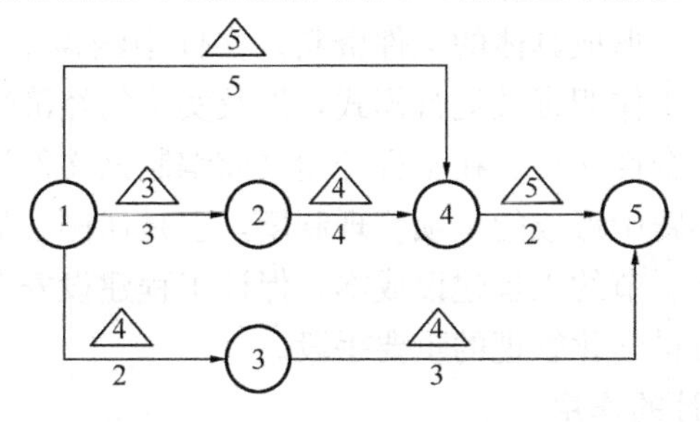

图 3-109

10. 某工程双代号网络计划如图 3-110 所示，箭线下方为工作的正常持续时间和最短持续时间，箭线上方为工作的正常费用和最短费用（元）。已知间接费率为 150 元/d，试求出费用最少的工期。

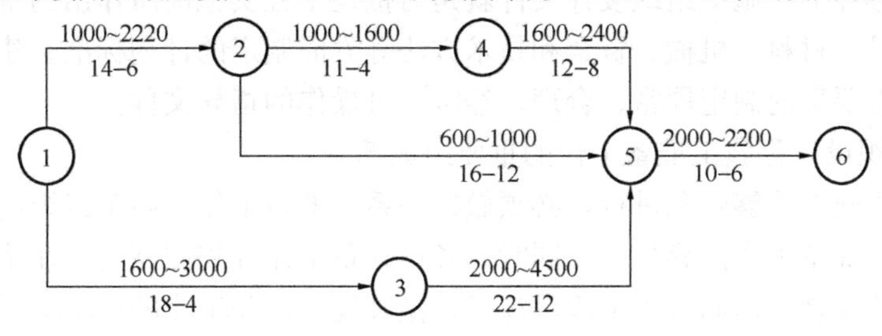

图 3-110

4　单位工程施工组织设计的编制

4.1　施工组织设计的应用

【教学任务】 通过网络学习或企业调查、咨询等方式，深化认知施工组织设计文件的内容，熟悉编制和审批流程。

【问题4-1】 流水施工计划和网络计划表达了什么内容？可用在什么地方？

【问题4-2】 对于一个单位工程施工而言，还有哪些方面需要事前作出规划？

施工组织设计是规划和指导拟建工程自施工准备至竣工验收全过程的技术经济文件。也就是根据拟建工程的自身特点、自然条件以及施工条件等，对工程实施过程中投入的人力、材料、机械、资金及施工方法等要素，预先做出全面、科学、合理的安排，将这一系列设想安排落实在纸面上，形成具体的文件资料。文件中涵盖了技术方法和措施的确定，涵盖了各层组织的构建、工作职责及运行模式，涉及实施的经济性指标等，因此常常称其为技术、经济和组织的综合性文件。在工程开始之前编制该文件用以指导工程实施，这是我国在长期的工程建设实践中形成的一项管理制度，也是惯例。显然，对于保证工程建设质量、保证工程建设进度、节约工程建设成本、保证工程建设安全等方面具有十分重要的意义，是对建设工程项目科学化管理的重要手段。

4.1.1　施工组织设计的作用

1. 施工组织设计是对拟建工程项目实行科学管理的重要手段

从管理的角度出发，应涵盖制定计划标准、组织实施、跟踪检查、对比分析、制定措施、调整纠正等环节。施工组织设计文件就是对拟建工程实施前所作出的全面的、科学的规划，是对人员、材料、机械、资金和技术方法等方面制定的计划标准。建设工程实施的综合复杂性更需要事前制定周密、合理、经济、可操作的指导文件。

2. 施工组织设计是施工准备工作的重要组成部分

为了使工程施工能够顺利进行，必须做好一系列准备工作，施工组织设计文件的编制是其中的技术性准备工作内容之一。同时，各项准备工作计划的制定，在施工组织设计文件中进行了具体编制，因而施工组织设计又是做好施工准备工作的主要依据和重要保证。

3. 施工组织设计是企业投标文件的重要组成部分

企业的投标文件中，包含了施工组织设计的内容，评标过程中除了考察施工企业的资质、能力业绩、投标价格等因素外，还重点地评价施工组织设计技术标部分，对于企业能否中标起到重要的作用。

4. 施工组织设计是建设单位与施工单位履行合同、协调处理各种关系的主要依据

按照施工组织设计的内容，其具体的作用还可以从不同层面分解为许多方面，如它是贯彻落实施工组织方案、技术组织措施、施工现场布局以及进行各项目标控制等的

依据。

【问题 4-3】 目前为止你所认识和了解到的施工组织设计是否有不同点？

【问题 4-4】 你对施工组织设计的内容已经有哪些认识？

4.1.2 施工组织设计的分类

施工组织设计是这一类文件的总体称呼，根据不同的编制阶段、范围对象等可分为若干种类。

1. 按编制的对象范围分类

（1）施工组织总设计

施工组织总设计是以一个建设项目或建筑群为编制对象，用以指导一个建设项目或建筑群全过程的规划、组织及施工等各项活动的技术、经济和组织的综合性文件。

（2）单位工程施工组织设计

单位工程施工组织设计是以一个单位工程为对象，用以指导单位工程施工全过程中各项施工活动的技术、经济和组织的综合性文件。这类施工组织设计是工程中应用最普遍的，本单元重点地以单位工程施工组织设计文件的编制为主线。

（3）分部工程施工组织设计

分部工程施工组织设计是以分部工程为编制对象，用以具体指导其施工全过程的各项施工活动的技术、经济和组织的综合性文件。这类文件针对范围更小，内容更具体，因此也常常称为分部工程作业设计。

（4）专项施工组织设计

专项施工组织设计是以某一专项技术为编制对象，用以指导该专项技术施工组织的综合性文件。专项技术可能涉及的有：需要具备独立资质的施工安装技术（如一般土建工程中的钢结构安装、预应力施工、桩基础施工等）；特殊条件下的施工技术（如冬期施工及越冬维护、软弱地基、大跨结构、高耸结构等）；高新技术；专项分包的施工技术（如大型土石方）；重要的安全技术（如基坑支护与降水、模板、起重吊装、脚手架、拆除与爆破等）。

2. 按对应的设计阶段分类

（1）设计按两个阶段进行时，施工组织设计分为扩大初步施工组织设计（施工组织总设计）和单位工程施工组织设计两种。

（2）设计按三个阶段进行时，施工组织设计分为施工组织设计大纲（初步施工组织条件设计）、施工组织总设计和单位工程施工组织设计三种。

3. 按编制的阶段分类

施工组织设计根据编制阶段的不同可以分为两类：一是投标前编制的施工组织设计（简称标前施工组织设计）；另一类是签订工程承包合同后编制的施工组织设计（简称标后施工组织设计）。两类施工组织设计的区别见表 4-1。

标前和标后施工组织设计的区别 **表 4-1**

种　　类	服务范围	编制时间	编制者	主要特性	追求主要目标
标前施工组织设计	投标与签约	投标前	经营管理层	规划性	中标和经济效益
标后施工组织设计	施工准备至验收	签约后开工前	项目管理层	作业性	施工效率和效益

4.1.3 施工组织设计的内容

不同类型的施工组织设计其内容各不相同。一般地，对于单位工程施工组织设计，其完整的内容应包括：

（1）工程概况；

（2）施工方案；

（3）施工进度计划；

（4）施工准备工作计划；

（5）各项资源需用量计划；

（6）施工平面布置图；

（7）主要技术组织措施；

（8）主要技术经济指标。

对于简单、规模不大、应用通用施工技术等工程，施工队伍又具有一定的施工组织管理经验，可编制简化的施工组织设计，即重点编制施工方案、施工进度计划、施工平面布置图等几个部分，简称为“一案、一图、一表”。

其他类型的施工组织设计可依据以上基本内容，按照工程对象范围、内容等的不同进行编制或适当增减。

【问题 4-5】 施工组织设计文件的内容为什么要有基本的规定？

应当指出，按照现行《建设工程项目管理规范》GB/T 50326—2006 的规定，在投标之前由施工企业管理层编制项目管理规划大纲，作为投标依据、满足招标文件要求及签订合同要求的文件。在工程开工之前由项目经理主持编制项目管理实施规划，作为指导施工项目实施阶段管理的文件。项目管理规划大纲和项目管理实施规划统称为项目管理规划，项目管理实施规划是项目管理规划大纲的深化和具体化。施工组织设计是我国在长期的工程建设实践中形成的，目前仍在执行的一项惯例制度，该文件它是一个施工规划，而不是施工项目管理规划，但内容上有一定的重叠。若要以施工组织设计文件代替项目管理规划，根据有关要求尚需增加或调整相关内容，如增加编制说明、编制依据、执行标准、管理方针目标、项目管理组织、质量管理体系等有关内容。另外，我国在推行全面质量管理和贯彻国际的《质量管理体系》GB/T 19000 族标准的进程中，常采用《项目质量计划》这一名称。《项目质量计划》与《施工组织设计》、《项目管理规划》相比，内容有重叠，作用相似，但《项目质量计划》更侧重于质量的管理，所以用《项目质量计划》代替相关文件尚需增加相应的内容。

【问题 4-6】 你认为编制施工组织设计文件这项工作需要按照某一程序进行吗？为什么？

【问题 4-7】 施工组织设计文件编制时，应以哪些条件为基准？

4.1.4 施工组织设计的编制与执行

1. 施工组织设计编制的基本原则

总结我国建设工程几十年的经验，在编制施工组织设计时应遵循以下基本原则：

（1）必须全面贯彻、执行党和国家有关工程建设的方针和政策，严格执行有关的法律法规、条例、规范、规程及标准等。

（2）贯彻建筑现代化方针，提高施工机械化水平，减轻劳动强度，改善劳动条件，提高劳动生产率。

（3）遵循事物的客观规律，在建设程序、施工程序、分部分项工程施工顺序的安排上以及文件编制、审核、执行等方面，按照程序规则要求组织进行。

（4）采用科学合理的施工组织方法和先进的施工技术，保证工程质量，保证工程安全，缩短工程工期，节约工程建设成本。

（5）制定切实可行的措施，加强工程现场文明施工管理和环境保护。

2. 单位工程施工组织设计文件的编制依据

（1）主管部门的批示文件及有关要求

主要有上级机关对工程的有关指示和要求，建设单位对施工的要求，施工合同中的有关规定等。

（2）经过会审的施工图纸

主要包括单位工程的全套施工图纸、图纸会审记录及有关的国家或地区标准图集。

（3）施工企业年度施工计划

施工企业年度施工计划中有涉及本工程的开工、竣工日期的规定，以及与其他项目穿插施工的要求等。

（4）施工组织总设计

若本单位工程是整个建设项目中的一个项目，则应依据施工组织总设计中的有关设计，如临时道路总布局、水源电源供应位置、本单位工程的开竣工日期等，进行本单位工程施工组织设计文件的编制。

（5）工程预算文件及有关定额

工程预算文件中，已详细地计算完成了分部分项工程量，可以有选择地并经过适当整合加以利用，必要时应计算出分层、分段、分部位的工程量。所使用的定额一般有本地区的施工定额或劳动定额和机械台班使用定额，还可以采用企业自己编制的用于指导施工的定额。在这里应强调的是施工组织设计文件也是编制工程预算文件的重要依据之一，两者应互相统一，协调一致。

（6）建设单位对工程施工可能提供的条件

本单位工程作为一项独立的工程任务，要根据建设单位提供的具体条件，如供水、供电、供热的情况及可借用作为临时办公、仓库、宿舍的施工用房等进行编制。

（7）有关的施工条件

如工程现场的环境条件、“三通一平”（这里的“三”，应广义地理解，代表多项）情况、资源生产及供应情况、施工机械设备情况、劳动组织形式及落实情况等。

（8）施工现场的勘察资料

主要有高程、地形、地质、水文、气象、交通运输、现场障碍物等情况以及工程地质勘察报告、地形图、测量控制网等。

（9）有关的技术规范、规程和标准

主要有《建筑工程施工质量验收统一标准》等14项建筑工程施工质量验收规范、《建筑安装工程技术操作规程》、《安全技术规程》等。

（10）有关的参考资料及施工组织设计实例

3. 单位工程施工组织设计文件的编制程序

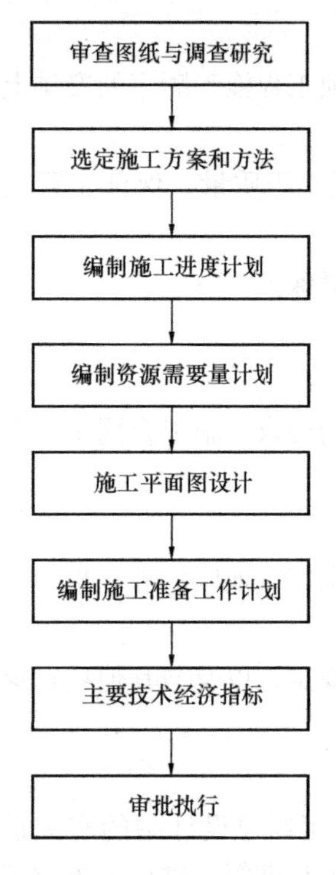

图 4-1 单位工程施工组织设计的编制程序

单位工程施工组织设计的编制程序，是指单位工程施工组织设计文件中各组成部分形成的先后次序以及相互之间的制约关系。如图 4-1 所示。编制单位工程施工组织设计时，应遵照这一程序，才能科学合理、少走弯路。

【问题 4-8】 在实际工程中，施工组织设计文件是谁编制的？需要审核批准吗？

4. 施工组织设计编制的组织与审批执行

施工组织设计的编制是关系到施工企业能否有效履行工程合同，能否实现企业及项目目标，能否体现建设工程贯彻科学组织管理及技术方法等的重要技术性工作。必须认真组织有关的技术力量，通过深入细致地分析研究、组织专题会议论证、开展多方案比较、多次修订完善等过程完成编制，并应落实逐级审批制度。

建设工程实行总包和分包的，应由总包单位负责组织编制，分包单位应在总包单位的总体部署条件下，负责编制所分包工程的施工组织设计或所分包的某一专项技术的专项施工组织设计。

对于一般工程，应由项目经理组织项目工程师、技术负责人等经理部的有关工程技术人员进行编制，上报至企业各职能部门审批、企业总工程师审批、专业监理工程师审批、总监理工程师审批、建设单位审批等。

对于结构复杂、施工难度较大、采用新工艺和新技术的工程项目，应邀请项目部以外有经验的专业工程技术人员组织专门会议，进行专业性的研究，同时也应充分发挥企业各职能部门的作用，邀请有关人员参加编制，充分发挥集体的智慧。项目经理组织编制整理，修订完善后按照程序逐级上报审批。

对于特殊工程、重要工程（如水立方、鸟巢）等，应调动企业的全部技术力量，可由企业总工程师主持研讨会议，相关的职能部门人员、其他有经验的专业技术人员、项目经理部成员等参加，制定主要技术方案和措施，再由项目经理组织有关人员编制整理，经过不断修订完善后，按照程序逐级上报审批。

施工组织设计审批后，必须全面贯彻执行。在执行过程中，应做好以下几方面工作：

（1）施工企业应制定有关施工组织设计方面的编制、审批、交底、管理等规章制度。

（2）做好施工组织设计的各级交底工作。

（3）严格监督落实，按照施工组织设计做好各项施工准备，执行施工方案及有关措施等。

（4）加强施工组织设计实施的经验积累，总结实施效果。

【教学指导建议】

1. 本任务主要是全面认识和了解单位工程施工组织设计，宜多采取与学生面对面交流、讨论的形式完成教学目标。

2. 用单位工程施工组织设计文件的参考样本，解读其内容的构成。

4.2 工程概况的编制

【教学任务】 完成框架结构工程概况的编制（教师拟定具体题目为本单元各个任务训练使用，可另行编制任务书）。

【问题 4-9】 为什么要编制工程概况？有什么用吗？

4.2.1 工程概况编制的意义

工程概况是对整个拟建工程项目做出全面的概要性介绍，涉及工程建设、工程特征、自然条件、施工条件等各方面的情况。认真编写工程概况具有以下意义：

1. 使工程技术人员养成良好的调查研究工作习惯

由于规定了施工组织设计文件中要包含工程概况这部分内容，督促有关人员要在正式编制以前，自觉地进行全面调查研究，长此以往将会引导人们形成了良好的工程习惯。

2. 为科学合理编制施工组织设计文件提供良好的基础条件

工程概况中的内容，与编制施工组织设计文件关系密切。能否科学合理地编制，取决于对工程的全面熟悉程度。通过工程概况的编制过程，使编制施工组织设计的有关人员自觉地查找收集相关资料，督促编制人员全面熟悉、掌握工程建设的全部条件。

3. 方便有关人员全面快捷地了解工程的全貌

施工组织设计文件编制完成后，经历一系列审批环节，有关审批人员能够通过工程概况全面认识工程建设的基本情况，不必重新收集整理各种信息。同时，施工组织设计文件在应用的过程中，更有交底和经常查阅等环节，方便众多的技术人员使用。

4.2.2 工程概况编制的内容

为了达到上述目的，工程概况的编写内容要相对统一固定，一般应包括工程建设概况，工程建设地点特征，建筑、结构设计概况、施工条件和工程施工特点分析等方面的内容。

1. 工程建设概况

主要介绍拟建工程的建设单位、工程名称、性质、用途和建设的目的，资金来源及工程造价，开工、竣工日期，设计单位、施工单位、监理单位，施工图纸情况，施工合同签订条件情况，国家和上级有关文件精神要求，以及组织施工的指导思想等。

2. 工程建设地点特征

主要介绍拟建工程的地理位置、地形、地貌、地质、水文、气温、冬雨期时间、主导风向、风力和抗震设防烈度等。

3. 建筑、结构设计概况

建筑设计概况主要介绍拟建工程的建筑面积、平面形状和平面组合情况、层数、层高、总高、总长、总宽等尺寸以及屋面做法和室内外装修的情况。

结构设计概况主要介绍基础的类型、埋置深度、设备基础的形式、主体结构的类型，墙、柱、梁、板的材料及截面尺寸，预制构件的类型及安装位置，楼梯构造及形式等。

4. 施工条件

主要介绍“三通一平”的落实情况，当地的交通运输条件，当地的有关资源生产及供应情况，施工现场大小及周围环境情况，预制构件生产及供应情况，施工单位机械、设备、劳动力的落实情况，内部承包方式、劳动组织形式及施工管理水平等。

5. 工程施工特点分析

主要介绍拟建工程施工中的主要特点、关键问题和难点所在，以便在编制施工组织设计文件时能够突出重点、抓住关键、针对性强，通过科学合理地制定方案，使施工顺利进行，提高施工单位的经济效益和管理水平。

4.2.3 工程概况编制的要点

1. 向建设单位咨询有关内容

施工单位人员在编制时对工程初步有一定的了解，但不一定全面细致，需要时应向建设单位咨询有关内容。如在编制工程建设概况时，应及时地向建设单位全面咨询有关情况，帮助了解拟建工程的重要程度、时限性程度、质量标准要求、资金状况等因素。

2. 向勘察单位或设计单位咨询有关内容

施工单位人员收集到的现有资料中，地质资料往往并不多，这就要求有关人员向勘察单位或设计单位咨询工程有关的内容。如在编写工程建设地点特征时，大部分内容与地质勘察报告有关。

3. 详细阅读施工图设计文件

施工图是编制施工组织设计文件的主要依据，有关工程的建筑结构设计情况均可在施工图中查得。一是重点阅读设计说明；二是全面配合地阅读施工图；三是查阅图纸会审记录或设计变更等。

4. 开展当地的社会调查和工程现场勘察

有关工程的各项施工条件，很多方面都与社会企业生产供应有关。或许以往已经积累了较多的认识，但不一定全面具体，需要时应进行社会走访调查，向有关企业或人员咨询。对于施工企业内部的施工条件状况，相对容易获得，但也应通过各种途径进行全面掌握。工程现场的环境条件直接影响施工方案和措施的制定，也许在投标前有一定的认识，但编制标后施工组织设计的人员可能要多一些，或者人员有变更，所以工程施工现场的勘察应重视。

5. 组织对工程的分析和讨论

对于相对大型的、技术复杂的、缺少施工经验的工程，其施工特点分析应集中多数人的智慧，尤其对新结构、新材料、新技术、新工艺的工程，通过组织工程的分析和讨论会议，找准施工的难点和关键所在。例如国家游泳中心工程（水立方）、鸟巢工程等，以往没有足够的施工经验，又采用了较多的新技术、新材料，经分析讨论后，确定重点，编写工程概况。

6. 工程概况的文字整理应条理清晰、内容完整

即同一类属性的文句要集中在一个部分内编写。如属于建筑设计特点的内容不能与属于结构设计特点的内容混合在一起；属于工程建设概况特点的不能与施工条件的内容混合在一起等；工程概况的文字整理也应内容完整，即能够体现工程建设的全貌。

7. 工程概况的表达可多样化

文字整理时可采用文字、图、表等多样形式表达，不一定局限在仅以文字表述的形式，某些内容通过图表等能够更直观地体现出来，方便他人阅读。

【教学指导建议】

1. 要通过各种举例使学生真正认清编制工程概况的意义所在。如通过了解工程规模

和特点，为选择垂直运输设施提供了条件。

2. 本任务可以由浅入深地训练，如先让学生完成所在学校的教学楼（或宿舍楼、食堂等工程）的建筑概况、结构概况、工程特点等的描述。

3. 通过多观摩工程概况的样本案例加深对工程概况的认知。

4.3 施工方案的编制

【教学任务】 完成一框架结构工程主体施工阶段的施工方案编制（可与任务1统一在一个工程中）。

【问题 4-10】 如何理解“方案”的含义？“施工方案”的内涵应包括哪些内容？

施工方案的选择制定是单位工程施工组织设计的核心内容，直接关系到单位工程的施工质量、进度编排、工期指标、施工安全、施工生产效率以及经济效果等，因此应在多个可行的初步方案基础上，进行对比分析和评价，力求选择制定经济合理的施工方案。

为使施工方案的编制内容全面，能够真正指导工程施工，施工方案的内容应包括以下四个方面：确定施工程序及施工顺序；确定流水施工组织；确定主要分部分项工程的施工方法和选择施工机械；制定主要的技术组织措施等。

4.3.1 施工程序及施工顺序的确定

【问题 4-11】 如何理解“程序”、“顺序”？施工顺序是否可以调整变化？

【问题 4-12】 你用什么表达方法能够把施工顺序向他人表达清楚？

施工程序及施工顺序均是指组织工程施工过程中，相关内容的施工先后次序安排。其中有些次序的安排是客观的存在，反映了事物一成不变的规律，应严格遵循；另有一些次序安排是可变的，应合理确定。这种不变与可变交织在一起，要求施工人员在众多的次序安排中，选择出既符合客观规律，又经济合理的施工程序及施工顺序。

1. 施工程序及施工顺序的确定应遵循的基本原则

(1) 必须符合施工工艺的要求。建筑物在建造过程中，各分部分项工程之间存在着一定的工艺顺序关系，它随着建筑物结构和构造的不同而变化，应在分析建筑物各分部分项工程之间的工艺关系的基础上确定施工顺序。例如：基础工程未做完，其上部结构就不能进行，垫层需在土方开挖后才能施工；采用砌体结构时，下层的墙体砌筑完成后方能施工上层楼面；但在框架结构工程中，墙体作为围护或隔断，则可安排在框架施工全部或部分完成后进行。

(2) 必须与施工方法协调一致。例如：在装配式单层工业厂房施工中，如采用分件吊装法，则施工顺序是先吊装柱，再吊装梁，最后吊装各个节间的屋架及屋面板等；如采用综合吊装法，则施工顺序为一个节间全部构件吊装完成后，再依次吊装下一个节间，直至构件吊装完。

(3) 必须考虑施工组织的要求。例如：有地下室的高层建筑，其地下室地面工程可以安排在地下室顶板施工前进行，也可以安排在地下室顶板施工后进行。从施工组织方面考虑，前者施工较方便，上部空间宽敞，可以利用吊装机械直接将地面施工用的材料运送到地下室；而后者，地面材料运输和施工就比较困难。

(4) 必须考虑施工质量的要求。在安排施工顺序时，要以保证和提高工程质量为前提，影响工程质量时，要重新安排施工顺序或采取必要的技术措施。例如：屋面防水层施工，必须等找平层干燥后才能进行，否则将影响防水工程的质量，特别是柔性防水层的施工。

(5) 必须考虑当地的气候条件。例如：在冬期和雨期施工到来之前，应尽量先做基础工程、室外工程、门窗玻璃工程，为地上和室内工程施工创造条件。这样有利于改善工人的劳动环境，有利于保证工程质量。

(6) 必须考虑安全施工的要求。在立体交叉、平行搭接施工时，一定要注意安全问题。例如：在主体结构施工时，水、暖、煤、卫、电的安装与构件、模板、钢筋等的吊装和安装不能在同一个工作面上，必要时采取一定的安全保护措施。

2. 施工程序的确定

施工程序是在总体上相对宏观的角度对施工任务中相关内容进行的先后次序安排。在一个单项工程中，主要是对各有关单位工程、分部工程之间的总体实施次序的安排。一般应遵循的基本原则有：

(1) 先地下，后地上。指的是在地上工程开始之前，先把地下工程施工完成。一个建筑工程先完成基础部分再施工地上主体部分，这是不变的次序。但其他地下工程内容也应先完成，如把有关的地下管道、线路等地下设施及其涉及的土方工程完成或基本完成后，再地上部分施工，这样可以避免对地上部分施工产生干扰，从而带来施工不便，造成浪费，影响工程质量。

(2) 先主体，后围护。指的是框架结构建筑和装配式结构工程施工中，先进行主体结构施工，后完成围护工程。这种这次序安排也是不变的，但有时可以安排适当搭接施工。如框架主体结构与围护工程在总的施工程序不变的前提下，安排主体结构与围护工程搭接施工。一般来说，多层建筑以少搭接为宜，而高层建筑则应尽量搭接施工，以缩短施工工期。

(3) 先结构，后装修。指的是结构完成后，再进行装饰工程施工。在结构与装饰层不在一体上时，这种次序安排也是不变的。但有时高层建筑工程为了缩短施工工期，在满足先结构后装修的总体施工程序不变的前提下，也可以有部分合理的搭接。

(4) 先土建，后设备。主要指的是先完成土建施工，再进行大型生产设备的安装。但当设备较重、尺寸规格较大时，就应考虑设备安装与土建施工交叉配合的安排

先土建，后设备的广义层面理解，还包括土建施工应先于水、暖、煤、卫、电等建筑设备的施工。但它们之间更多的是穿插配合关系，尤其在装修阶段，要从保证施工质量、降低成本的角度，处理好相互之间的关系。

应当强调以上原则并不是一成不变的，在特殊情况下，如在冬期施工之前，应尽可能完成土建和围护工程，以利于施工中的防寒和室内作业的开展，从而达到改善工人的劳动环境、缩短工期的目的；又如大板建筑施工，大板承重结构部分和某些装饰部分宜在加工厂同时完成。因此，随着我国施工技术的发展、企业经营管理水平的提高，以上原则也在进一步完善。

3. 分部分项工程施工顺序的确定

分部分项工程施工顺序是在细部上相对微观的角度对施工任务中相关内容进行的先后次序安排。在一个单位工程中，这里主要对其中的各子分部工程、各分项工程之间施工次序的安排。

分部分项工程施工顺序确定的要点：

（1）遵循基本原则，遵循总体施工程序。

（2）结合拟编制的施工进度计划内容，前后协调，总体上与其保持一致，进行施工过程的划分。同时，为了使施工顺序阐述更细致清晰，可以对施工过程作出适当详细的划分。

（3）为了使自身思路清晰，也为了让他人易于了解易懂，把确定出来的施工顺序用A→B→C→D→E→F等顺序箭线形式表达出来，还可以用顺序框图形式进行表达。

（4）一个单位工程涉及的施工过程数量很多，一般可以分阶段地阐述。即把施工过程中相对独立完整的部分分别编制顺序安排，再把各独立部分之间的衔接表达清楚。例如可以按照基础工程、主体工程、屋面及装饰工程等不同阶段分别表述。对某些大型工程，在一个阶段内又有许多复杂工程内容，可以进一步分割成几个相对独立部分来阐述其施工顺序的安排。

（5）对某一独立部分或施工阶段，所包含的施工过程数量较多，并且还有许多交叉施工、平行施工、搭接施工等内容。安排施工顺序时，应首先理出该阶段的全部主要的工程施工内容，然后再确定出一个（或几个）总体施工顺序的主线，再围绕该顺序主线，表达其他施工过程与之存在的相互关系。

（6）可参照有关有规律的、成型的施工过程顺序安排的样例。对于缺少工程经验的初学者而言，所使用的教材就是第一个接触的读物，如果细心观察，会从流水施工单元、网络计划单元以及施工组织设计单元等的案例中，找到有关的参考信息。当然更应该多参考其他有关的资料。

（7）向工程技术人员咨询。

【案例4-1】 某五层砌体结构住宅，条形基础，主体砖墙中设置构造柱，现浇梁板，屋面为卷材防水，普通装修，施工环境条件无特殊情况，试确定其施工顺序。

解： 施工顺序总体安排如图4-2所示。根据砌体结构工程及其施工组织的特点，按照

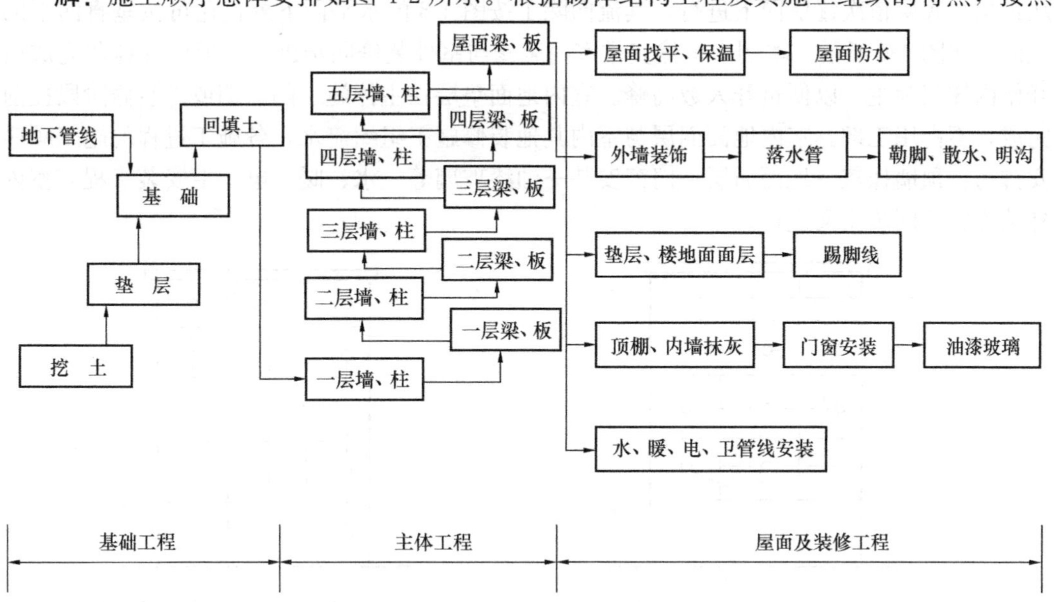

图4-2　多层砌体结构工程总体施工顺序示意图

房屋结构各部位不同，分为基础工程、主体工程、屋面及装修工程三个施工阶段。各阶段的施工顺序安排如下：

(1) 基础工程阶段施工顺序

本工程基础工程阶段工程内容较简单，施工顺序安排为：挖土方→垫层→基础→回填土。在基础施工期间，同步安排地下管线的施工。在基础全部回填（包括室内回填土）完成后开始主体施工。

(2) 主体工程阶段施工顺序

主体工程阶段的施工过程主要包括：搭设脚手架、砌筑墙体、现浇柱、梁、板、雨篷、阳台、楼梯等施工内容。现以其中的砌墙和现浇楼板作为主体工程施工阶段的主导过程。

施工顺序为：砌墙及构造柱→现浇梁板。两者在各楼层中交替进行，组织流水施工。构造柱施工整合在砌筑过程中，搭设脚手架伴随砌筑完成，不占用工期，现浇雨篷、阳台整合在相应楼层的梁板施工中。现浇楼梯安排在砌筑墙体的最后一步插入，每层跟随完成，可不占用工期。

(3) 屋面及装修工程施工顺序

1) 屋面工程为柔性屋面，施工顺序按照：屋面找平层→隔气层→保温层→找平层→柔性防水层→隔热保护层的顺序依次进行。安排在主体及女儿墙全部施工结束后及时进行。

2) 室外装修工程采用自上而下的施工顺序，即在屋面工程全部完工后从顶层至底层依次逐层向下进行如图 4-3 所示。各施工过程的施工顺序为：外抹灰→室外涂料→水落管→勒脚→散水→台阶→明沟等。但勒脚、散水、台阶、明沟等宜安排在相对靠后一些，即在室内主要装修工程完成后，没有大量材料运输时再陆续完成。

3) 室内装修采取自上而下的施工顺序，即主体工程及屋面防水层完工后，室内抹灰从顶层往底层依次逐层向下进行。其流向除了按图 4-3 的水平向下外，还可按垂直向下的流向，如图 4-4 所示。本例中虽然安排室内装修与室外装修同步进行，但以外抹灰完成后开始内抹灰为主，以便错开人数高峰。室内地面垫层在主体施工的后期或外装修阶段提前完成，不占用工期。室内地面面层与室内其他装修施工组织流水，各施工过程的施工顺序安排为：顶墙抹灰→地面面层→门窗安装→油漆玻璃等。水、暖、电、卫安装工程与室内外装饰施工同步交叉进行。

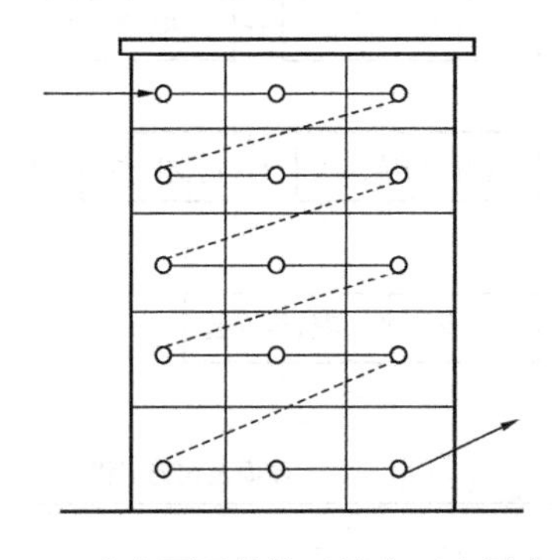

图 4-3 自上而下的施工流向（水平向下）

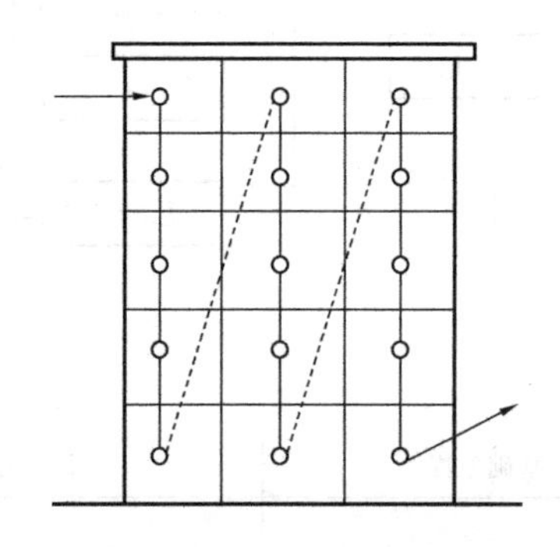

图 4-4 自上而下的施工流向（垂直向下）

以上案例涉及的内容并不能涵盖各类工程中的具体情况。在基础工程阶段，如有桩基础工程、基坑支护工程以及有地下室时，则施工过程和施工顺序一般是：打桩→支护结构→挖土方→垫层→底板防水层→地下室底板→地下室墙、柱结构→地下室顶板→地下墙身防水层及保护层→回填土。

在主体工程阶段，当梁板现浇工程量较大时，常常分解为支模、绑筋和浇筑混凝土多个施工过程，施工顺序为：砌墙→支模→绑扎钢筋→浇筑混凝土。现浇钢筋混凝土楼梯的支模、绑扎钢筋可安排在与现浇楼板同时进行，此时，其工程量将占用工期，但为施工过程中人流交通服务提供了方便。有时一项工程中有多部楼梯，可以合理规划，既要方便施工服务，还要尽量少占工期。

装饰工程阶段，室内与室外装修之间的顺序安排，一般有先外后内、先内后外、内外平行等几种可能，但是要根据具体工程情况确定。一般而言，工期不紧、无特殊原因是以先外后内为主。这种情况是主体已经全部完工，有足够的沉实时间，且防水施工已完成，对保证装修工程质量有利。对于高层建筑，为了缩短工期，有时先进行室内装修。工期很紧的情况，也可考虑内外平行施工，但应注意高峰人数尽量错开，同时也要安排好内外交叉作业。

室内装饰施工的顺序有自上而下、自下而上、自中而下和自上而中等形式。工期不紧时，为了保证主体有一定的沉实时间，一般采取自上而下的顺序，高层或超高层建筑可以采用后几种顺序，缺点是同时施工的工序多、人员多、工序间交叉作业多，材料供应集中，施工机具负担重，现场施工组织和管理比较复杂，应采取保证装修工程质量和安全的措施。

室内装修在同一楼层内顶棚、墙面、楼、地面之间的施工顺序一般有两种：楼、地面→顶棚→墙面，顶棚→墙面→楼、地面。这两种施工顺序各有利弊。前者便于清理地面基层，楼、地面质量易保证，而且便于收集墙面和顶棚的落地灰，从而节约材料，但要注意楼、地面成品保护，否则后一道工序不能及时进行。后者则在楼、地面施工之前，必须将落地灰清扫干净，否则会影响面层与结构层间的粘结，引起楼、地面起壳，而且楼、地面施工用水的渗漏可能影响下层墙面、顶棚的施工质量。底层地面施工通常在最后进行。

楼梯间和楼梯踏步，由于在施工期间易受损坏，为了保证装修工程质量，楼梯间和踏步装修往往安排在其他室内装修完工之后，自上而下统一进行。门窗的安装可在抹灰之前或之后进行，主要视气候和施工条件而定，但通常是安排在抹灰之后进行，但要最后统一找补抹灰。

对于钢筋混凝土框架结构工程，其施工顺序与砌体结构相似，所不同的是主体阶段砌筑部分不是主导施工过程，且现浇工程量较大，常采用的施工顺序为：柱墙绑筋→柱墙模板→柱墙混凝土→梁板支模→梁板绑筋→梁板浇筑混凝土。其中的模板制作、模板拆除、模板清理、钢筋制作加工等配合进度安排，提前或穿插完成。对于特殊情况下的较大型的混凝土梁，梁和板可以分别进行施工，且大型梁的支模和绑筋顺序可进行调整，如调整为：梁支底模→梁绑筋→梁支侧模或梁支底模加一侧模板→梁绑筋→梁支另一侧模等。

围护墙砌筑不能紧随主体框架进行，每层要有拆模、楼层清理等工作，必定形成几层的间隔，还要考虑主体施工阶段的人力、运输机械的能力等因素，但一般要保证在开始装修之前完成。

另外，框架结构工程，除了这种框架柱、框架梁、板交替进行，也可采用框架柱、梁、板同时进行的顺序安排，施工顺序为柱绑筋→柱梁板支模→梁板绑筋→柱梁板混凝土。

某钢筋混凝土框架结构工程总体施工顺序如图 4-5 所示。

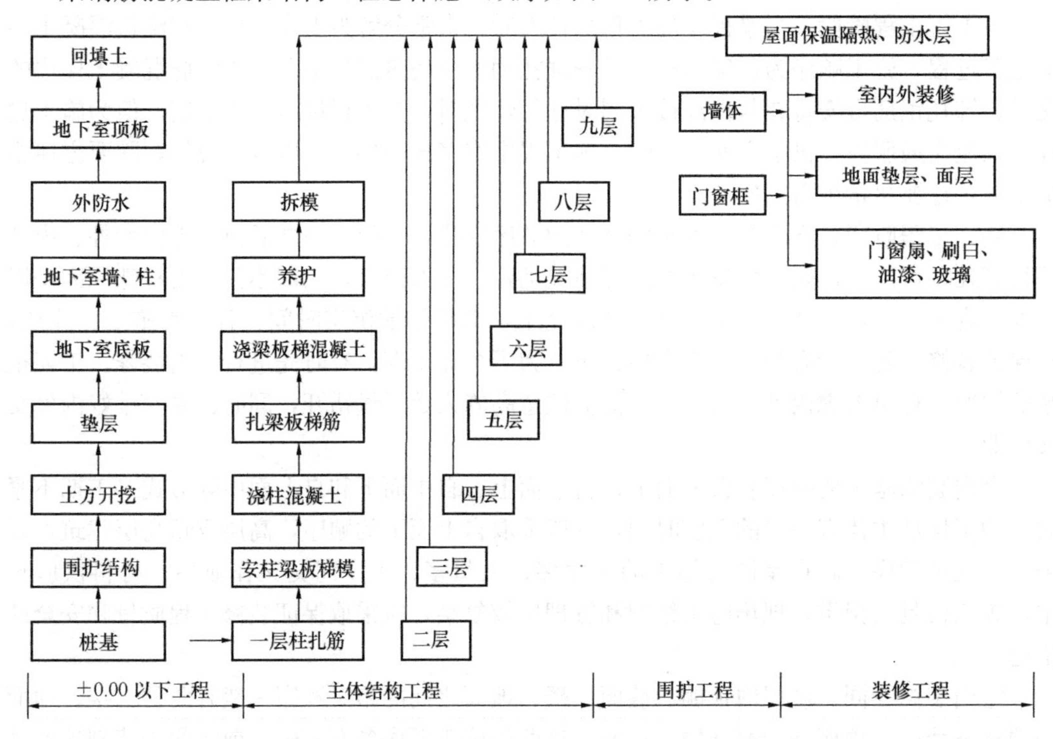

图 4-5　多层现浇钢筋混凝土框架结构工程总体施工顺序示意图

【问题 4-13】 混凝土框架结构中的柱、墙、梁板等有多少种施工顺序安排？哪种顺序好？

4.3.2 确定流水施工组织

组织流水施工的优势、条件、组织方法等已在单元 2 中进行了详细阐述，本部分不再赘述。这里仅说明施工方案制定与其有关的问题及要点。

1. 施工段的划分

一般地，在基础、主体、室内装修等阶段均应采用流水施工方式，可以分阶段地分别说明如何划分施工段。

基础工程阶段要在平面上划分施工段，运用平面简图标明施工段的分界线所处的轴线位置，标准施工段的顺序号。

主体工程阶段也要在平面上划分施工段，运用平面简图标明施工段的分界线所处的轴线位置，标准施工段的顺序号。同时，在竖向上要确定施工层的划分，无特殊情况时可按一个自然楼层进行划分，对于没有明显楼层的构筑物，可按一定竖向长度单位划分施工层，用示意图标出。

室内装饰工程阶段通常以一个自然楼层作为一个施工段，这种划分虽然处于竖向上，但一定要理解为施工段，不宜理解为施工层。主要是因为在装饰施工阶段各层楼板均已施工完毕，不存在层间控制问题，可以假想成是在一个平面上的各个施工区段。

每个阶段的施工段划分不一定一致，如基础划分为两段，而主体划分为三段是可能存在的，要根据具体工程情况决定。

每个阶段的施工段划分，应指导进度计划的安排，两者前后必须统一、协调一致。即进度计划的安排组织流水施工中，其施工段划分的位置、数量必须与施工方案一致。

通过施工段的划分，并标出了施工段编号，结合施工顺序的安排，施工的起点和流向就已经明确。这就要求在标注施工段编号时，必须认真分析，应根据不同施工段的楼层数量、不同施工段的周围施工环境空间利用情况、施工难易复杂程度、建设单位先期投产要求等诸多因素合理确定编号，即合理确定施工的起点和流向。

2. 流水施工的组织方式

在组织流水施工时，应根据建筑工程的特点、性质和施工条件组织全等节拍、成倍节拍和分别流水等施工方式。

若流水组中各施工过程的流水节拍大致相等，或者各主要施工过程流水节拍相等，在施工工艺允许的情况下，尽量组织流水组的全等节拍专业流水施工，以达到连续施工、无施工段空闲并缩短工期的目的。

若流水组中各施工过程的流水节拍存在整数倍关系，在施工条件和劳动力允许的情况下，可以组织流水组的成倍节拍专业流水施工，即等步距异节拍流水。

若不符合上述两种情况，则可以组织一般的异节奏流水施工，即异步距异节拍流水，但应尽量保持主导施工过程的连续性。

对于一个单位工程而言，应划分为若干个分部工程（或流水组），各分部工程组织独立的流水施工，然后将各分部工程流水按施工组织和工艺关系搭接起来，组成单位工程的流水施工，也就是常用的分别流水施工。

【问题 4-14】 划分施工段，安排流水施工，与后续工作会有什么关联？

【问题 4-15】 确定分部分项工程的施工方法和选择施工机械，要怎么表达才能方便他人了解？

4.3.3 主要分部分项工程的施工方法和选择施工机械

正确选择施工方法和施工机械是制定施工方案的关键。单位工程各个分部分项工程均可采用各种不同的施工方法和施工机械进行施工，而每一种施工方法和施工机械又都有其优缺点。因此，我们必须从先进、经济、合理的角度出发，选择施工方法和施工机械，以达到提高工程质量、降低工程成本、提高劳动生产率和加快工程进度的预期效果。

1. 选择施工方法和施工机械的主要依据和基本要求

在单位工程施工中，施工方法和施工机械的选择主要应根据建筑结构的工程特点、工程建设地点特征、资源供应条件、施工条件和施工单位的技术装备、管理水平等因素综合考虑。也就是说，工程概况中的许多条件因素与此有关，进一步说明了工程概况的编制目的、意义。

选择施工方法和施工机械应满足的基本要求有：

（1）应考虑主要分部分项工程的要求

应从单位工程施工全局出发，着重考虑影响整个工程施工的主要分部分项工程的施工方法和施工机械选择。而对于一般的、常见的、工人熟悉的、工程量小的以及对施工全局和工期无多大影响的分部分项工程，只要提出若干注意事项和要求即可。

主要分部分项工程对工程的进度、质量、资源用量等起到关键作用，故应以主要分部分项工程为出发点。主要分部分项工程是指工程量大、所需时间长、占工期比例大的工程；施工技术复杂或采用新技术、新工艺、新结构、新材料的分部分项工程；对工程质量起关键作用的分部分项工程。对施工单位来说，某些结构特殊或缺乏施工经验的工程也属于主要分部分项工程。

（2）应符合施工组织总设计的要求

若本工程是整个建设项目中的一个项目，则其施工方法和施工机械的选择应符合施工组织总设计中的有关要求。涉及协调统一，便于安排施工队伍、机械设备以及材料供应等方面，以便减少管理成本。

（3）应满足施工技术的要求

施工方法和施工机械的选择，必须满足施工技术的要求。如预应力张拉方法和机械的选择应满足设计、质量、施工技术的要求。又如吊装机械的类型、型号、数量的选择应满足构件吊装技术和工程进度要求。

（4）应考虑符合工厂化和机械化施工的要求

单位工程施工，原则上应尽可能实现和提高工厂化和机械化的施工程度。这是建筑施工发展的需要，也是提高工程质量、降低工程成本、提高劳动生产率、加快工程进度和实现文明施工的有效措施。这里所说的工厂化，是指建筑物的各种钢筋混凝土构件、钢结构构件、木构件、钢筋加工、混凝土预拌等应最大限度地实现工厂化制作，最大限度地减少现场作业。而机械化程度不仅是指单位工程施工要提高机械化程度，还要充分发挥机械设备的效率，减轻繁重的体力劳动。

（5）应符合先进、合理、可行、经济的要求

选择施工方法和施工机械，除要求先进、合理之外，还要考虑对施工单位是可行的、经济的。必要时，要进行分析比较，从施工技术水平和实际情况出发，选择先进、合理、可行、经济的施工方法和施工机械。

（6）应满足工期、质量、成本和安全的要求

所选择的施工方法和施工机械应尽量满足缩短工期、有利于提高工程质量、降低工程成本、确保施工安全的要求。

2. 主要分部分项工程的施工方法和施工机械选择

主要分部分项工程的施工方法和施工机械在有关课程中进行了学习，这里仅提出指导大家选择的关注点，具体内容将以此为骨架进行编制选择。

（1）土石方与地基处理工程

1）土方开挖方法。根据土方量大小，确定采用人工挖土还是机械挖土。当采用人工挖土时，应按进度要求确定劳动力人数，分区分段施工。当采用机械挖土时，应选择机械挖土的方式，确定挖土机的型号、数量，机械开挖方向与路线，人工如何配合修整基底、边坡。

2）地面水、地下水和排除方法。确定排水沟渠、集水井、井点的布置及所需设备的型号、数量。

3）深基坑支护方法。应根据土质类别及场地周围情况确定边坡的放坡坡度或土壁的支撑形式和打设方法，确保安全。

4）石方施工。确定石方的爆破方法，所需机具材料、运输等方法。

5）地形较复杂的场地平整，进行土方平衡计算，绘制平衡调配表。

6）确定运输方式、运输机械型号及数量。

7）土方回填的方法，填土压实的要求及机具选择。

8）地基处理的方法（换填地基、夯实地基、挤密桩地基、注浆地基等）及相应的材料机具设备。

（2）基础工程。

1）浅基础。确定垫层、钢筋混凝土基础施工方法和技术要求，其中包括模板、钢筋、混凝土的施工方法的选择；确定砌筑类基础的施工方法。

2）地下防水工程。应根据其防水方法（混凝土结构自防水、水泥砂浆抹面防水、卷材防水、涂料防水），确定用料要求和相关技术措施等。

3）桩基础施工。明确施工机械型号、入土方法、顺序和入土深度控制、检测、质量要求等。

4）基础的深浅不同时，应确定基础施工的先后顺序、标高控制、质量安全措施等。

5）各种变形缝。确定留设方法及注意事项。

6）混凝土基础施工缝。确定留置位置、技术要求。

7）大体积混凝土基础。确定施工技术方法要求、措施等。

（3）混凝土和钢筋混凝土工程

1）模板的材料、类型、支模方法及模板总量等的确定。根据不同的结构类型，现场施工条件和企业实际施工装备，确定模板种类、支承方法和施工方法，并分别列出采用的项目、部位、数量，明确加工制作的分工，选用隔离剂，对于复杂的还需进行模板设计及绘制模板放样图。

2）钢筋的加工、运输和安装方法的确定。明确构件厂或现场加工的范围（如：成型程度是加工成单根、网片或骨架）；明确除锈、调直、切断、弯曲成型方法；明确钢筋冷拉、加预应力方法；明确焊接方法（如电弧焊、对焊、点焊、气压焊等）或机械连接方法（如锥螺纹、直螺纹等）；钢筋运输和安装方法；明确相应机具设备型号、数量。

3）混凝土搅拌和运输方法的确定。若当地有预拌混凝土供应时，首先应采用预拌混凝土，否则应根据混凝土工程量大小，合理选用搅拌方式，是集中搅拌还是分散搅拌；选用搅拌机型号、数量；进行配合比设计；确定掺合料、外加剂的品种数量；确定砂石筛选，计量和后台上料方法；确定混凝土运输方法。

4）混凝土的浇筑。确定浇筑顺序、施工缝位置、分层高度、工作班制、浇捣方法、养护制度及相应机械工具的型号、数量。

5）冬期或高温条件下浇筑混凝土。应制定相应的防冻或降温措施，落实测温工作，明确外加剂品种、数量和控制方法。

6）浇筑大体积混凝土。应制定防止温度裂缝的措施，落实测量孔的设置和测温记录等工作。

7）有防水要求的特殊混凝土工程。应事先做好防渗等试验工作，明确用料和施工操作等要求，加强检测控制措施，保证质量。

8）装配式单层工业厂房的牛腿柱和屋架等大型的在现场预制的钢筋混凝土构件，应事先确定柱与屋架现场预制平面布置图。

(4) 砌体工程

1) 砌体的组砌方法和质量要求，皮数杆的控制要求，施工段和劳动力组合形式等。

2) 砌体与钢筋混凝土构造柱、梁、圈梁、楼板、阳台、楼梯等构件的连接要求。

3) 配筋砌体工程的施工要求。

4) 砌筑砂浆的配合比计算及原材料要求，拌制和使用时的要求。

(5) 结构安装工程

1) 选择吊装机械的类型和数量。需根据建筑物外形尺寸，所吊装构件外形尺寸、位置、重量、起重高度，工程量和工期，现场条件，吊装现场作业环境条件及通行道路，可能获得吊装机械的类型等条件综合确定。

2) 确定吊装方法，安排吊装顺序、机械位置和行驶路线以及构件拼装办法及场地要求。

3) 制定吊装工艺与吊索绑扎要求。设定构件吊点位置，确定吊索的长短及夹角大小，起吊和扶正时的临时稳固措施，垂直度测量方法等。

4) 构件运输、装卸、堆放办法以及所需的机具设备（如平板拖车、载重汽车、卷扬机及架子车等）型号、数量和对运输道路的要求。

5) 吊装工程准备工作内容，起重机行走路线压实加固；各种吊具临时加固，电焊机等要求以及吊装有关技术措施。

(6) 屋面工程

1) 屋面各个分项工程（如卷材防水屋面一般有找坡找平层、隔气层、保温层、防水层、保护层或使用面层等分项工程，刚性防水屋面一般有隔离层、刚性防水层等分项工程）各层材料特别是防水材料的质量要求、施工操作要求。

2) 屋盖系统的各种节点部位及各种接缝的密封防水施工。

3) 屋面材料的运输方式。

(7) 装饰装修工程

1) 明确装修工程进入现场施工的时间、施工顺序和成品保护等具体要求。

2) 较高级的室内装修应先做样板间，通过设计、业主、监理等单位联合认定后，再全面开展工作。

3) 对于民用建筑需提出室内装饰环境污染控制办法。

4) 室外装修工程应明确脚手架设置，饰面材料应有防止渗水、防止坠落及金属材料防锈蚀的措施。

5) 确定分项工程的施工方法和要求，提出所需的机具设备的型号、数量。

6) 提出各种装饰装修材料的品种、规格、外观、尺寸、质量等要求。

7) 确定装修材料逐层配套堆放的数量和平面位置，提出材料储存要求。

8) 保证装饰工程施工防火安全的方法。如材料的防火处理、施工现场防火、电气防火、消防设施的保护。

(8) 脚手架工程

1) 明确内外脚手架的用料、搭设、使用、拆除方法及安全措施，外墙落地脚手架防止不均匀下沉的措施。

高层建筑的外脚手架，应确定隔层设置及与主体结构固定拉结，使其整体稳固的方法。一般应分段悬挑搭设，采用工字钢或槽钢作外挑或组成钢三脚架外挑的做法。

2）应明确特殊部位脚手架的搭设方案。如施工现场的主要出入口处，脚手架应留有较大的空间，便于行人或车辆进出，空间两边和上边均应用双杆处理，并局部设置剪刀撑，加强与主体结构的拉结固定。

3）室内施工脚手架宜采用轻型的工具式脚手架，装拆方便省工、成本低。高度较高、跨度较大的厂房屋顶的顶棚喷刷工程宜采用移动式脚手架，省工又不影响其他工程。

4）脚手架工程还需确定安全网挂设方法、四口五临边防护方案。

（9）现场水平垂直运输设施

本部分内容也是机械选择的关键内容，应科学合理地选择种类、型号、数量，达到技术上可行、经济上合理的目标。

1）确定垂直运输量，有标准层的需确定标准层运输量。

2）选择垂直运输方式及其机械型号、数量、布置、安全装置、服务范围、穿插班次，明确垂直运输设施使用中的注意事项。

3）选择水平运输方式及其设备型号、数量，如混凝土地泵、装载机（铲车）等。

4）确定地面和楼面上水平运输的行驶路线。

（10）特殊项目

1）采用四新（新结构、新工艺、新材料、新技术）的项目及高耸、大跨、重型构件，水下、深基、软弱地基，冬期施工等项目，均应单独编制施工方案，内容应包括：施工方法，工艺流程，平立剖示意图，技术要求，质量安全注意事项，施工进度，劳动组织，材料构件及机械设备需要量。

2）对于大型土石方、打桩、构件吊装等项目，一般均需单独提出施工方法和技术组织措施。

应当注意，以上仅仅为引导大家明确编制的框架和关键点，根据具体工程，还可以将土方与地基分开编制，混凝土工程也可以分开编制，还可以增加或单独列出一些如工程测量方法、钢结构安装施工方法、混凝土地下连续墙施工方法、幕墙安装方法等，即只要不包含在专项施工组织设计中，均应对重点的分部分项工程选择施工方法和施工机械。

3. 施工方法和选择施工机械的编制要点

（1）根据拟建工程对象，整理出所包含的主要分部分项工程内容，列出名称。

（2）确定属于拟编制专项施工方案中包括的分部分项工程内容，去掉这些内容，其余的属于本方案中应编制的内容。

（3）对已经确定属于本方案应编制的内容进行分析，理出不同层次要求，即重点编制内容、一般编制内容和不需编制内容。

（4）按照分析结论，对拟编制的分部分项工程内容列出编制框架提纲。

（5）着手对提纲中的内容组织编写，具体要求是：

1）定义自己的身份，即是一名参与该工程施工组织的工程技术人员，在确定技术方案方面是一名决策者，要对这些分部分项工程的施工方法、所选用施工机械等拍板定案。切忌不要像写文章那样，论述各种办法。

2）每一部分内容的编制，其实质主要就是回答完一系列问题，即用什么办法完成施工（可能会涉及的有：所用材料、流程步骤、空间布局、技术要点、质量要求、保证措施、安全防范等）？用什么机械（独立使用或配合）完成（可能会涉及的有：机械种类、型号、数量确定、机械布局或运行工作方式）？技术质量要点及安全等保证措施是什么？

（6）整理成文，图表配合。

（7）参照有关的实际工程的成果或咨询等。

4.3.4 制定技术组织措施

制定主要的技术组织措施是施工方案的内容之一。现阶段实际工程中，往往由于这部分涉及内容较多，且在标前施工组织设计编制时，招标人又单独提出制定有关的硬性措施，人们逐渐习惯于把这部分内容从施工方案中分离出来，构成施工组织设计独立的一部分。

“措施”是针对事物存在或可能存在的某种情况（表现形式）而采取的处理办法。在建筑工程施工中，假如现浇楼板中的负筋有塌落现象，那么人们可能会采取的对策有：①钢筋绑扎施工方法中设置专门制作的支架（或马凳）；②浇筑混凝土之前有专人负责检查调整；③施工管理组织中，安排质量监督员专项监督；④在浇筑的楼板区域搭设操作平台；⑤浇筑过程中安排 2 名专门的人员，对已经出现塌落的钢筋，伴随混凝土的浇筑过程用专门工具进行提升负筋。这一系列对策、办法或手段都是“措施”。从中也看到，其中的①、④是技术性的，属于技术措施，其中的②、③、⑤是组织管理层面采取的措施，所以在制定各项措施时，必须着眼于技术措施和组织措施两个方面进行制定。另外，从中还可以看到的是，措施①、②、③、④具有预防性，而措施⑤是已经产生问题后采取补救性质的纠正措施，存在于事中或事后。所以在制定各项措施时，也应注重事前控制、事中控制及事后控制的结合。

对于一个单位工程施工而言，需要制定技术组织措施的方面很多，常见的主要有：

（1）确保工程质量的技术组织措施；

（2）预防质量通病的技术组织措施；

（3）确保工期的技术组织措施；

（4）确保安全生产的技术组织措施；

（5）确保文明施工的技术组织措施；

（6）施工环境保护的技术组织措施；

（7）预防噪声污染的技术组织措施；

（8）降低工程成本的技术组织措施；

（9）防暑降温措施；

（10）成品保护措施。

技术组织措施的制定，可参见施工组织设计实例。

【问题 4-16】 除了上述列举出来的各个方面要制定措施，还有哪些方面应制定措施？

【问题 4-17】 怎样衡量一个施工方案的合理性？

4.3.5 施工方案的技术经济评价

施工方案的技术经济评价就是在多个拟定的施工方案中选择最优方案。施工方案的技术经济评价有定性分析和定量分析两种。

1. 定性分析

定性分析是根据实践经验，对若干个施工方案进行优缺点比较，从中选择出比较合理的施工方案。如技术上是否可行、安全上是否可靠、经济上是否合理、资源上能否满足要求等。此方法比较简单，但主观性较大。

2. 定量分析

施工方案的技术经济评价涉及的因素多而复杂，定性分析主观性强，采用定量分析方法比较客观。施工方案的定量分析就是通过计算施工方案的若干相同的、主要的技术经济指标，进行综合分析比较，选择出各项指标较好的施工方案。这种评价方法指标的确定和计算比较复杂。施工方案的技术经济评价指标体系如图4-6所示。

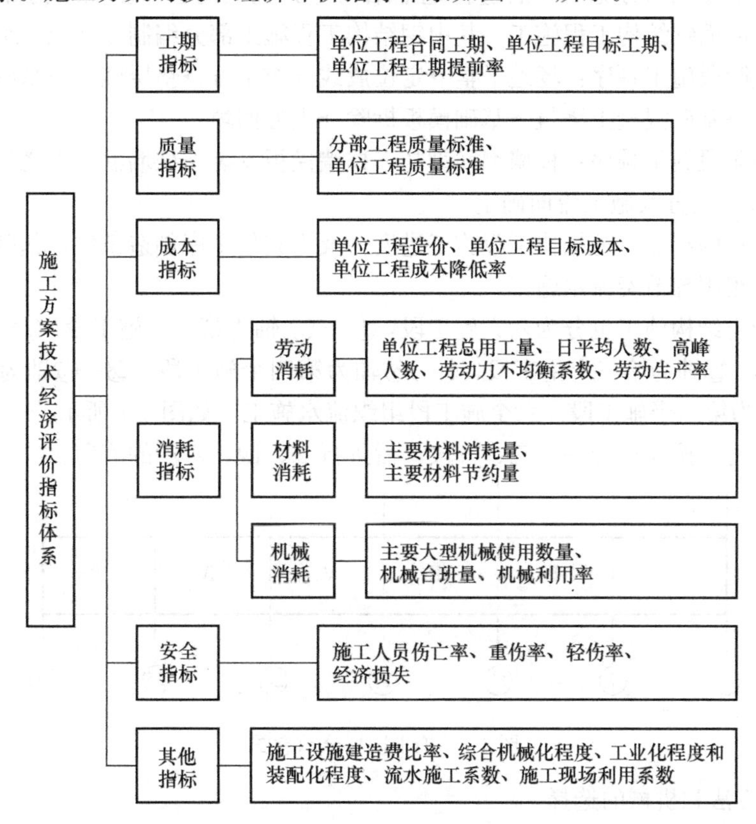

图4-6　施工方案技术经济评价指标体系

机械化程度指标：施工方案应尽量提高施工机械化程度，降低工人的劳动强度。积极扩大机械化施工的范围，把机械化施工程度的高低，作为衡量施工方案优劣的重要指标。

$$\text{施工机械化程度} = \text{机械完成的实物工程量} / \text{全部实物工程量} \times 100\%$$

降低成本指标：综合反映工程项目或分部分项工程由于采用不同的施工方案而产生不同的经济效果。其指标可以用降低成本额和降低成本率来表示。

$$\text{降低成本额} = \text{预算成本} - \text{计划成本}$$

$$\text{降低成本率} = \text{降低成本额} / \text{预算成本} \times 100\%$$

【案例4-2】 某水泥有限公司新建厂房工程，建筑面积14176.36m^2，层数为一层，层高13.00m。基础采用独立基础、钢筋混凝土剪力墙，主体结构为钢筋混凝土框架柱、剪力墙，屋盖为钢结构。

要求工期：2013年6月10开工，至2013年11月30日竣工。

计划工期：2013年6月10开工，至2013年11月15日竣工。

工程质量目标：合格工程。

本工程的控制重点：混凝土（墙、柱）；室内回填土。

试编制本工程的施工方案。

解：

1. 总体施工程序安排

按照先地下基础部分施工，后进行地上结构部分施工的程序。在结构部分全部完工后，统一安排屋面钢结构工程施工。其中钢结构工程施工部分编制专项施工组织设计。

基础工程阶段施工顺序：场地平整→定位放线→挖土方→垫层施工→基础模板支撑→基础钢筋绑扎→基础混凝土浇筑→基础模板拆除→土方回填。

主体工程阶段施工顺序：柱墙钢筋绑扎→柱墙模板安装→柱墙混凝土浇筑。

2. 施工段的划分及施工流向确定

根据本工程的特点，为加快工程施工进度，及为其他工序创造条件，基础阶段划分为六个施工段，组织异节奏流水施工。

主体混凝土结构施工也分为六大施工段，①—⑦轴为第一个施工段，⑦—⑭轴为第二个施工段，⑭—㉑轴为第三个施工段，㉑—㉘轴为第四个施工段，㉘—㉟轴为第五个施工段，㉟—㊶轴为第六个施工段。六个施工段组织流水施工，如图4-7所示。

组织施工时，按先进行一、三、五段，后进行二、四、六段的流向。

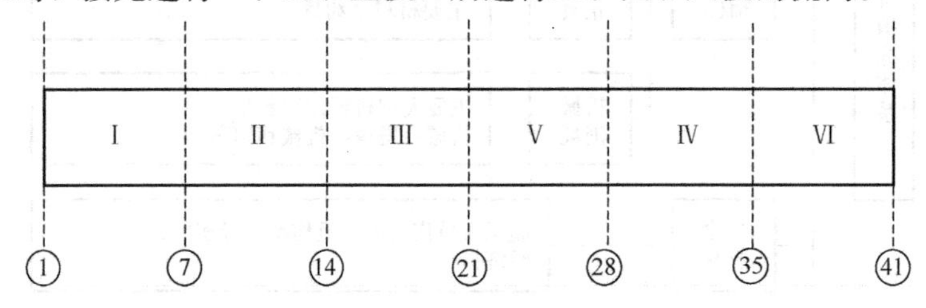

图4-7 施工段划分示意图

3. 施工方法和机械的选择

（1）测量定位、放线及标高控制

根据工程特点，为达到质量标准，保证施工测量定位精度，配齐专业技术测量人员，负责本工程测量工作。并设置永久控制点、控制网。施工测量设备见表4-2。

测量设备选用表 **表4-2**

名　称	型号	数量	精　度	用　途
经纬仪	J2	1	<2″	角度测量
水准仪	S3	2	<3mm/1cm	高度测量
50m钢卷尺		2	经计量局检验合格	垂直、水平测量
7.5m盒尺		2		
线锤	1kg	2	经计量局检验合格	垂直度测量
线锤	2kg	2		

注：仪器为计量局检验准用期内，50m、7.5m卷尺为计量局检验的专用的标准钢卷尺。

1）水平测量定位

测量工作的原则是先整体后局部，高精度控制低精度。定位测量依据建设单位移交的测量点，在基坑四周确立控制点，用经纬仪经反复闭合检验后，用红色油漆做上标志，并加以妥善保护，为施工放线时提供使用依据。

施工时，利用J2经纬仪和50m钢尺沿轴线方向排出独立基础点，用四分管在独立基础点位置打出孔洞，然后灌入白灰，用带红布条的钉子插入白灰中，以防止点位丢失。灌注完毕后，在基坑四周设置控制点，利用J2经纬仪将轴线移至设置的龙门板、龙门桩上，以控制开挖基坑时底部的平面位置。根据标高控制点，利用水准仪投到各控制桩板上，检查挖深和清底的标高，再根据轴线标高控制点，施放出准确的轴线和标高，来控制独立基础、剪力墙、柱等构件平面尺寸，保证位置精确。

2）轴线竖向投测

选用一台精密经纬仪进行作业，在基础施工完后，根据建筑场地平面控制网，校测建筑物控制桩后，利用基础上的轴线控制点引测至地面上，定出四条轴线控制线，并在控制线交点处做好明显标记并保护好。以上轴线以此标记为依据。

3）施工层的放线

施工层放线时，应先在结构平面上校核投测轴线，闭合后再测设细部轴线，然后据此测设墙、柱、梁等边线。确定无误后，才可进行下道工序。

4）测量成果的保存和整理

① 每一次测量工作，每一个数据，每一项成果，都以文字形式予以保留。

② 记录应按要求填写，上交监理和建设单位存档，并自己留底。项目经理部和责任公司各一份。

③ 重要数据打印存档。

④ 按分部分项工程分拣整理，装订成册，妥善保管。

测量工作的质量直接涉及工程质量，因此测量的各程序、各环节都要按照误差限差和精度要求进行工作，并把对自己的精度要求定在高于规范要求的前提下，才能取得高质量的测量成果。对于超出限差要求的和没有满足规范规定的成果，一律重测，直到满足要求为止。

对现场测量控制标桩认真保护，如有标桩发生损坏或位移，我方予以恢复。

(2) 基坑、基槽挖方，回填土工程

为防止一层地面产生下沉、裂缝等现象，在施工时必须采取有效的技术措施。

场地平整时，首先将表面耕殖土全部推出，以免回填时土质混杂，影响回填土质量。

为了赶工期，条形基础和独立基础均采用机械挖土，人工配合修理边坡，土方外运至业主指定地点，土方随挖随运，自卸汽车运输。

土方开挖时，机械挖土放坡系数为1∶0.71，基坑、基槽每边预留工作面30cm。

1）回填土施工方法

① 回填土采用留置的优质土，土块粒径不大于50mm，回填土含水率不大于15%。

② 基坑填土采用立式夯机，分层夯实，每层夯三遍，每层虚铺厚度不大于20cm。每层每坑做环刀取样实验。(干密度和含水率) 基坑填至自然地坪时采用推土机摊平，压路机碾压(15t)，分层碾压，每层虚铺厚度不大于20cm。每层每100m^{2}环刀取样一组。墙边、柱边、转角处采用立式夯机配合夯实。使回填土的干密度达到0.95g/cm^3。

2）质量标准

① 本工程剪力墙基础低标高位于独立基础之上，为了保证工程质量，独立基础周围回填的材料选用中砂，确保墙基能在密实的基层上。

② 回填土方的标高、平整度允许偏差符合规范要求。

③ 回填土的虚铺厚度用插钎进行检查，不得超出规定的回填土厚度。

④ 回填土碾压遍数的确定，根据回填土密实度试验进行确定。

⑤ 场地平整填方，每层按 400～900m^2 取样一组，取样部位为压实后每层的下半部。

⑥ 填方密实度合格率不应小于 90%，其余 10%的最低值与设计之差不得大于 0.08g/cm^3。

3）土方工程安全措施

① 加强对职工的安全教育，严格执行安全生产制度和操作规程，做好安全交底，确保全过程安全施工。

② 设专职安全员，对边坡、道路、基坑等关键部位进行经常性检查，如发现裂缝、塌方、滑坡迹象，应及时报警处理。

③ 保持现场运输道路畅通，严格控制道路坡道及转弯半径，保证车辆行驶安全。

④ 基坑周围设安全栏杆，堆土应远离基坑 1.5m 以外。

⑤ 严格现场用电管理，认真遵守用电安全操作规程和机械使用说明，杜绝超负荷运转。

⑥ 现场作业工人，必须戴安全帽；五级以上大风停止基坑作业。

4）控制重点

① 保证基坑的外形尺寸，注意土方边坡滑方。

② 保证基底标高，回填标高。

③ 保证每层填筑厚度，含水量控制，压实程度。

④ 挖土时，将耕质土与预留回填土分开堆放。

5）环境保护措施

① 现场污水、废油要定点排放，防止油料落地。

② 注意保养机械，使机械保持最佳工作状态，尽量减少噪声。

③ 定期对施工营地进行清理，保持施工营地整洁、卫生、有序，将垃圾等废弃物品送至指定处理地点，防止对附近公用设施及公众造成不良影响。

6）健康措施

① 施工区做到工完场清，施工区与生活区分隔开设立冲水式卫生间。

② 作好工人劳保品配备工作。

③ 设置医药箱，箱内装有包扎伤口的用品及常用的药品。

④ 食堂、宿舍经常打扫，勤消毒，保持食堂无蚊蝇，宿舍通风良好。

（3）独立基础、剪力墙、梁、柱施工

1）独立基础、梁、柱模板采用定型钢模板，木支撑。剪力墙模板采用定型竹胶模板、钢支撑。

2）钢筋采用现场加工半成品，人工集中绑扎安装就位。所用钢筋必须复试合格，经技术负责人和监理工程师签署意见后方可下料施工。根据施工图做钢筋下料单，经技术负责人对钢筋下料单审核签字认可后，方可进行加工制作。钢筋加工的形状、尺寸必须符合设计要求。为保证钢筋骨架、网片刚度，绑扎时必须正反方向转动绑牢，要求钢筋的交叉点全部绑扎。施工中技术负责人对工人进行技术质量交底，并严格把关。为保证钢筋的保护层厚度，采用50mm×50mm×40mm的1∶2.5水泥砂浆垫块。

3）采用设置现场集中搅拌站，泵送混凝土的方法，施工过程中依据砂石的含水率调整混凝土的配合比。

4）混凝土施工顺序：摊铺混凝土→振捣→刮平→抹平。

5）混凝土浇筑12h以内，混凝土表面铺塑料布覆盖养护。

（4）模板工程

1）模板选用。模板工程是混凝土结构工程的重要组成部分，模板及其支架必须具有足够的强度、刚度和稳定性，确保工程结构和构件形体几何尺寸及相互位置的正确性，同时还应装拆简单、便于施工。模板系统是否正确选用直接影响施工进度及工程质量。为保证质量，剪力墙采用竹胶涂模定型模板。

模板支撑系统选用。本工程主体为框架结构，为保证施工质量，支撑系统采用100mm×100mm落叶松大方支撑配合60mm×80mm木楞，顶撑采用小头直径不小于80mm的黄花松，水平拉板，经计算布置，确保系统稳定安全，有足够的刚度来抵抗施工荷载作用下产生的变形，保证设计要求的几何尺寸。为了保证独立柱、剪力墙的施工质量，地面上柱、剪力墙支模首先将回填土夯实，之后在顶柱下垫通长板（即200mm宽、60mm厚的黄花松）。在混凝土中，模板工程是起决定性作用的一道工序，因此模板工程在以下几方面来保证混凝土的施工质量。

① 剪力墙采用竹胶涂模定型模板1.22m×2.44m竹模，支撑采用钢支撑，加固选用螺栓加固，并在墙内设置塑料套管，以便于螺栓能够周转使用；柱、带形基础、独立基础采用定型钢模板。设计要求混凝土剪力墙每隔20m设置一道变形缝（宽30mm），进行模板安装时以缝为界间隔式施工（即先一、三段……），浇注混凝土，待混凝土强度不因拆除模板而破损时，将缝处模板拆除后再进行二、四段……模板安装，并在缝处设置一道20mm厚苯板，苯板两侧用5mm厚胶合板夹住，宽同墙厚，高同墙高。

② 浇注混凝土时应设置专人对模板和支架观察和维护，发现异常现象及时进行处理。

2）柱采用钢模板，当柱钢筋绑扎完毕，隐蔽验收通过后，立即进行竖向模板的施工。首先，在柱底部进行标高的测量和找平，然后进行模板定位卡的设置，设置预留洞，安装埋件，检验定位轴线与构件截面尺寸，经检查合格后，支模，并根据实际尺寸预制钢柱箍，固定模板肋方，柱边长大于600mm，采用拉片和对拉螺栓的方式进一步加固。为保证柱头与梁、板交接处的质量，特采用钢木组合模板来加固处理。柱校正时沿四角加3分钢丝绳与地锚连接，用紧线器进行柱模垂直校正，轴线位置采用挂通线校正。方柱模板安装固定示意如图4-8所示。

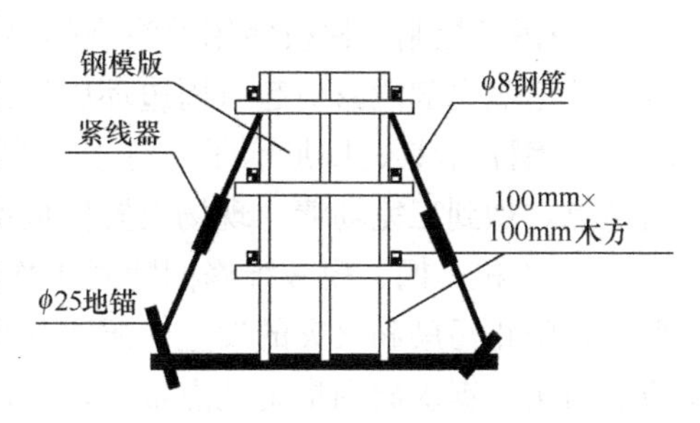

图4-8　方柱模板安装固定示意图

3）本工程剪力墙基础低标高位于独立基

础之上，为了保证工程质量，独立基础周围回填的材料选用中砂，确保墙基能在密实的基层上。

4）梁采用组合钢模板，木支撑，当梁跨度大于 4m 时，梁底模板应起拱，跨中起拱高度为梁跨度的 2/1000。为保证模板接茬平整、接缝严密、不漏浆，模板接缝用塑料带粘接。

5）模板安装时，应检查中心位置轴线和标高，确定定位边线和标高，按顺序和模板设计要求进行安装。

6）模板拆除时，不承重的侧面模板，在混凝土强度能保证其表面及棱角不因拆模而受损坏时拆除；承重模板中梁底模板拆模时，梁跨度小于 8m 时，混凝土强度达到设计强度 75％以上方可拆除；梁跨度大于 8m 时，混凝土强度等级达到设计强度等级的 100％以上方可拆除。

7）模板涂刷隔离剂时，不要污染钢筋，不得减弱混凝土强度及影响以后的装饰工程质量。

8）模板接缝处，采取塑料胶带粘缝整平措施，保证混凝土表面的平整度。

9）浇注混凝土时设专人看模，掌握模板的变化，出现问题随时修理解决，避免出现质量问题。

10）模板工程安全措施：

① 严格遵守建筑安装安全操作规程及有关规定。

② 手中工具拿牢，防止落下伤人，尤其支楼板、模板时，上面人员要提醒下面人员注意坠物伤人。

③ 在模板加工场地，严禁明火作业及作业人员吸烟，防止火灾发生。

④ 不得使用劣质木材作为支撑材，以免发生坍塌事故。

⑤ 五级以上大风严禁高空作业，严禁酒后作业。

⑥ 要注意周围环境，特别是“四口”、“五临边”，并注意脚下防止钉子扎脚。

⑦ 使用台式电气锯，要有防雨棚及挡板，并集中精力，严禁打闹。

11）控制重点：

① 模板及支撑的强度、刚度及稳定性。

② 模板的轴线位置和标高。

③ 模板接缝宽度。

④ 现浇板表面平整度及水平标高。

12）环境措施：

① 防污染控制，模板使用前涂刷隔离剂设专人对隔离剂进行看管，涂刷设单独作业空间，杜绝隔离剂泄露引起对周边环境的污染和材料的浪费。

② 对钢管卡具、U 形卡子、钉子等均应落实到人，禁止现场乱堆乱放，使用后及时进行清点，做到工完场清。现场设置模板堆放场地，对已用完的模板应及时运出场外。

③ 木工机具棚、模板维修棚随时工作随时清理，干燥天气经常洒水，禁止使用碘钨灯照明，防止污染和火灾的发生。照明和机具用电定期检查，责任分工，落实到人。现场木方、料头、锯末放到指定地点堆放，并设立严禁吸烟和严禁使用明火的警示牌。

13）职业健康措施：

① 创造良好的施工环境，对进场人员进行三级教育，保证工人安全操作，降低机械能、电能产生的伤害频率。

② 准备应急抢救抢险准备，对可能发生的危险源有所预防。

（5）钢筋工程

钢筋进场时，要有出厂质量证明书、试验报告单，钢筋表面或每捆钢筋均应有标志。检查内容包括标志、外观检查，并按标准（同一钢号、同一规格、同一生产工艺、每批重量不大于 60t，抽取四根）抽取试样作力学性能试验，合格后方可使用。

本工程钢筋施工采用集中下料、制作成型、现场安装的方法。由技术负责人签订下料单，统一下料，采用长短搭配，钢筋原料套裁的方法。半成品堆放在防雨棚内，下垫 500mm 高的砖砌垄墙上，按下料单的规格、尺寸及部位编号，挂牌堆放。钢筋加工的形状、尺寸必须符合设计及规范的要求。框架竖向钢筋连接采用电渣压力焊；水平通长钢筋连接采用帮条双面焊。

1）Φ6、Φ8 盘圆钢筋采用冷拉调直，伸长率控制在 4%。

2）Ⅰ级钢筋末端做 180°弯勾，钢筋绑扎时交叉点用绑线扎牢。

3）同一构件中的焊接或搭接接头相互错开，接头分段放在两个平面上，相邻接头间距大于 500mm，搭接长度满足设计要求或规范规定。

4）为保证钢筋位置的准确性，柱钢筋施工时在柱主筋上下部位主筋外侧保护层范围内加 Φ14 钢筋封闭环，每根主筋与封闭环钢筋焊接；下层柱的钢筋露出楼面部分，用工具式柱箍将其收进一个柱筋直径，以利上层柱的钢筋搭接；绑扎柱子钢筋时，四角钢筋绑提角扣，其他钢筋绑吊扣。

5）注意检查悬挑部位的钢筋位置，防止负弯筋位置颠倒。

6）绑扎板钢筋时，先在模板上按主筋间距弹上墨线，然后按墨线位置摆放钢筋并绑扎，为控制梁、板的钢筋保护层厚度，钢筋与模板间均匀垫设同强度、同厚度的混凝土垫块。

7）绑扎接头的横向净距不小于钢筋直径 d 且不小于 25mm。绑扎接头区段长度为 $1.3L_1$，接头在此区段内，有接头钢筋的截面面积占受力钢筋总截面面积的百分比，受拉构件不大于 25%，受压构件不大于 50%，梁上部钢筋净距不小于 30mm，且不小于 $1.5d$，下部钢筋净距不小于 25mm，且不小于 d。

8）梁内纵向受力钢筋采用双排时，两排钢筋之间垫直径≥25mm 的短钢筋，以保持其设计距离。梁板钢筋安装绑扎时，防止水电管线将钢筋抬起或压下。框架节点处钢筋穿插十分稠密，安装时要保证梁顶面主筋间的净距不小于钢筋直径，且不小于 25mm。

钢筋的弯钩方向：柱中的竖向钢筋搭接时，角部钢筋的弯钩应与模板成 45°，中间钢筋的弯钩应与模板成 90°；板内的钢筋弯钩应朝上；绑扎梁时，钢筋两端弯钩必须与底模板相垂直。

9）电渣压力焊：焊接夹具的上下钳口夹紧于上、下钢筋上，钢筋一经夹紧，不得晃动；引燃电弧后，先进行电弧过程，然后，加快上钢筋下送速度，使钢筋端面与液态渣池接触，转变为电渣过程，最后在断电的同时，迅速下压上钢筋，挤出融化金属和容渣；接头完毕，停歇后卸下焊接夹具，敲去渣壳，焊包均匀，凸出钢筋表面的高度不小于 4mm。

10）成品保护：加工完的半成品应分类堆放，挂牌待用，半成品堆放处要垫起 100mm

高防水，防锈蚀，并且要平整防止钢筋翘曲；浇注混凝土时搭好马道，严禁踩踏钢筋。

11）钢筋绑扎时的悬空作业，必须遵守下列安全生产措施规定：

① 绑扎钢筋和安装钢筋骨架时必须搭设脚手架和马道。

② 绑扎挑檐、外墙和边柱等钢筋时，应搭设操作台和张拉安全网。

③ 绑扎立柱和墙体钢筋时，不得站在钢筋骨架上或攀登骨架上下。

④ 钢筋冷拉机场地在两端地锚外侧设置警戒区，装设防护栏杆及警告标志，严禁无关人员在此停留。

⑤ 气焊严禁使用未安装减压器的氧气瓶进行作业。

⑥ 电弧焊施焊现场的10m范围内，不得堆放氧气瓶、乙炔发生器、木材等易燃物。

⑦ 对参加施工的工人进行安全教育及培训，施工前安全技术交底，制定和执行安全技术措施，加强工人的劳动保护，防止事故的发生。

12）文明施工措施：

① 按施工现场平面布置图划出钢筋堆放区、钢筋加工区。

② 钢筋进场后按规格分别堆放，要整齐有序。

③ 机械设备布置合理，便于操作和维护。

④ 钢筋废料头，按规格堆放到指定位置，便于废品利用，严禁乱堆在作业区。

⑤ 工完场清，谁施工谁负责。

⑥ 钢筋加工机械设专人负责。

13）环境保护措施：

① 合理安排施工工序，尽量避开夜间切断大直径钢筋，控制施工噪声，减少扰民因素。

② 钢筋废料分类堆放，电焊条头、维修机械的油污集中放在有毒有害的垃圾箱内防止污染。

③ 钢筋装卸尽量使用吊车，避免卸车时产生大量的铁锈和粉尘污染。

④ 钢筋加工区每天要洒水清扫，保证作业区清洁卫生。

⑤ 钢筋加工机械定期维修，保证机械在良好状态下运转，减少噪声。

14）职业健康措施：

① 进入施工现场人员必须戴安全帽，高空作业采用安全带。

② 半成品加工戴防护手套。

③ 电焊工戴防光眼镜、电焊帽、电焊手套，特殊部位穿绝缘鞋。

④ 钢筋切断机操作人员要佩戴耳塞。

（6）混凝土施工

混凝土工程施工总的方法要求：

梁、柱模板采用新组合钢模（各种规格），连接角模，剪力墙采用竹胶模板。确定模板配板平面紧密布置及支撑加固布置。控制水平接缝大小及垂直沉降，钢模接缝采用PVC胶带纸贴缝，竹胶模板拼接处用PVC胶带纸贴缝，确保密封，不漏浆。梁板、柱交接处采用定型模板，根据设计尺寸事先做出柱头模板，与柱模板连接，接缝如上处理，柱四角采用阴角模，确保柱角方正。

钢筋保护层：柱保护层采用塑料卡垫环，钢筋卡在塑料环中，“面”接触为“点”接触，混凝土浇筑完成后不留痕迹。

混凝土施工中严格控制配合比，混凝土为保证颜色一致，采用同一品种的水泥。混凝土搅拌过程中搅拌时间均应较原时间增加 60～90s，以充分拌合骨料；振捣必须充分，保证混凝土密实；柱养护形式采用塑料薄膜封闭法，混凝土靠自身的游离水及蒸发水养护，混凝土的外观颜色保持一致并不易产生裂缝。

保证框架柱柱根部不烂根措施：在支柱模板前先将柱根部清理干净，支模时接缝严密，加固牢靠，且在柱根部留出清扫口，在混凝土浇筑前清理干净，并浇水湿润，先投入与混凝土相同标号的水泥砂浆 3cm 厚，然后再投入混凝土。

混凝土施工，采用设置现场集中搅拌站，泵送混凝土的方法。为提高混凝土的早期强度，加快模板周转，在泵送混凝土中按比例掺早强型泵送剂，冬季施工期间按比例掺入早强防冻剂。外加剂掺量均按使用说明书。

1）准备工作

技术准备：做好技术交底、原材料的试化验、配合比的委试工作。

物资准备：水泥、砂、石、外加剂等材料的储备；对所需的搅拌机械、运输机械、振捣器等机具进行检查，保证其处于完好状态。

浇筑前的检查：检查模板、支架、钢筋及预埋件、模板的强度、刚度、标高、位置、结构截面尺寸、预留拱度、支撑系统、支撑与模板结合处的稳定性、钢筋与埋设件规格、数量、安装的几何尺寸与位置以及钢筋接头等是否与设计要求相符，对于已变形和位移的钢筋应及时校正。浇筑混凝土前，应清除模板内的垃圾、木片、泥土等杂物，确保模板内干净，将钢筋上的污染物清除干净。模板预留孔洞堵塞严密，以防漏浆。脱模剂涂刷均匀。

2）泵送混凝土的拌制

拌制混凝土的各种原材料质量应符合配合比设计要求，严格按试验站的设计配合比进行计量，水泥用散装水泥，泵送混凝土的配合比：骨料最大粒径与输送管内径之比≤1：3，砂率控制在 40％。并严格控制水灰比和坍落度。投料顺序：石子→水泥→砂子→泵送剂→水。充分搅拌，搅拌时间不少于 3 分钟。

3）泵送混凝土的输送

必须保证混凝土泵输送连续工作，输送管采用直管配合弯头，接头严密，泵送前先用与混凝土内成分相同的水泥砂浆润滑输送管内壁。在泵送过程中，受料管内应具有足够的混凝土，以防吸入空气，产生阻塞。阳光直射时，要在混凝土输送管上遮盖湿草袋，以避免阳光照射，产生爆管，泵送完毕时将混凝土泵和输送管清洗干净。为保证混凝土结构的连续浇筑，备用一台混凝土输送泵，避免混凝土浇筑的中断。

4）混凝土的浇筑

混凝土的浇筑顺序由远而近，先浇筑柱子混凝土，再浇筑梁、墙，同一区域的混凝土按先浇竖向结构后水平结构的顺序，连续浇筑、分层振捣。当不允许留施工缝时，区域之间、上下层之间，浇筑间歇时间不得超过混凝土的初凝时间。

柱子混凝土浇筑采用串筒。梁板柱钢筋加密区的混凝土采用粒径较小的石子配制的细石混凝土浇筑。振捣混凝土时，振动棒插入的间距为 400mm，振捣时间以翻浆为准。对有预留孔，预埋件和钢筋密集部位要注意观察，发现混凝土有不密实等现象立即采取措施。采取人工捣固工具配合机械振捣，保证混凝土的密实性和强度，操作中应避免碰撞钢筋、模板、预埋件等。

剪力墙施工缝的位置留置在伸缩缝处，柱留在梁下 5cm 处，梁板留在跨中 1/3 跨度内。

5）混凝土的养护

混凝土浇捣后，逐渐凝固、硬化，其过程主要由水泥的水化作用来实现，水化作用必须在适当温度和湿度条件下才能完成。因此，为保证混凝土有适宜的硬化条件，使其在规定龄期内达到设计要求的强度并防止产生收缩裂缝，必须对混凝土进行养护。

混凝土浇筑完毕后的 12 小时以内，对混凝土加以覆盖和采用养护膜及浇水养护。养护时间：对采用硅酸盐水泥、普通硅酸盐水泥拌的混凝土，不得少于 7 天；对掺用缓凝型外加剂或有抗渗性要求的混凝土，不得少于 14 天。浇水次数应保持混凝土处于湿润状态。

6）混凝上的雨天保护

准备足够的遮盖防雨材料随浇随盖，若构件表面被雨水冲刷，应重新抹平压光。

7）混凝土成品保护

混凝土浇筑完毕后，浇注的混凝土未达到 1.2N/mm^2 以前，不准上人进行下道工序操作，严禁在楼板上堆放材料及机具；新浇注完的混凝土严禁打眼刨槽；混凝土必须达到规定强度要求后方可拆模，以防过早拆模引起混凝土脱皮和缺棱掉角；混凝土柱拆模后柱四角用木板保护，护角高度 2.5m；楼梯混凝土浇筑注完毕后，未达到上人强度前，进行封闭。

8）试件留置。

用于检查结构构件混凝土质量的试件，在混凝土的浇注地点随机取样制作。试件留置符合下列规定：

① 每拌制 100 盘且不超过 100m^3 的同配合比的混凝土，取样不少于一次。

② 每工作班拌制的同一配合比的混凝土不足 100 盘时，取样不少于一次。

③ 当一次连续浇注超过 1000m^3，同一配合比的混凝土每 200m^3 取样不少于一次。

④ 每次取样至少留置三组试件，同条件养护试件的留置组数应根据实际需要确定。

9）混凝土工程的安全生产、文明施工措施

① 严格遵守建筑安全操作规程及有关规定。

② 振捣工戴好绝缘手套，穿长筒胶靴，戴好安全帽。

③ 操作人员要随时注意周围环境，防止碰伤及高空坠落。

④ 塔吊工必须按指示旗升降移动。

⑤ 夜间施工要有足够的照明，临时电线必须架空在 2.5m 高以上。在深坑和潮湿地点施工必须使用低压安全照明。

⑥ 五级以上大风停止作业。

⑦ 浇注混凝土现浇板时，严禁集中堆放，避免发生坍塌事故。

⑧ 所有电气设备的修理拆换工作应由电工进行，严禁混凝土工自行拆动。

⑨ 浇注地下工程混凝土前，应检查土边坡有无裂缝、坍塌等迹象。

10）施工环境

① 进入操作现场人员必须戴好安全帽，振捣人员戴绝缘手套，穿绝缘胶鞋。

② 高空作业或较深的地下作业，必须设有供操作者上下的走道。

③ 浇注地下工程混凝土前，检查边坡有无裂、坍塌等现象，基坑周围必须设围栏，

挂密目网。

④ 夜间施工应有足够的照明，临时电线必须架空在2.5m高以上，在深坑和潮湿地点施工必须使用低压安全照明。

⑤ 施工前脚手架、工作平台必须搭设好，并且牢固。

⑥ 材料及混凝土运输容器坚实牢固，临时跳板和走道搭设牢固。

⑦ 用草袋覆盖混凝土时，构件表面的孔洞部位应有封堵措施并设置明显标志，以防操作人员跌落。

⑧ 使用外加剂时，操作人员必须戴保护手套和口罩。

⑨ 酒后和患有高血压、心脏病、癫痫症的人员，严禁参加高空作业。

⑩ 制定安全防火、防毒应急计划，做好应急设备准备工作及应急演练。

11）施工噪声、粉尘

① 注意机器保养及定期检修，时刻注意检查。在开、停机时防止噪声过大、润滑油外漏。排放不能超标，设置油污回收盘，集中焚烧。

② 搅拌机施工时注意机体保养，定期检修。前、后台作业人员要戴口罩、耳塞、手套、风镜、穿胶鞋等。自浇灌混凝土至搅拌机停止，严格遵守此方案。

③ 塔吊施工期间定期检修保养，防止作业时润滑油外漏，减振器底部放置油污回收盘。如噪声过大，设置侧向挡板，防止噪声排放。

④ 振捣器在施工时严格作息时间，在开、停机时注意噪声过大，振捣器的振捣棒不准碰到固定好的钢模板侧立面上。

⑤ 贯穿整个工程的水泥罐，3m以下用240红砖砌维护墙，每个罐预留一个出料口，且木门内外包彩条布封闭；3m以上用双层密目网封闭。

⑥ 落地灰及废混凝土要及时洒水清理，有利用价值的堆放整齐，用苫布盖好，无利用价值的及时运到指定垃圾站。

⑦ 现场粉尘的处理，在清扫时必须先洒水，后清扫。

12）控制重点

① 原材料进场必须有合格证、检验报告，进场后做复试。

② 控制投料计量和水灰比。

③ 混凝土的振捣工艺。

④ 混凝土的养护。

⑤ 制定混凝土浇筑质量程序控制工艺卡。

（7）脚手架工程

框架柱钢筋绑扎采用井字形单排脚手架。框架柱、模板、混凝土浇筑，采用单排脚手架。

1）脚手架搭设在回填土地面上，地面需夯实硬化，且脚手架所有立杆下通常设置60mm×200mm硬木板。外侧通长设排水沟，四角设集水坑，用泵抽水。

2）脚手架接头应错开，相邻两立杆的接头不能在同一步距内，两相邻的大横杆的接头也不在立杆的同一跨距内。

3）剪刀撑除两端与大横杆或立柱用扣件连接，中间有3～4个与立杆和大横杆连接，剪刀撑必须搭接，并满足搭接长度。

4）脚手架随施工高度要求搭设，高出作业面至少1.5m，控制好立杆的垂直度，横杆水平确保节点符合要求。

5）连墙杆水平距离1.5m、垂直距离1m与建筑物连接点设脚手架眼。操作层应满铺钢脚手板，建筑出口（安全通道）上方设硬防护。

6）脚手眼高度与横杆保持水平，留设位置严格遵守国家现行施工规范。

7）除上述外，还须做好“四口、五邻边”的重点保护。

8）本工程为框架结构，脚手架工程作为重要的施工环节，采取必要的施工措施，来保证工人操作的安全性。

9）施工现场安全防护措施：

① 施工入口防护：在施工入口处搭设防护架子及上部硬性防护隔板（钢跳板防护），宽度2500mm，长度3000mm，在入口周围设安全网维护。

② 施工洞口、楼梯口、结构层周边防护：楼梯口、在距楼梯1m处设防护栏杆，在平台处应设维护。结构层周边、每层结构层混凝土施工完毕后，应及时跟上安全网，楼梯间、施工洞口及时设临时防护栏杆，夜间施工有足够照明，并设警示灯。

10）安全措施：

① 严格遵守建筑安装操作规程及有关规定。

② 钢跳板有扭曲、断裂、开焊等不得使用。

③ 钢跳板上放置红砖，不得超过3个侧砖高度。

④ 脚手架上集中荷载不得超过150kg。

⑤ 扣件螺栓要能正常使用，并且扣件安装要牢固可靠。

⑥ 在搭设脚手架期间，远途钢管要注意安全，拿稳递好。

11）控制重点：

① 管材扣件质量。

② 立杆、横杆间距。

③ 支杆、斜杆、剪刀撑符合规定。

④ 立杆底部处理。

（8）垂直运输及安装机械选择

本工程基础及主体施工阶段配备1台QTZ80塔吊，分别负责各施工段的钢筋、模板、脚手材料等的运输，混凝土选用1台HBT-80固定式混凝土输送泵运输。

钢结构安装阶段以塔吊为主，根据不同情况，随时安排1台汽车式起重机（汽车吊）进场配合完成吊装。

4. 主要施工机械设备配备计划（见表4-3）

主要施工机械设备配备计划 **表4-3**

名　称	型　号	数　量	总功率	制造产地	进场日期
混凝土搅拌站	50	1	120kW		6.15
搅拌机	JW350	1	11kW	山东建友	6.10
切断机	GJ40	1	7.5kW	牡丹江	6.10
弯曲机	GW-40	1	4.4kW	牡丹江	6.10

续表

名　称	型　号	数　量	总功率	制造产地	进场日期
调直机	GJB-4/8	1	11kW	牡丹江	6.10
平刨	MB-506B	2	8kW	山东	6.10
压刨	MB-206	2	11kW	山东	6.10
圆锯		2	9kW	山东	6.10
电渣压力焊机	DZH-36	2	60W		6.10
振捣器	HZ-50	10	11kW		6.10
经纬仪	J2	1		瑞士	6.8
水准仪	S3	2		南京	6.8

【教学指导建议】

1. 施工方案是单位工程施工组织设计的重要内容，应采取实际训练的方式完成教学。施工方案编制能力的训练，主要应突出训练施工方案的编制框架，如施工顺序、施工段划分和流向确定等。施工方法涉及内容较多，可以选择某一分部分项工程进行细化训练。

2. 没有进行详细训练的分部分项工程，应整理出编制的关键和要点。

3. 注意培养学生合理运用图、表等形式表达其成果。

4.4　施工进度计划的编制

【教学任务】 完成某一框架结构工程装饰工程阶段网络施工进度计划编制。

【问题 4-18】 施工进度计划与施工方案是什么关系？施工进度计划的编制与哪些因素有关？

【问题 4-19】 编制完成的施工进度计划有哪些可采用的具体表达方法？

4.4.1　单位工程施工进度计划的作用、分类及表达

单位工程施工进度计划是施工组织设计的重要内容，它的主要作用是：指导现场的施工总体安排，确保施工任务按期完成的主要依据；是具体体现各分部分项工程施工进程（即施工时间及其相互之间的衔接、穿插、平行搭接、协作配合等关系）的依据；是编制劳动力、机械、材料等资源需要量计划的依据；是编制施工作业计划的依据。

施工进度计划根据其作用，一般可分为控制性和指导性（或实施性）进度计划两类。控制性进度计划主要适用于工程结构较复杂、规模较大、工期较长需跨年度施工的工程。指导性（或实施性）进度计划适用于任务具体而明确、施工条件基本落实、各项资源供应正常及施工工期不太长的工程。一般按分项工程或施工工序来划分施工过程。单位工程施工进度计划多属于这种实施性的进度计划。

单位工程施工进度计划的表达方式一般有横道图和网络图两种。横道图的表达格式见表 4-4。表格主要由两部分组成，一部分反映拟建工程所划分施工过程的工程量、劳动量或台班量、施工人数或机械数、工作班次及工作延续时间等计算内容，这些栏目可根据具体应用情况适当删减；另一部分则用日历时间表达各施工过程的起止时间、延续时间及总工期等。

单位工程施工进度计划 **表 4-4**

序号	施工过程名称	工程量		劳动定额	劳动量		每天工作班数	每班工人数	施工时间	施工进度																	
		单位	数量		定额工日	计划工日				××月															××月		
										2	4	6	8	10	12	14	16	18	20	22	24	26	28	30			
1	…	…	…	…	…	…	…	…	…																		
2																											
3																											
…																											

4.4.2 单位工程施工进度计划的编制依据

单位工程施工进度计划是在施工方案编制完成的基础上进行编制，它是施工方案在时间安排上的具体反映。

单位工程施工进度计划的编制应根据工程规模的大小、难易程度、工期长短、资源供应情况等因素考虑。其编制依据主要包括：施工图、工艺图及有关标准图等技术资料；施工组织总设计对本工程的要求；施工工期要求；施工方案、施工定额以及施工资源供应情况。

4.4.3 单位工程施工进度计划的编制步骤及方法

1. 划分施工过程

施工过程划分应考虑的因素已在单元 2 中进行了介绍，此处不再赘述。主要应考虑计划的性质、已定的施工方案、工程结构类型特点、工程内容、工艺要求、劳动量大小、劳动组织形式等各个方面。

按照有关因素进行施工过程划分应注意的要点有：

（1）施工过程划分完成之后，应反复推敲其合理性，确认后按照施工顺序列出，明确施工过程之间的逻辑关系。

（2）为方便使用，各施工过程的命名应简捷，名字不宜太长，并表达清晰。如柱模板（仅包括支模）、柱施工（包含了模板、钢筋、混凝土）、顶墙抹灰（含天棚和墙面）、油玻（含玻璃安装、油漆）等。

（3）有些工程量很小的施工内容，合并在相邻施工过程后，不一定在施工过程名称中体现，但应心中有数，或通过列表标注清楚。如砌体结构中的基础防潮层可包含在基础砌筑施工过程中。

（4）水、暖、煤、卫、电等房屋设备安装应单独列项，但不必细分，由相应专业队单独编制其施工进度计划。在土建施工进度计划表中列出这些施工过程，表明其与土建施工的配合关系。

2. 计算工程量

当确定了施工过程之后，应计算每个施工过程的工程量。工程量应根据施工图纸、工程量计算规则及相应的施工方法进行计算。计算时应注意以下几个问题：

（1）注意工程量的计量单位与有关定额一致

每个施工过程的工程量的计量单位应与采用的施工定额的计量单位相一致。如模板工程以平方米为计量单位；绑扎钢筋工程以吨为计量单位；混凝土以立方米为计量单位等。这样，在计算劳动量、材料消耗量及机械台班量时就可直接套用施工定额，不再进行换算。

(2) 注意与采用的施工方法协调一致

计算工程量时，应与采用的施工方法相一致，以便计算的工程量与施工的实际情况相符合。例如，挖土有放坡或增加工作面时，就应考虑计算在内；开挖方式分别采用单独开挖、条形开挖及整片开挖时，土方工程量计算则有很大不同。

(3) 正确取用预算文件中的工程量

如果编制单位工程施工进度计划时，已编制出预算文件（施工图预算或施工预算），则工程量可从预算文件中抄出并汇总。例如，要确定施工进度计划中列出的“砌筑墙体”这一施工过程的工程量，可先分析它包括哪些施工内容，然后从预算文件中摘出这些施工内容的工程量，再将它们全部汇总即可求得。但是，施工进度计划中某些施工过程与预算文件的内容不同或有出入时（如计量单位、计算规则、采用的定额等），则应根据施工实际情况加以修改、调整或重新计算。

3. 计算劳动量及机械台班量

确定了施工过程及其工程量之后，即可通过套定额计算出劳动量或机械台班量。定额应采用施工定额（当地实际采用的劳动定额及机械台班定额或企业定额）。在套用国家或当地颁布的定额时，必须注意结合本单位工人的技术等级、实际操作水平、施工机械情况和施工现场条件等因素，确定定额的实际水平，使计算出来的劳动量、机械台班量符合实际需要。

有些采用新技术、新材料、新工艺或特殊施工方法的施工过程，定额中尚未编入，这时可参考类似施工过程的定额、经验资料，按实际情况确定。

(1) 计算劳动量

劳动量也称劳动工日数。凡是采用手工操作为主的施工过程，其劳动量均可按公式(4-1)计算：

$$P_i = Q_i / S_i \quad \text{或}\ P_i = Q_i \times H_i \tag{4-1}$$

式中 P_i——某施工过程所需劳动量，工日；

Q_i——该施工过程的工程量，m^3、m^2、m、t 等；

S_i——该施工过程采用的产量定额，m^3/工日、m^2/工日、m/工日、t/工日等；

H_i——该施工过程采用的时间定额，工日/m^3、工日/m^2、工日/m、工日/t 等。

【案例 4-3】 某砌体结构工程基槽人工挖土量为 600m^3，查劳动定额得产量定额为 3.5m^3/工日，计算完成基槽挖土所需的劳动量。

解： $P_i = Q_i / S_i = 600/3.5 = 171$ 工日

当某一施工过程是由两个或两个以上不同分项工程合并而成时，其总劳动量应按下式计算：

$$P_{总} = \Sigma P_i = P_1 + P_2 + \cdots + P_n$$

【案例 4-4】 某钢筋混凝土基础工程，其支设模板、绑扎钢筋、浇筑混凝土三个施工过程的工程量分别为 600m^2、5t、250m^3，查劳动定额得其时间定额分别为 0.253 工日/

m^2、5.28 工日/t、0.833 工日/m^3，试计算完成钢筋混凝土基础所需劳动量。

解：

$$P_{模} = 600 \times 0.253 = 151.8 \text{ 工日}$$

$$P_{筋} = 5 \times 5.28 = 26.4 \text{ 工日}$$

$$P_{混凝土} = 250 \times 0.833 = 208.3 \text{ 工日}$$

$$P_{杯基} = P_{模} + P_{筋} + P_{混凝土} = 151.8 + 26.4 + 208.3 = 386.5 \text{ 工日}$$

当某一施工过程是由同一工种，但不同做法、不同材料（如外墙涂料、真石漆、面砖三种做法）的若干个分项工程合并组成时，也可以用加权平均的方法求出综合产量定额或综合时间定额，然后计算总劳动量。

（2）机械台班量的计算

凡是采用机械为主的施工过程，可按公式（4-2）计算其所需的机械台班数。

$$P_{机械} = Q_{机械}/S_{机械} \tag{4-2}$$

或

$$P_{机械} = Q_{机械} \times H_{机械}$$

式中 $P_{机械}$——某施工过程需要的机械台班数，台班；

$Q_{机械}$——机械完成的工程量，m^3、t、件等；

$S_{机械}$——机械的产量定额 m^3/台班、t/台班等；

$H_{机械}$——机械的时间定额，台班/m^3、台班/t 等。

在实际计算中 $S_{机械}$ 或 $H_{机械}$ 的采用应根据机械的实际情况、施工条件等因素考虑确定，以便准确地计算需要的机械台班数。

【案例 4-5】 某工程基础挖土采用 W-100 型反铲挖土机，挖方量为 2099m^3，经计算采用的机械台班产量为 120m^3/台班。计算挖土机所需台班量。

解： $P_{机械} = Q_{机械}/S_{机械} = 2099/120 = 17.49$ 台班

取 17.5 个台班。

4. 计算确定施工过程的延续时间

施工过程持续时间的确定与流水节拍的确定方法类似，主要有三种：经验估算法、定额计算法和倒排计划法。

（1）经验估算法

经验估算法也称三时估算法，即先估计出完成该施工过程的最短时间、最长时间和最可能时间三种施工时间，再根据公式（4-3）计算出该施工过程的延续时间。这种方法适用于新结构、新技术、新工艺、新材料等无定额可循的施工过程。

$$D = (A + 4B + C)/6 \tag{4-3}$$

式中 A——估算的最短时间；

B——估算的最可能时间；

C——估算的最长时间。

（2）定额计算法

定额计算法是根据施工过程的劳动量或机械台班量，配备的劳动人数或机械台数，以及安排的工作班次等确定施工过程持续时间。按算公式（4-4）、（4-5）计算。

$$D = P/N \times R \tag{4-4}$$

$$D_{机械} = P_{机械}/N_{机械} \times R_{机械} \tag{4-5}$$

式中 D——某手工操作为主的施工过程持续时间，天；

P——该施工过程所需的劳动量，工日；

R——该施工过程所配备的施工班组人数，人；

N——每天采用的工作班制，班；

$D_{机械}$——某机械施工为主的施工过程的持续时间，天；

$P_{机械}$——该施工过程所需的机械台班数，台班；

$R_{机械}$——该施工过程所配备的机械台数，台；

$N_{机械}$——每天采用的工作班制，班。

应用上述公式计算，必须应先确定R、$R_{机械}$及N、$N_{机械}$等参数。其中确定施工班组人数R或施工机械台班数$R_{机械}$时，除了考虑可能配备的施工班组人数或施工机械台数之外，还必须结合施工现场的具体条件、最小工作面与最小劳动组合人数的要求以及机械施工的工作面大小、机械效率、机械必要的停歇维修与保养时间等因素，才能计算确定出符合实际可能和要求的施工班组人数及机械台数。

每天工作班制确定：当工期允许、劳动力和施工机械周转使用不紧迫、施工工艺上无连续施工要求时，通常采用一班制施工。当工期较紧或为了提高施工机械的使用率及加快机械的周转使用，或工艺上要求连续施工时，某些施工过程可考虑二班甚至三班制施工。但采用多班制施工，必然增加有关设施及费用，因此，须慎重研究确定。

（3）倒排计划法

这种方法是根据施工的工期要求，凭借经验先确定施工过程的延续时间及工作班制，再按照式（4 4）或式（4-5）反算出需要的施工班组人数或机械台数，最后考察可能配备情况、工作面情况等是否满足条件。

5. 初步编排施工进度（以横道图为例）

按前述过程确定了各施工过程的持续时间及流水节拍后，即可着手编排进度计划。要点如下：

（1）先安排主导施工过程的施工进度，然后再安排其余施工过程。

（2）注意最大限度地搭接，使每个施工过程尽可能早地投入施工。

（3）按照已定方案，安排流水施工。可先安排一个分部工程的流水，然后将各工艺组合流水最大限度地搭接或衔接起来。

（4）各施工过程的进度线所表示的时间应与计算确定的延续时间一致。

（5）各施工过程的施工进度线最终应采用横道粗实线段表示，但考虑调整修改因素，可用自己方便习惯的形式初步表达。

【问题 4-20】 *施工进度计划初步编制完成后，能否有问题存在？可能会存在什么问题？有什么办法改正？*

6. 检查与调整施工进度计划

施工进度计划初步方案编制后，先进行检查和调整。主要检查各施工过程之间的施工顺序是否合理、工期是否满足要求、劳动力等资源消耗是否均衡等几方面。

（1）工期检查调整

当初步计划工期超过要求工期时，应进行调整。主要的方法有：改用流水施工、改变某些施工过程的安排位置（组织关系变化）或搭接时间、缩短关键性工作的持续时间或流水节拍（增加人力、增加工作班次）等。如还不能满足要求时，可以改变施工方案，如内外装修同步进行、内装修采取自下而上等。

（2）劳动力均衡检查

劳动力是否均衡，主要的衡量标准是用最高峰人数除以平均人数，如果等于 1 是最理想的模式。但实际工程中很难实现，一般控制比值不应超过 2，较好一些应不超过 1.5。按公式（4-6）计算。

$$K = R_{高峰}/R_{平均} \tag{4-6}$$

式中　K——劳动力不均衡系数；

$R_{高峰}$——某时间段（或某天）投入的最多施工人数；

$R_{平均}$——平均人数。

平均人数 $R_{平均}$ 等于进度计划中所有施工过程的劳动量总和除以进度计划的工期。根据以上内容可绘制出劳动力动态曲线，如图 4-9 所示。

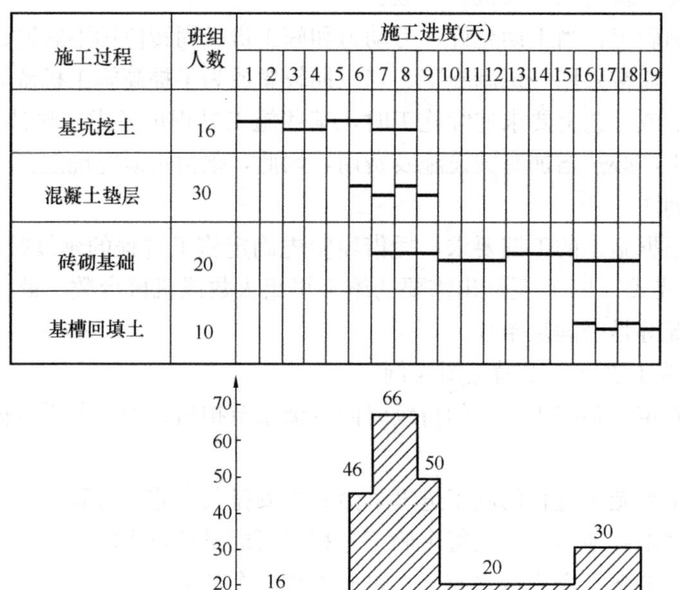

图 4-9　劳动力动态曲线

当劳动力不均衡系数 K 不满足要求时，可通过调整最高峰时段的各有关施工过程的施工起止时间，如将内装修和外装修需要施工人数多的施工过程适当错开。

应当指出，一系列的编排或调整，可能满足了某些条件，但是还要注意到施工成本的提高以及其他各项资源的均衡性等问题，所以这是一个综合性问题，应全面分析，统筹兼顾。

【教学指导建议】

1. 进度计划的编制应结合单元 2、单元 3 中的训练内容适当扩展，即可减少重复工作，又可以使学生不会一次性增加很多需要新认识的事物，造成心理压力。教师应有全局观念，在前面组织学生训练时，要兼顾后续的训练内容，有机融为一体。

2. 对于单位工程而言，涉及的施工过程数量多，绘制在一张图面上有时不方便，可分阶段训练绘制，然后整体衔接。

4.5 资源需要量计划的编制

【教学任务】 编制某一框架结构工程主体施工阶段的资源需要量计划。

【问题 4-21】 资源都应该包括什么？怎么理解“资源需要量计划”的意义？

单位工程施工进度计划编制完成以后，可编制资源需要量计划。资源需要量计划主要包括：劳动力需要量计划；主要材料需要量计划；预制构件需要量计划；施工机具设备需要量计划。编制资源需要量计划是施工企业及施工项目做好劳动力与物资的供应、平衡、调度等的重要依据。各项资源需要量计划的编制，主要通过编制完成各项计划表，以计划表的形式体现。

4.5.1 劳动力需要量计划

劳动力需要量计划是反映某单位工程在施工生产周期内，每个时间段应投入的劳动力数量。一般按月份或每月分旬等划分时间段，劳动力应按照工种不同分别列出，劳动力的数量应包括技术工人和普工人数。劳动力需要量计划见表 4-5。编制时主要是根据确定的施工进度计划，按进度表上每天（每个时间单位）需要的施工人数，分工种进行统计，得出每天所需工种及人数，按时间进度要求汇总列出。表 4-5 中，表示从五月中旬开始，中、下旬中每天需要 60 名钢筋工，到六月中旬开始，每天需要 80 名钢筋工，到八月中旬后不需要钢筋工，汇总需要的劳动量得 5400 工日。

劳动力需要计划 **表 4-5**

序号	工种名称	劳动量（工日）	5月			6月			7月			8月		
			上旬	中旬	下旬	上旬	中旬	下旬	上旬	中旬	下旬	上旬	中旬	下旬
1	钢筋工	5400		60	60	60	80	80	80	40	40	40		
2														
3														
…														

4.5.2 主要材料需要量计划

主要材料需要量计划是反映某单位工程在施工生产周期内，每个时间段应投入的主要材料数量。按材料的名称、规格、总数量等分别列出，并按各时间段填写需要量。编制的主要依据是施工进度计划，根据施工进度计划各个月旬完成的工程任务内容及任务量，套用施工定额或材料消耗定额，得出各个月旬的材料需要量。在一个时间段内有多项任务需要同一种类规格的材料，则汇总相加。主要材料需要量计划见表 4-6。表 4-6 表明了五月、六月份各旬需要的水泥数量，到七月份中下旬不需要水泥，总计需要 310 吨水泥。材料需要量计划编制时，应与编制施工预算有机结合，相互统一，减少重复工作量。主要材料的需要量计划，是备料、供料和确定仓库、堆场面积及运输量的重要依据。

主要材料需要量计划 表 4-6

序号	材料名称	规格	需要量		需要时间									备注
					5月			6月			7月			
			单位	数量	上旬	中旬	下旬	上旬	中旬	下旬	上旬	中旬	下旬	
1	水泥	32.5R	吨	310	40	60	60	70	50	20	10			
2														
3														
…														

4.5.3 施工机具需要量计划

施工机具需要量计划是反映某单位工程在施工生产周期内，应配备的各种施工机具，按照名称、规格型号、数量、进退场时间等编写。施工机具需要量计划见表 4-7。施工机具需要量计划的编制主要依据是施工方案和施工进度计划表，根据施工方案中施工方法与施工机械的选择内容，统计所需要的各类施工机具，再按照施工进度计划表，确定进退场时间。

施工机具需要量计划 表 4-7

序号	机具名称	型号	单位	需要数量	进退场时间	备注
1	混凝土搅拌机	JZC350	台	2	2013.4-2013.10	
2	钢筋剥肋滚丝机	GHG40	台	1	2013.4-2013.10	
3						
…						

4.5.4 预制构件需要量计划

预制构件需要量计划反映某单位工程在施工生产周期内，应投入的各种预制构件。应包括预制混凝土构件、金属构件、门窗、幕墙以及其他小型构件等。按照构件名称、编号、规格、数量、进退场时间等编写，预制构件需要量计划见表 4-8。预制构件需要量计划编制的主要依据是施工图、施工方案及施工进度计划表等，按照施工图、施工方案等统计各种构件的规格、型号、数量等，再按照施工进度计划表，确定进退场时间。编制时应与编制施工预算有机结合。应当注意的是构件一般都有加工制作周期，要在进场时间之前安排加工订货。

预制构件需要量计划 表 4-8

序号	构件名称	编号	规格	单位	数量	进退场时间	备注
1	预应力空心管桩		Φ600 长 18m	个	360	2013.8.20-2013.9.28	2013.5.20 委托加工
2	塑钢窗		21001800	套	240	2014.7.20-2014.9.23	2014.4.20 委托加工
3							
…							

【教学指导建议】

1. 各项资源需要量计划的编制可根据教学时间选择一个分部工程或分项工程进行训

练，甚至可以每个学习小组各自完成不同的分部分项工程，完成后各小组间交流相互借鉴。

2. 主要应侧重于编制方法的训练，使学生理清编制时需要的资料等条件。

4.6 施工准备工作计划的编制

【教学任务】 针对某一框架结构工程，编制其开工前以及主体施工前的准备工作计划。

【问题 4-22】 为什么要做准备？你认为应该做出哪些准备？

【问题 4-23】 怎样表达你做出的准备计划？

4.6.1 施工准备工作的意义

施工准备工作是保证工程顺利开工和施工活动正常进行而必须事先做好的各项工作。施工准备工作不仅存在于开工之前，而且贯穿在整个工程建设的全过程。做好施工准备工作其意义在于：

（1）施工准备工作是施工项目管理的重要组成部分。

（2）施工准备工作是施工组织设计文件的重要内容之一。

（3）施工准备工作是降低施工风险，提高企业综合经济效益的重要保证。

（4）施工准备工作是保证工程施工顺利进行，保证工程质量和施工安全的重要条件。

长期的工程实践证明，只有重视并认真细致地做好施工准备工作，积极为工程项目创造一切施工条件，才能保质保量地使施工顺利进行。否则，就会给施工带来许多问题和经济损失，以致造成施工停顿、质量安全事故等后果。

我国实行的开工报告制度是贯彻落实施工准备工作的重要政策保障。开工报告样表见图 4-10 所示。

<table>
<tr><td>工程名称</td><td></td><td>建设单位</td><td></td><td>设计单位</td><td></td><td>施工单位</td><td></td></tr>
<tr><td>工程地点</td><td></td><td>结构类型</td><td></td><td>建筑面积</td><td></td><td>层数</td><td></td></tr>
<tr><td>工程批准文号</td><td colspan="3"></td><td rowspan="7">施工准备工作情况</td><td>施工许可证办理情况</td><td colspan="2"></td></tr>
<tr><td>预算造价</td><td colspan="3"></td><td>施工图纸会审情况</td><td colspan="2"></td></tr>
<tr><td>计划开工日期</td><td colspan="3">年 月 日</td><td>主要物资准备情况</td><td colspan="2"></td></tr>
<tr><td>计划竣工日期</td><td colspan="3">年 月 日</td><td>施工组织设计编审情况</td><td colspan="2"></td></tr>
<tr><td>实际开工日期</td><td colspan="3">年 月 日</td><td>“七通一平”情况</td><td colspan="2"></td></tr>
<tr><td>合同工期</td><td colspan="3"></td><td>工程预算编审情况</td><td colspan="2"></td></tr>
<tr><td>合同编号</td><td colspan="3"></td><td>施工队伍进场情况</td><td colspan="2"></td></tr>
<tr><td rowspan="2">审核意见</td><td colspan="2">建设单位</td><td colspan="2">监理单位</td><td colspan="2">施工企业</td><td>施工单位</td></tr>
<tr><td colspan="2">负责人（公章）
年 月 日</td><td colspan="2">负责人（公章）
年 月 日</td><td colspan="2">负责人（公章）
年 月 日</td><td>负责人（公章）
年 月 日</td></tr>
</table>

图 4-10 开工报告样表

4.6.2 施工准备工作的分类

1. 按施工准备工作的范围进行分类

（1）施工总准备（全场性施工准备），是以整个建设项目为对象而进行的各项施工准备，既为全场性的施工活动服务，也兼顾单位工程施工条件的准备。

（2）单项（单位）工程施工条件准备，是以一个建筑物或构筑物为对象而进行的各项施工准备，既为单项（单位）工程做好一切准备，又要为分部（分项）工程施工进行作业条件的准备。

（3）分部（分项）工程作业条件准备，是以一个分部（分项）工程或冬雨期施工工程为对象而进行的作业条件准备。

（4）专项施工条件准备，是以某一专项工程施工为对象而进行的各项施工作业条件准备。

2. 按工程所处的施工阶段进行分类

（1）开工前的施工准备工作，是在拟建工程正式开工之前所进行的带有全局性和总体性的施工准备。主要目的是为开工创造必要的条件，也是履行开工报告制度必须完成的施工准备。

（2）各阶段施工前的施工准备，是在工程开工后，某一单位工程、某分部（分项）工程或某个施工阶段、某个施工环节等施工前所进行的带有局部性或经常性的施工准备。主要目的是为每个施工阶段创造必要的施工条件。

显然，施工准备工作存在于施工的各个环节之中，具有整体性与阶段性的统一要求，必须有计划、有步骤、分期、分阶段地进行。

4.6.3 施工准备工作的内容

施工准备工作的内容一般包括：调查研究与收集资料、技术资料准备、资源准备、施工现场准备、季节施工准备，如图 4-11 所示。

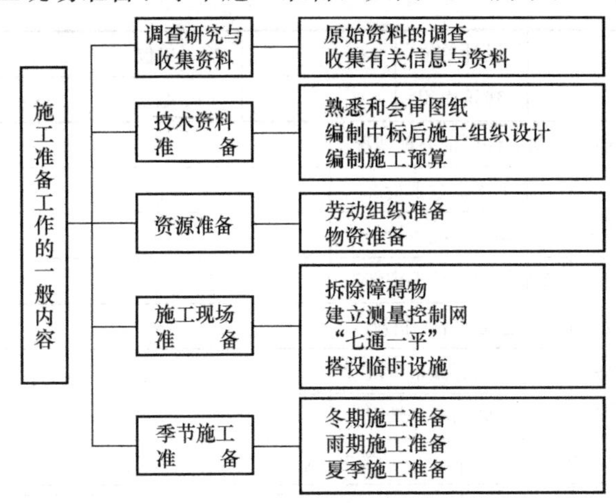

图 4-11 施工准备工作的内容

1. 调查研究与收集资料

调查研究与收集资料是施工准备工作的一项重要内容，也是编制工程概况的基础条件。调查时主要向建设单位、勘察设计单位、当地气象台站及有关部门和单位收集资料，还应到实地勘测，向当地居民了解情况，尤其是当施工单位进入一个新的城市或地区，对建设地区的技术经济条件、场地特征和社会情况等不太熟悉，此项工作显得尤为重要。如参与国外工程项目的施工，当地的人文习俗都应包括在调查内容之中。对调查、收集到的资料应注意整理归纳、分析研究，对其中特别重要的资料，必须复查其数据的真实性和可靠性。

（1）对建设单位与设计单位的调查。向建设单位和设计单位的调查主要是深入了解工程项目及其设计资料，具体调查内容详见附表1。

（2）自然条件调查分析。是对建设地区的气象资料、工程地形地质、工程水文地质、周围民宅的坚固程度及其居民的健康状况等项调查，为合理制定施工方案、技术组织措施等提供依据。自然条件调查的项目详见附表2。

（3）技术经济条件调查分析。是对地方建筑生产企业、地方资源交通运输，水、电及其他能源、主要设备、三大材料和特殊材料等项进行调查，全面掌握生产供应能力。地方建筑材料及构件生产企业情况调查样表见表4-9，地方资源情况调查样表见4-10。

地方建筑材料及构件生产企业情况调查内容 **表4-9**

序号	企业名称	产品名称	规格质量	单位	生产能力	供应能力	生产方式	出厂价格	运距	运输方式	单位运价	备注
1	…	…	…	…	…	…	…	…	…	…	…	
2												
3												
…												

注：1. 名称按照构件厂、木工厂、金属结构厂、商品混凝土厂、砂石厂、建筑设备厂、砖、瓦、石灰厂等填列；
2. 资料来源：当地计划、经济、建筑主管部门；
3. 调查明细：落实物资供应。

地方资源情况调查内容 **表4-10**

序号	材料名称	产地	储存量	质量	开采量	开采费用	出厂价格	运距	运费	供应的可能性
1	…	…	…	…	…	…	…	…	…	…
2										
3										
…										

注：1. 材料名称栏按照块石、碎石、砾石、砂、工业废料（包括冶金矿渣、炉渣、电站粉煤灰）填列；
2. 调查目的：落实地方物资准备工作。

地区交通运输条件调查内容见附表3。

供水、供电、供气条件调查内容见附表4。

三大材料、特殊材料及主要设备调查内容见附表5。

建设地区社会劳动力和生活设施的调查内容见附表6。

参加施工的各单位能力调查内容见附表7。

（4）其他相关信息与资料的收集。包括：现行的技术规范、规程及有关技术规定，如《建筑工程施工质量验收统一标准》GB 50300—2001及相关专业工程施工质量验收规范，《建筑施工安全检查标准》JGJ 59—99及有关专业工程安全技术规范规程，《建筑工程项目管理规范》GB 50326—2006，《建筑工程文件归档整理规范》GB/T 50328—2001，《建筑工程冬期施工规程》JGJ 104—97等；企业现有的施工定额、施工手册、类似工程的技术资料等。

2. 技术资料准备

技术资料准备主要内容包括：熟悉和会审图纸，编制中标后施工组织设计，编制施工预算等。

（1）熟悉和会审图纸。由施工单位的工程项目经理部组织有关工程技术人员认真熟悉图纸，了解设计意图和施工应达到的技术标准。

会审图纸是在施工单位组织自审的基础上，再由建设单位组织并主持会议，设计单位交底，施工单位、监理单位参加。重点工程或规模较大及结构、装修较复杂的工程，如有必要可邀请各主管部门、消防、防疫与协作单位参加。会审的一般程序是：设计单位做设计交底，施工单位对图纸提出问题，有关单位发表意见，与会者讨论、研究、协商，逐条解决问题，达成共识，组织会审的单位汇总成文，各单位会签，形成图纸会审记录。

（2）编制中标后施工组织设计。即本课程重点阐述的单位工程施工组织设计，必须在开工以前编制，经过必需的审批程序后实施，是技术准备的内容之一。

（3）编制施工预算。施工预算是施工单位编制的企业内部经济文件，它是施工企业内部控制各项成本支出、考核用工、签发施工任务书、限额领料，基层进行经济核算、经济活动分析的依据。在施工过程中，要按施工预算严格控制各项指标，以促进降低工程成本和提高施工管理水平。

3. 资源准备

资源准备主要包括项目管理组织机构的建立健全、劳动力组织及材料设备等物资的准备。

（1）建立项目管理组织机构。按照项目管理的方法原则组建项目经理部，建立健全各项管理工作制度，形成精干高效、运行有序的管理组织。

（2）确定项目施工的劳动力组织。选定施工队伍，签订服务合同；建立健全各项工作制度；安排进场；组织教育和培训；落实相关的交底工作。

（3）物资准备。根据施工方案中的施工进度计划和施工预算中的工料分析，编制工程所需材料用量计划，作为备料、供料和确定仓库、堆场面积及组织运输的依据；组织先期使用部分的进场；完成预制加工订货委托；落实全部施工机具的进场计划、订购委托；落实有关的生产工艺设备的选型、加工订购等事宜；做好物资管理的各项工作。

4. 施工现场准备

施工现场准备是指在工程施工现场应完成的各项条件准备，包括拆除障碍物、建立测量控制网、“三通一平”（广义）、搭设临时设施等。

（1）拆除障碍物。拆除施工现场内的一切地上、地下、高空的障碍物，有关自来水、污水、燃气、热力等管线拆除以及高压线路、通信线路等的改线，必须与有关部门取得联系。这项工作一般是由建设单位完成，但也有委托施工单位完成的。总的原则必须保证人、财、物以及环境的安全。

（2）建立测量控制网。为工程定位、测量放线建立测量控制依据，施工场区较大时应建立控制网。总的原则就是实测依据可靠、设定点位长久、测设精度达标。

（3）“三通一平”。“三通一平”包括在工程用地范围内，接通施工用水、用电、道路、电信及燃气，施工现场排水及排污畅通和平整场地的工作。

（4）搭设临时设施。搭建满足工程施工所需的现场生活和生产用的临时设施，包括临时围墙、各种仓库、搅拌站、加工厂作业棚、宿舍、办公用房、食堂、文化生活设施等，做到节约用地、节省投资、安全文明等要求。

5. 季节性施工准备

建筑工程施工主要是露天作业，受气候影响比较大，因此，在冬期、雨期及夏季施工中，必须从具体条件出发，正确选择施工方法，做好季节性施工准备工作，以保证按期、保质、安全地完成施工任务，取得较好的技术经济效果。

季节性施工准备主要包括冬期施工准备、雨期施工准备、夏季施工准备。准备的内容涉及制定专项方案、准备相关材料或机具、人员防护、落实各项措施、有关人员专项培训等方面。

4.6.4 施工准备工作计划的编制

施工准备工作计划是施工组织设计中的一个组成部分，在编制完成施工组织设计文件的同时，施工准备工作的编制内容就一并完成，主要体现形式通常可用计划表，见表4-11。通过制定施工准备工作计划表，把准备工作的各项事宜规定下来。

施工准备工作计划 **表 4-11**

序号	施工准备工作名称	准备工作内容（及量化指标）	主办单位（及主要负责人）	协办单位（及主要协办人）	完成时间	备注
1	…	…	…	…	…	
2						
3						
…						

表格中的第二个栏目填写准备工作事宜名称；第三个栏目针对准备工作事宜，填写准备工作的具体内容或量化的指标；第四、五、六个栏目填写负责的单位、部门、人员以及要求完成的时间限制等。可按准备时间顺序编写，见表4-12，也可按准备工作的类型编写，如属于物资准备的按准备时间顺序列在一起。

×××工程施工准备工作计划 **表 4-12**

序号	施工准备工作名称	准备工作内容（及量化指标）	主办单位（及主要负责人）	协办单位（及主要协办人）	完成时间	备注
1	编制施工组织设计	内容全面完整，有针对性。各单位工程均编制完成	×××项目技术部 王大伟	工程部 张光明 质量部 韩英俊 安全部 李洪磊	2014.3.6	企业内部审批完毕
2	塔吊进场及安装	QT80 2台	×××项目物资部 秦学志	工程部 张光明 安全部 李洪磊	2014.4.10	安装检测完毕
3						
…						

施工准备工作计划制定后，应建立施工准备工作的组织机构，建立严格的施工准备工作责任制度，加强对施工准备工作落实情况的检查监督。施工准备工作的检查内容主要是

检查施工准备工作计划的执行情况。对没有完成计划的情况，应进行分析，找出原因，及时解决。

【教学指导建议】

1. 应对开工前准备和各分部分项工程准备分别进行训练。

2. 要注意结合施工准备工作中有关调查研究和收集资料的内容，训练学生收集、整理、使用资料的能力。

4.7 施工现场平面设计

【教学任务】 绘制某一框架结构工程主体施工阶段的现场平面图。

【问题 4-24】 施工现场平面布置图对工程施工有什么意义？

【问题 4-25】 施工现场平面图的设计应该包括哪些方面？

施工现场平面设计对拟建工程的施工现场，按一定的规则而作出的平面和空间的规划。通常用图体现全部设计内容，称为施工平面布置图，简称施工平面图，如图 4-12 所示。

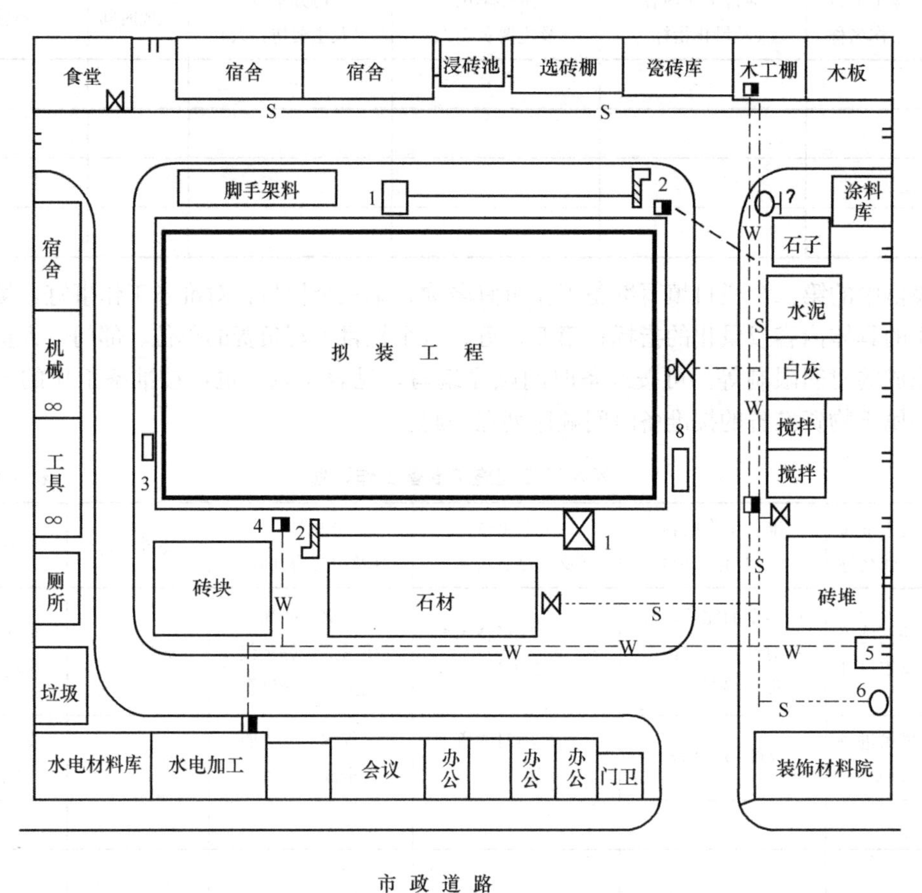

图 4-12 某工程施工平面布置图（装饰施工阶段）

单位工程施工平面图是单位工程施工组织设计的重要组成部分，它是以施工方案为基准，在施工现场平面上进一步作出的设计规划。

4.7.1 单位工程施工平面图设计的主要内容

单位工程施工平面图设计一般包括以下内容：

（1）绘出单位工程所处施工区域和周围城市公用道路、原有建筑物、河流、湖泊等相对位置关系，标注出指北针、风向玫瑰图等，形成总体布局。

（2）绘出单位工程施工区域范围，标注出已建的和拟建的地上的、地下的建筑物及构筑物等的平面尺寸和相对位置关系。绘出施工临时围墙，标明施工区域边界。对拟建工程应采用粗实线绘出轮廓。

（3）绘出施工区域内临时施工道路的布置、现场出入口位置等。

（4）标注拟建工程所需的起重机械、垂直运输设备、搅拌机械及其他机械的布置位置，起重机械开行的线路及方向等。

（5）绘出搅拌站、仓库、各种材料尤其是大宗材料堆场的占地尺寸、面积和位置。

（6）绘出各种预制构件堆放场地及预制场地占地尺寸、所需面积和布置位置。对于装配式结构，其大型构件的预制、就位位置等应单独进行平面设计。

（7）绘出生产性及非生产性临时设施的名称、面积、位置。

（8）进行临时供电、供水、供热等管线的布置；水源、电源、变压器位置确定；现场排水沟渠及排水方向的布置。

（9）进行有关劳动保护、安全、防火及防洪设施布置以及其他需要布置的内容，如消防栓、防火设施、宣传栏等。

通过合理规划施工现场的平面布局，是实现有组织、有计划管理的重要内容；是保证工程施工顺利进行的重要条件；是施工现场文明施工的重要保证。因此，合理地、科学地规划单位工程施工平面图，并严格贯彻执行和加强监督管理，不仅可以顺利地完成施工任务，而且还在于提高施工生产效率和经济效益。

4.7.2 单位工程施工平面图设计依据和原则

单位工程施工平面图设计应结合拟建工程的施工特点和施工现场的具体条件，作出一个合理、适用、经济的平面布置和空间规划方案。

1. 单位工程施工平面图设计的主要依据

（1）自然条件调查资料。如气象、地形、水文及工程地质资料等。主要关系到布置地面水和地下水的排水沟；确定易燃、易爆、沥青灶、化灰池等有碍人体健康的设施位置；安排冬雨期施工期间所需设施的地点。

（2）技术经济条件调查资料。如交通运输、水源、电源、物资资源、生产和生活基地状况等资料。主要关系到布置水、电、暖、煤、卫等管线的位置及走向；交通道路、施工现场出入口的走向及位置；确定临时设施搭设数量。

（3）拟建工程施工图纸及有关资料。建筑总平面图上标明的一切地上、地下的已建工程及拟建工程的位置，为绘制平面中各项内容之间的相互关系，确定临时设施位置，修建临时道路等提供了依据。

（4）一切已有和拟建的地上、地下的管道位置。设计平面布置图时，应考虑是否可以利用这些管道，或者已有的管道对施工有妨碍而必须拆除或迁移，同时要避免把临时建筑物等设施布置在拟建的管道上面。

(5) 建筑区域的竖向设计资料和土方平衡图。关系到布置水、电管线，安排土方的挖填平整及确定取土、弃土地点等。

(6) 施工方案与进度计划。根据施工方案确定的起重机械、搅拌机械等各种机具的数量和服务框架，考虑安排它们的位置；根据现场预制构件安排要求，作出预制场地规划；根据进度计划掌握所需材料的动态变化，合理利用施工现场。

(7) 各种资源需要计划。设计材料堆场、仓库等面积和位置。

(8) 建设单位可能提供的已建房屋及其他生活设施的面积等有关情况，以便决定施工现场临时设施的搭设数量。

(9) 其他需要的有关资料和要求。

2. 单位工程施工平面图设计的原则

(1) 布置紧凑，少占或不占地面。在确保施工安全以及使现场施工能比较顺利进行的条件下，尽可能减少施工占地面积。

(2) 短运距，减少二次搬运。各种材料、构件等要根据施工进度并保证能连续施工的前提下，有计划地组织分期分批进场，充分利用场地；同时要力求把材料布置在使用地点附近减少运距，达到节约用工和减少材料的损耗。

(3) 减少临时设施的搭设。为了降低临时设施的费用，应尽量利用已有的或拟建的各种设施为施工服务；对必需修建的临时设施，尽可能采用装拆方便，能多次周转的设施。

(4) 符合劳动保护、技术安全、防火和防洪的要求。如机械设备的钢丝绳、缆风绳以及电缆、电线与管道等不要妨碍交通；各种易燃库、棚及沥青灶、化灰池应布置在下风向，并远离生活区；炸药、雷管要严格控制并由专人保管；根据工程具体情况，设置各种劳保、安全、消防设施；在山区雨期施工时，应考虑防洪、排涝等措施。

4.7.3 单位工程施工平面设计步骤

建筑工程施工生产的周期一般较长，所用的各种材料种类及数量等处于动态变化之中。不同时期、不同阶段的平面设计应有区别，一般可分别进行基础工程阶段、主体工程阶段和装饰工程阶段的平面设计。对于规模不大的砌体结构和框架结构工程，由于工期不长，施工也不复杂，为简化起见，往往可只进行主体施工阶段的现场平面规划布置，但要兼顾其他施工阶段的需要，以便能够及时作出合理的调整。

不论按照哪个施工阶段，单位工程施工平面设计过程中，由于涉及的内容较多，所以要按照一定的步骤进行设计，避免走弯路。

1. 确定起重机械的位置

起重机械的位置直接影响仓库、堆场、砂浆和混凝土搅拌站的位置，以及道路和水、电线路的布置等。因此，应予以首先考虑。

垂直运输起重机械主要有机身固定起吊点固定的井架、龙门架、施工电梯等，暂且称为固定式；有机身固定起吊点不定的塔式起重机（包括爬升式），但机身不固定起吊点不定的行走式塔吊现在应用较少。

不论哪类机械，布置时主要应根据机械性能、建筑物的平面和尺寸大小、施工段的划分、现场平面空间、材料进场方向和道路情况而定。其目的是充分发挥起重机械的能力并使地面和楼面上的水平运距最小。

垂直运输起重机械布置要点：

（1）按照施工方案每个施工段均有一台固定式垂直运输设备时，则每台设备布置在施工段中间。否则应布置在施工段的分界线附近，使楼面上各施工段水平运输互不干扰，且楼面上水平总运距最短。

（2）当建筑物各部位的高度不同时，布置在施工段的分界线附近较高的一侧。

（3）固定式垂直运输设备以布置在建筑的窗洞口处为宜，以避免砌墙留槎和减少井架拆除后的修补工作。

（4）固定式垂直运输设备应布置在建筑物施工区域较开阔的一侧，方便大量的建筑材料水平运输。

（5）吊篮或吊盘的上料口朝向应方便地面运输。

（6）卷扬机的位置应与机械设备保持适当距离，即大约等于机械设备的高度，以便司机的视线能够看到起重机的整个升降过程。

（7）固定式垂直运输设备应与建筑物之间保持适宜的距离。既要保证安全，又要便于搭设运料平台。如保持吊盘与建筑物半米以上的距离，若有外脚手架时，还要考虑与脚手架之间的安全距离。

（8）塔式起重机布置时要使建筑物的平面应尽可能处于吊臂回转半径之内，以便直接将材料和构件运至使用地点，尽量避免出现“死角”。

（9）综合考虑经济因素，若不可避免地出现“死角”时，应使“死角”范围尽量小，且使吊运量大、吊运重量大的区域不在“死角”范围。

（10）塔式起重机布置时也要考虑材料、构件的堆场位置，即这些位置尽量布置在塔吊工作半径范围内。当不能都布置在塔吊工作半径内时，应优先保证运量大的在半径内。

（11）塔式起重机的吊运回转区域，应尽量避开经常有行人的区域。

（12）塔式起重机的布置位置应考虑安装、拆除的可行性和便利性。

2. 确定搅拌站、仓库和材料、构件堆场以及加工厂的位置

搅拌站、仓库和材料、构件堆场以及加工厂布置要点：

（1）搅拌站、仓库和材料、构件堆场的位置应尽量靠近使用地点或在起重机起重能力范围内，并考虑到运输和装卸的方便。

（2）建筑物基础和第一施工层所用的材料，可布置在建筑物的四周。材料堆放位置应与基槽边缘保持一定的安全距离，以免造成基槽土壁的塌方事故。

（3）第二施工层以上所用的材料，应布置在起重机附近。

（4）砂、砾石等大宗材料应尽量布置在搅拌站附近。

（5）当多种材料同时布置时，对大宗的、重量大的和先期使用的材料，应尽量布置在起重机附近（或半径内）。

（6）根据不同的施工阶段使用不同材料的特点，在同一位置上可先后布置不同的材料。

（7）木工棚和钢筋加工棚的位置可考虑布置在建筑物四周以外的地方，但应有一定的场地堆放木材、钢筋和成品。石灰仓库和淋灰池的位置要接近砂浆搅拌站并在下风向；沥青堆场及熬制锅的位置要离开易燃仓库或堆场，并布置在下风向。

（8）搅拌站、仓库和材料、构件堆场以及加工厂应确定出占地面积及长宽尺寸的具体

数据，并按照具体数值按比例绘制在平面图中。

搅拌站、加工厂所需占地面积可参考附表 8。

现场作业棚所需面积可参考附表 9。

材料、仓库所需面积可参考附表 10、附表 11。

(9) 当场地面积有限时，为了减少占地面积，可以组织材料、构件等分批分期进场，但要保证施工的连续性要求。比如可考虑布置满足两层施工的用料，一层的用料正在使用，另一层的用料作为临时储备。当然也可以把一层的施工用料分批次进场，但要做好协调工作，保证连续施工。

3. 运输道路的布置

运输道路的布置主要是解决施工现场的运输和消防问题。在施工现场内，往往是建设临时性的道路，当工程施工任务完成后，就完成了它的使命。

运输道路的布置要点：

(1) 临时道路的路面结构做法应能满足运输需要，保证耐用。目前用混凝土材料的路面做法较多，但也可采用其他做法，详见附表 12。

(2) 运输道路的线路最好绕建筑物布置成环形道路。当场地条件不允许时，也可布置成非环形，但应满足正常交通运输、错车、转头等要求。

(3) 运输道路应有一定的宽度，单行道路最小宽度不宜小于 3.5m，转弯处半径应满足要求，详见附表 13 和附表 14。

(4) 临时道路的布置应与后期施工的室外地下管网布局合理规划，尽量避免交叉。当有交叉时，应合理安排施工顺序，尽量避免损坏道路。

(5) 现场临时道路应尽可能利用永久性道路的路面或路基，以节约费用。

4. 临时设施的布置

施工现场的临时设施可分为生产性与非生产性两大类。

生产性临时设施内容包括：在现场加工制作的作业棚，如木工棚、钢筋加工棚、薄钢板加工棚；各种材料库、棚，如水泥库、油料库、卷材库、沥青棚、石灰棚；各种机械操作棚，如搅拌机棚、卷扬机棚、电焊机棚；各种生产性用房，如锅炉房、烘炉房、机修房、水泵房、空气压缩机房等。

非生产性临时设施内容包括：各种生产管理办公用房、会议室、文娱室、福利性用房、医务室、宿舍、食堂、浴室、开水房、警卫传达室、厕所等。

临时设施布置的要点：

(1) 布置临时设施，应遵循使用方便、有利施工、尽量合并搭建、符合防火安全的原则。

(2) 各种临时设施均不能布置在拟建工程（或后续开工工程），拟建地下管沟，取土、弃土等地点。

(3) 各种临时设施尽可能采用活动式、装拆式结构或就地取材。施工现场范围应设置临时围墙、围网或围笆。

(4) 临时设施应尽量利用原有工程，减少搭建费用。

(5) 各种临时设施应明确占地面积，按比例绘制于平面图中。非生产性临时设施所需面积可参考附表 15。

（6）按比例绘制于平面图中。

5. 布置水、电管网

（1）施工用临时给水管，一般由建设单位的干管或施工用干管接到用水地点。平面布置有枝状、环状和混合状等布置方式。选择哪种布置方式应根据工程实际情况，考虑经济性和保证供水要求。管径的大小应根据工程规模由计算确定。管道可埋置于地下，也可铺设在地面上，视气温情况和使用期限而定。工地内要设消防栓，消防栓距离建筑物应不小于5m，也不应大于25m，距离路边不大于2m。条件允许时，可利用城市或建设单位的永久消防设施。有时，为了防止供水的意外中断，可在建筑物附近设置简易蓄水池，储存一定数量的生产和消防用水。如果水压不足时，尚应设置高压水泵。

（2）为了便于排除地面水和地下水，要及时修通永久性下水道，并结合现场地形，在建筑物四周设置排泄地面水和地下水的沟渠。

（3）施工中的临时供电，应在全工地施工总平面图中一并考虑。对独立的单位工程施工，应根据计算出的现场用电量选用变压器、导线截面等。变压器的位置应布置在现场边缘高压线接入处，不宜布置在交通要道出入口处。现场导线宜采用绝缘线架空或电缆布置。

6. 单位工程施工平面图绘制

（1）施工平面图绘制比例一般为1：200～1：500。

（2）图面内所有内容均应按同一比例绘制，尤其是其中的有关占地面积的布置，要按比例绘出，不能随意绘制。

（3）按照常用的图例进行绘制，不能自行创造图例。施工平面图常用图例详见附表16。

（4）各部分的图示线条应粗细得当，轮廓清晰完整。

（5）施工平面图应内容完整，不缺项漏项，全面体现平面设计的意图。

【教学指导建议】

1. 本任务应重点训练学生在施工平面图设计过程中，图中各项内容之间的相对位置关系，为了简化训练过程，教师应提供具有一定条件的平面图（即训练用的工作页，电子或纸质），在该图面上完成训练，省时省力，又达到训练效果。

2. 本任务是本单元中的最后一个，要训练学生该任务与前述内容（如施工方案、进度计划、资源计划等）的统一性和连续性。

4.8 单位工程施工组织设计实例

【案例 4-6】 某16层综合楼工程，现浇钢筋混凝土框架剪力墙结构，建筑面积22030m^2，总投资6890万元，地下室作为车库、变配电等用房，一层至三层除留做本工程的休闲娱乐活动中心、消防控制中心外，还招租给商场、银行等，四层作为本工程的餐饮，五层至十五层为本工程的公寓部分，十六层为水箱间和电梯机房，试编制该工程的施工组织设计。

解：

（1）工程概况

1）工程建设概况

某高层公寓工程为框架剪力墙结构，建筑面积 22030m^2，总投资 6890 万元，地下室 1 层，深 8.5m，地上 16 层。各建筑面积和使用功能见表 4-13

各层面积及使用功能　　表 4-13

层次	面积（m^2）	层高（m）	功　能
地下室	3073	6	汽车房、变压器房、配电室、水池
1～3	1930×3	4.5	商场、银行、娱乐场所、消防控制中心
4	1930	4.5	厨房、餐厅
5～15	880×11	3.0	公寓
16	678	2.8	水箱、电梯房

工期：2013 年 1 月 1 日开工，2014 年 4 月 2 日竣工。合同工期为 16 个月。

2）建筑设计概况

内隔墙：地下室为黏土实心砖，地上为 90、140、190mm 厚陶粒空心砌块。

防水：地下室内板、外墙、卫生间地面均做刚性防水，屋面为柔性防水。

楼地面及屋面：1～4 层均为花岗岩地面，公寓部分除厨房、卫生间、公用走道为地砖外，其余为进口柚木地板，室外铺广场砖，屋面做红色防潮砖。

外装饰：除正立面局部设隐框玻璃幕墙外，其余均为进口仿石砖饰面。

顶棚装饰：除 1～4 层顶棚及公寓电梯厅、走道为硅钙板吊顶外，其余均为乳胶漆。

内墙装饰：1～4 层大部分为墙纸及大理石，公寓走道、厨房、卫生间墙面为釉面砖，电梯厅为大理石，其余均为乳胶漆。

门窗：入口门为豪华防火防盗门，分室门为夹板门，楼梯前室及管道井设甲、乙级钢质防火门，外门窗为白色铝合金框配白玻璃（幕墙为蓝色反射玻璃）。

公寓设 4 部电梯，其中裙楼服务梯 1 部（1～4 层），公寓客梯 2 部（1～15 层），客梯兼消防电梯 1 部（地下室至 16 层）。另设消防疏散楼梯 2 座，1～4 层设旋转楼梯 1 座。

公寓设有高低压配电及发电机组，备有煤气、电话、保安对讲系统等。

3）结构设计概况

基础采用大直径人工挖孔（端承）桩承载，地下室为全现浇钢筋混凝土结构，1.0～2.5m 厚钢筋混凝土底板，全封闭外墙形成箱形基础，混凝土强度等级 C40，抗渗等级 S8。

工程结构类型为框剪结构体系，抗震设防烈度为 7 度，相应框架梁、柱均按二级抗震等级设计，框架柱采用 C60～C30 普通钢筋混凝土，1～16 层及屋面采用普通肋形楼盖。1～4层外墙采用 140mm 厚 C20 级钢筋混凝土，5 层以上的窗台以下为 C20 级 140mm 厚钢筋混凝土墙，窗台以上为 140mm 厚陶粒空心砌砖。

4）工程施工特点

① 基础采用人工挖孔桩，保证施工安全是其中的主要问题。

② 由于有地下水池，基础底板厚大，属于大体积混凝土施工。

③ 现浇工程量大，集中在主体施工阶段，制约工程进度的工程内容主要是钢筋工程、模板工程和混凝土工程。

④ 工程要求质量高、进度快，在施工过程中将发生以下几项预算外费用：模板一次性投入量大，超出了定额的规定；人力投入多，有时可能造成停工、窝工现象；为缩短工期，混凝土需掺加早强剂，以加快模板的周转；机械投入多；管理人员增加、暂设工程增多；夜间施工照明增加。

⑤ 因施工场地较狭窄，所需建筑材料及构配件在施工过程中需二次搬运。夜间施工效率降低等。

5）水源、电源

水源由城市自来水管网引入。电源由附近变电室引入。

（2）施工方案

根据本工程的特点，将其划分为四个施工阶段：地下工程、主体结构工程、围护工程和装饰工程。

由于有地下水，且基坑深度大，降水及基坑支护外包施工，并编制专项的施工方案。先组织一次统一开挖基坑后，进行桩基础施工，之后分两个施工段组织流水施工。

为加快工程进度，主体工程阶段也划分为两个施工段组织流水施工。

装饰工程阶段以楼层作为施工段，各层之间组织流水施工。外装修自上而下施工，内装修自下而上施工。

为有效缩短工期，各个施工阶段尽可能安排早期搭接施工。即围护工程在主体施工完成第5层后插入施工，为1～4层的高级装饰施工及早地创造工作面。内装修施工在主体完成第8层时插入施工，外装修安排在主体完工后衔接进行。

屋面工程施工安排不占用工期，在内外装修施工期间合理插入，屋面采取防雨保护措施，以避免污染装修已完工部分的质量。

各阶段具体的施工顺序安排如下：

1）地下室施工顺序

定位→护壁施工→挖土→桩基施工→底板垫层→底板外侧砖胎膜→防水及砂浆保护层→绑扎底板钢筋→浇底板混凝土→绑扎墙柱钢筋→立墙柱模板→浇筑混凝土→立－1.0m楼板模、绑扎钢筋、浇外墙混凝土、梁板混凝土→立±0.00梁、板模→绑扎±0.00梁、板钢筋，浇混凝土。

2）主体结构施工顺序

在同一层中：弹线→绑扎墙柱钢筋、安装预埋件→立柱模浇混凝土→立梁板及内墙模→浇内墙混凝土→绑扎梁板钢筋→浇梁板混凝土。

3）围护工程的施工顺序

包括墙体工程（搭设脚手架、砌筑内外墙、安装门窗框）、屋面工程（找平层、防水层施工、隔热层）等内容。

不同的分项工程之间可组织平行、搭接、立体交叉流水作业，屋面工程、墙体工程、地面工程应密切配合，外脚手架的架设应配合主体工程，且应在室外装饰之后架设，并在做散水之前拆除。

4）装饰工程施工顺序

室内同一空间装饰施工顺序为天棚→墙面→地面。不同施工过程的施工顺序为：抹灰→门窗安装→油漆粉涮→玻璃安装。

(3) 施工方法及施工机械选择

1) 基坑支护工程

由于基坑开挖基本沿红线，不可能放坡，因此采用人工挖孔桩及锚杆共同作用抵抗土侧压力。

2) 土方工程

设计标高±0.00 相当于绝对标高 7.20m，基础垫层相对标高为－7.2～－9.0m，现场自然地面相对标高为－1.0m，挖土深度 6.2～8.0m，地下部分稳定水位埋深 0.32m。

采用 2 台反铲挖土机分 2 层开挖，第一遍挖 3.2m 深，第二遍挖至垫层以上 10cm，剩下的用人工修整。挖土的同时，基坑四周不间断地降水，护壁桩间用砂袋、红砖等堵塞。

3) 人工挖孔桩

本工程设直径 800～2500mm，人工挖孔桩 58 根，桩长 12～16m 不等。

① 定位：测量定位出每根桩轴心位，在第一节护壁内定轴心线，用以控制桩身的垂直度。

② 护壁：每节护壁高 805mm，护壁与挖孔井用 Φ20 钢筋拉结，以防止护壁下滑。

③ 终孔验收：成孔后验收桩中心位置垂直度、入土深度及桩底大放脚尺寸。

④ 钢筋笼制作安装：钢筋笼现场制作，井内安装。

⑤ 混凝土浇筑：先把井内水抽干，连续分层（50mm）浇捣混凝土（强度等级 C30）。为保证桩顶混凝土强度，浇筑后的混凝土高出桩顶设计标高 100mm，然后凿除。

4) 混凝土结构工程

模板工程：

① 地下室底板模：底板四周紧挨护壁桩，外模采用砖模，电梯井、积水坑等超深部分用混凝土浇筑成设计要求的形状。

② 地下室外墙模板：采用七合板制作，背枋用木方，围檩用 2 根 Φ48 钢管和止水螺杆组成，内面用活动钢管顶撑在底板上用预埋筋固定，外侧支撑在护壁桩上。

③ 内墙模板：内墙模板在绑扎钢筋前先支立一面模板，待绑扎完钢筋后再支另一面，其材料及施工方法同地下室外墙，只是墙两侧均用活动钢管顶撑支撑，采用 Φ20 PVC 管内穿 Φ12 钢螺杆拉结，以便螺杆的周转使用。

④ 柱模及梁板模：采用夹板、木方现场支立。

钢筋工程：

① 底板钢筋：下室底板为整体平板结构，沿墙、柱轴线双向布置钢筋形成暗梁。绑扎时暗梁先绑，板钢筋后穿。因钢筋规格较大，间距较密，施工时采用 Φ32 钢筋（1000mm 厚板）及 L75×8 角钢（1000mm 以上厚板）支架对上层钢筋进行支撑固定。

② 墙、柱钢筋：因地下室及裙房楼层较高，每次竖 1 层，标准层均为每次竖 2 层，内墙全高分 3 次收缩（每次 100mm），钢筋接头按 1：6 斜度进行弯折。

③ 梁、板钢筋：框架梁钢筋绑扎时，其主筋应放在柱立筋内侧。楼板筋多为双层且周边悬挑长度大（达 3000mm），为固定上层钢筋的位置，在两层筋中间垫 Φ12@1000mm 自制钢筋马凳以保证其位置准确。

④ 钢筋接头：钢筋竖向接头采用电渣压力焊（Φ20～Φ28），Φ22 以上钢筋采用直螺

纹套筒连接，水平钢筋采用对焊、电弧焊及直螺纹套筒等连接技术。Φ20 以下钢筋除图纸要求焊接外均采用绑扎接头。

⑤ 直螺纹套筒连接要点：接钢筋时，钢筋规格和套筒的规格必须一致，钢筋和套筒的丝扣应干净、完好无损；采用预埋接头时，连接套筒的位置、规格和数量应符合设计要求；带连接套筒的钢筋应固定牢靠，连接套筒的外露端应有保护盖；滚压直螺纹接头应使用扭力扳手或管钳进行施工，将两个钢筋丝头在套筒中间位置相互顶紧，接头拧紧力矩应符合有关规定；扭力扳手的精度为±5%；经拧紧后的滚压直螺纹接头应做出标记，单边外露丝扣长度不应超过 2P。

混凝土工程：

本工程各楼层混凝土强度等级分布见表 4-14。

各楼层结构混凝土强度等级　　表 4-14

强度等级	剪力墙与柱	板 与 梁
C50	地下室至 4 层	—
C40	5 层～8 层	—
C30	9 层～16 层	1 层～16 层
C40/P8		−1.05m
C20		

① 材料 52.5 级普通硅酸盐水泥；中砂，细度模量 2.6-2.9；Ⅱ 级粉煤灰，FDN-SP 高效减水剂。

材料进场后，应做如下实验：水泥体积安定性、活性等实验；砂细度实验；石子压碎指标、级配实验；粉煤灰细度，水灰比及化学成分分析；外加剂与水泥的适应性实验。

② 混凝土配合比：C50 及底板大体积混凝土配合比见表 4-15。

高强与大体积混凝土配合比　　表 4-15

强度等级	水泥	砂	石子	水		粉煤灰
	kg					
C50	453	634	1 055	181	5.44	60
C40/P8	340	667	1 015	178	4.28	65

③ 混凝土选择：地下室至 4 层采用商品混凝土（C50 混凝土现场搅拌），其他混凝土均在现场采用 2 台 JF500 强制式搅拌机搅拌，砂石用 HP1200 配料机电脑自动计算，减水剂及粉煤灰由专人用固定容器投放。

④ 混凝土运输：采用 1 台输送泵运送，泵机最大理论输送量为 $54m^3/h$；最大泵送压力 9.5MPa；最大理论输送距离，垂直 200m，水平 1000m。

泵管随楼层升高，混凝土布料采用泵管前接 3～5m 长橡胶软管（人工移管）。

⑤ 混凝土浇筑：混凝土底板厚度在 1500mm 以上属于大体积混凝土，设计中已考虑了控制应力裂缝而增加暗梁及加大配筋率，这里主要考虑混凝土施工带来的影响。

热及内外温差计算：

未考虑掺粉煤灰的混凝土的内部温度为：

$$T'_H = T_t + T_0 \tag{4-7}$$

式中 T'_H——混凝土内部最高温度（未考虑粉煤灰）；

T_t——混凝土浇筑完 t 段时间混凝土绝热温升值；

T_0——混凝土入模温度，取 26℃。

对于 2500mm 左右厚的底板，在浇灌 3d 时的绝热温升值为：

$$T_t = T_3 = \frac{WQ}{C\rho} \times \frac{T_3}{T_{max}} = \frac{340 \times 460240}{993.7 \times 2400} \times 0.65 = 42.65℃ \tag{4-8}$$

式中 W——每立方米混凝土水泥用量，取 $340kg/m^3$；

Q——52.5 级普通硅酸盐水泥的水化热，为 46.240J/kg；

C——混凝土比热，为 993.70J/kg；

ρ——混凝土密度，取 $2400kg/m^3$；

T_3/T_{max}——根据所浇混凝土底板 2.5m 的厚度，及浇灌 3d 时的绝热温升系数查资料得 0.65。

混凝土浇筑 3d 后的内部实际最高温度：

$$T'_H = T_3 + T_0 = 42.65 + 26 = 68.65℃ \tag{4-9}$$

每立方米混凝土掺 65kg 粉煤灰，温度提高 1.3℃。即：

$$T_H = T'_H + 1.3℃ = 69.95℃ \tag{4-10}$$

混凝土表面温度：

$$T_{B(3)} = T_q + \frac{4}{H^2} \cdot h' \cdot (H - h')\Delta T_{(3)} \text{（仍以三天计算）} \tag{4-11}$$

式中 T_q——混凝土龄期 3d 的大气平均温度，取 24℃；

H——混凝土计算厚度，$H = h + 2h'$，m；

h——混凝土实际厚度，m；

h'——混凝土虚厚度，即 $h' = k \cdot \lambda/\beta$，m；

k——计算折减系数，根据资料取 0.666；

λ——混凝土导热系数，此处取 2.33W/（m·K）；

β——保温层的传热系数，按下式计算：

$$\beta = \frac{1}{\Sigma \frac{\delta_i}{\lambda_i} + \frac{1}{\beta_q}} \tag{4-12}$$

式中 δ_i——各种保温材料的厚度，本工程计划覆盖麻袋三层，δ_i=0.045m；

λ_i——麻袋导热系数，取 0.14W/m·K；

β_q——空气层导热系数，取 0.23W/m·K。

$$\beta = \frac{1}{\Sigma \frac{\delta_i}{\lambda_i} + \frac{1}{\beta_q}} = \frac{1}{\frac{0.45}{0.14} + \frac{1}{23}} = 2.74W/(m \cdot K)$$

$$h' = k \cdot \lambda/\beta = 0.66 \times 2.33/2.74 = 0.566$$

$$H = h + 2h' = 2.50 + 2 \times 0.566 = 3.633$$

$$\Delta T_{(3)} = T_H - T_q = 69.95℃ - 24℃ = 45.95℃$$

$$T_{B(3)} = T_q + \frac{4}{H^2} \cdot h' \cdot (H - h')\Delta T_{(3)}$$

$$= 24 + \frac{4}{(3.3)^2} \cdot 0.566 \cdot (3.633 - 0.566) \times 45.95℃$$

$$= 53.30℃$$

混凝土内外最大温差 ΔT＝69.95－53.30＝16.65℃＜25℃，符合规范要求。

为了进一步核定数据，设置8个测温区测定温度，设专人负责，每2h测一次，同时测定混凝土表面大气温度，测温采用电偶热温度计，最后加以整理存档。

在降低水化热措施计算中已考虑掺加高效（缓凝）减水剂，及掺加适量的粉煤灰代替部分水泥，以减少混凝土的收缩量及水化热。为降低混凝土入模温度，还对砂石进行覆盖和洒水降温。

混凝土采用台阶式分层（500mm）浇筑，用插入式棒振捣，表面采用平板振捣器振实。地下室外墙混凝土为C40、P8防水混凝土，一次浇筑，不设永久性变形缝。

C50高强混凝土浇筑时，采用插入式高频振捣器分层（≤500mm）浇灌振捣，对于混凝土强度等级变化的部位（梁板与柱、墙交接处），采用在离剪力墙与柱边500mm的梁（或板）上沿45°斜用5mm×5mm的铁筛网隔开的方法，先浇筑C50高强混凝土，然后浇筑低强等级混凝土。核心区混凝土施工大样见图4-13所示。

C50泵送混凝土水泥及粉煤灰掺量较大，易在柱（墙）的顶部100mm左右形成浮浆层，因此，混凝土泵送时应高出100mm，然后刮去浮浆层，以确保混凝土的质量。普通梁板混凝土的浇筑除采用插入棒振捣外，还需用平板振动器振实，然后整平扫毛。

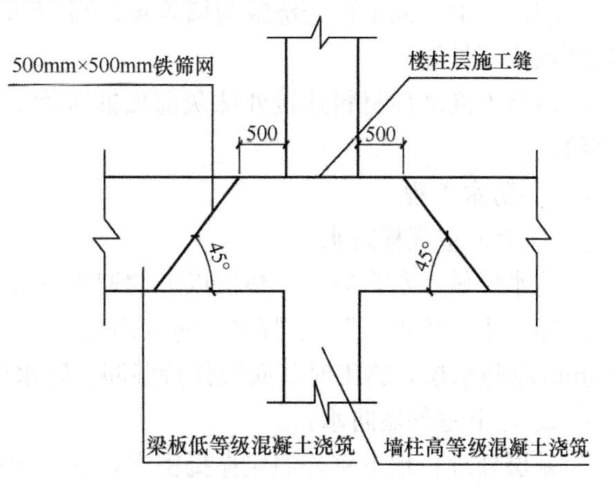

图4-13 梁柱不同墙柱等级的施工顺序

混凝土施工缝：

① 地下室地板：一次性浇筑，不留施工缝。

② 地下室外墙：施工缝留在底板以下500mm处，且留成平缝并加做300mm宽、1.5mm厚钢板止水带。

③ 梁板：各层一次性浇筑，如遇特殊情况必须留设施工缝时，其位置按施工规范的具体要求设置。

④ 内墙和柱：施工缝留设在该楼板或上层梁下50mm处。

⑤ 楼梯：施工缝留在梯段中间1/3范围内。

⑥ 水箱：施工缝留在水箱底板以上300mm处，做成“凸”字形。

在施工缝处继续浇筑混凝土时，必须待已浇筑的混凝土强度达到1.2MPa，并清除浮浆及松动的石子，然后铺与混凝土中砂浆成分相同的水泥砂浆50mm（梁板施工缝处一跨范围内加UEA膨胀剂）。施工缝处的混凝土应特别注意仔细振捣密实，使新旧混凝土结合紧密。

混凝土养护：

底板大体积混凝土覆盖2层麻袋保温养护14d，C50高强度混凝土墙柱拆模后挂一层麻袋专人浇水养护14d，其他梁、板、柱、墙混凝土浇水养护7d。养护期间应保证构件表面充分润湿。

5）脚手架工程

① 1～4层外墙脚手架直接从夯实后的地面上搭设。

② 5层以上采用钢管悬挑脚手架，每次悬挑4层。

6）砌体工程

陶粒空心砌砖在砌筑前不宜浇水，不得使用龄期不足28d的砌块进行砌筑，每日砌筑高度：190mm墙小于或等于2.4mm；140mm墙、90mm墙小于或等于1.4mm。砌体砌到梁底一皮后应隔天再砌，并采用实心砖砌块斜砌塞紧。

砌块砌筑时应与预埋水、电管相配合，墙体砌好后用切割机在墙体上开槽安装水、电管，安装好后用砂浆填塞，抹灰前加铺点焊网（出槽≥100mm）。

所有砌块在与钢筋混凝土墙、柱接头处，均需在浇筑混凝土时预埋圈梁、过梁钢筋及墙体拉结筋，门窗洞口、墙体转角处及超过6m长的砌块墙每隔3m设一道构造柱以加强整体性。

厨房、卫生间下部先浇筑与墙等宽、高100mm的C20混凝土垫脚，以保证厨、卫间地坪内水不外渗。

所有不同墙体材料连接处抹灰前加铺宽度≥300mm的焊网，以减少因温差而引起的裂缝。

7）防水工程

① 地下室底板防水：

防水层做在承台以下、垫层以上的迎水面，施工时待C15混凝土垫层做好24h后清理干净，用“确保时”（品牌名，防水用粉状涂料）涂料与洁净的砂按1∶1.5调成砂浆抹15mm厚防水层，施工时基底应保持湿润。防水层施工后12h做25mm厚砂浆保护层。

② 地下室外墙防水：

基层处理：地下室外墙应振捣密实，混凝土拆模后应进行全面检查，对基层的浮物、松散物及油污用钢丝刷清除掉，孔洞、裂缝先用凿子剔成宽20mm、深25mm的沟，用1∶1“确保时”砂浆补好。

施工缝处理：沿施工缝开凿20mm宽、25mm深的槽，用钢丝刷刷干净，用砂浆填补后抹平，12h后用聚氨酯涂料刷2遍做封闭防水。

止水螺杆孔：先将固定模板用的止水螺杆孔周围开凿成直径50mm、深20mm的槽穴，处理方法同施工缝。

防水层：在冲洗干净后的墙上（70%的湿度）用“确保时”与水按1∶0.7调成浆液刷第一遍防水层；3h后用“确保时”与水按1∶0.5配成稠糊浆刮补气泡及其他孔隙处，再用“确保时”与水按1∶1浆液涂刷第二遍防水层；4～6h后用“确保时”1∶0.7浆液涂刷第三遍防水层；3h后用“确保时”1∶0.5稠浆刮补薄弱的地方，接着用“确保时”1∶1浆液涂刷第四遍防水；6h后用107胶拌素水泥喷浆，然后做25mm厚砂浆保护层。

以上各道工序完成后，视温度用喷雾养护，以保证质量。

③ 厨房、卫生间防水：

先对楼面进行清理，然后再做找平层，待找平层养护2昼夜后刷“确保时”（1∶0.7）涂料2遍，防水层刷至墙面300mm高或出门外300mm。然后再做保护层。

④ 屋面防水：

屋面防水必须待穿屋面管道安装完后才能开始，其做法同卫生间，四周刷至电梯屋面机房墙及女儿墙上500mm。

8）屋面工程

屋面按要求做完防水及保护层后即做1∶8水泥膨胀珍珠岩找平层，其坡向应明显。找平层做好养护3d开始做面层找平层，然后做防水层，之后做架空隔热层。

9）柚木地板工程

① 准备工作：

检查水泥地面有无空鼓现象，如有先返修；

认真清理砂浆面层上的浮灰、尘砂等；

选好地板，对色差大、扭曲或有节疤的板块予以剔除。

② 铺贴：

胶粘剂配合比为107胶：普通硅酸盐水泥：高稠度乳胶＝0.8∶1∶10，胶粘剂应随配随用；

用湿毛巾清除板块背面灰尘；

铺粘过程中，用刷子均匀铺刷粘结混合液，每次刷0.4m^2，厚1.5mm左右，板块背面满刷胶液，两手用力挤压，直至胶液从接缝中挤出为止；

板块铺贴时留5mm的间隙，以避免温度、湿度变化引起板块膨胀而起鼓；

每铺完一间，封闭保护好，3d后才能行人，且不得有冲击荷载；

严格控制磨光时间，在干燥气候下，7d左右可开磨，阴雨天酌情延迟。

10）门窗工程

① 铝合金门窗：

外墙刮糙完后开始安装铝合金框。安装前每樘窗下弹出水平线，使铝窗安装在一个水平标高上；在刮完糙的外墙上吊出门窗中线，使上下门窗在一条垂直线上。框与墙之间缝隙采用沥青砂浆或沥青麻丝填塞。

② 隐框玻璃幕墙

工艺流程：放线→固定支座安装→立框横梁安装→结构玻璃装配组件安装→密封及四周收口处理→检查及清洁。

放线及固定支座安装：幕墙施工前放线检查主体结构的垂直与平整度，同时检查预埋铁件的位置标高，然后安装支座。

立框横梁安装：立框骨架安装从下向上进行。立框骨架接长，用插芯接件穿入立框骨架中连接，立框骨架用钢角码连接件与主体结构预埋件先点焊连接，每一道立框安装好后用经纬仪校正，然后满焊作最后固定。横梁与立框骨架采用角铝连接件。

玻璃装配组件的安装：玻璃装配组件的安装由上往下进行，组件应相互平齐、间隙一致。

装配组件的整封：先对密封部位进行表面清洁处理，达到组件间表面干净，无油污存在。

放置泡沫杆时考虑不应过深或过浅。注入密封耐候胶的厚度取两板间胶缝宽度的一半。密封耐候胶与玻璃、铝材应粘节牢固，胶面平整光滑，最后撕去玻璃上的保护胶纸。

11）装饰工程

① 顶棚抹灰：

采用刮水泥腻子代替水泥砂浆抹灰层，其操作要点：

基层清理干净，凸出部分的混凝土凿除，蜂窝或凹进部分用 1∶1 水泥砂浆补平，露出顶棚的钢筋头、铁钉刷两遍防锈漆；

沿顶棚与墙阴角处弹出墨线作为控制抹灰厚度的基准线，同时可确保阴角的顺直；

水泥腻子用 42.5 级水泥：107 胶：福粉：甲基纤维素＝1∶0.33∶1.66∶0.08（重量比）专人配置，随配随用；

批刮腻子两遍成活，第一遍为粗平，厚 3mm 左右，待干后批刮第二遍，厚 2mm 左右；

7d 后磨砂纸、细平、进行油漆工序施工。

② 外墙仿石砖饰面：

A. 材料：

仿石砖规格为 40mm×250mm×5mm，表面为麻面，背面有凹槽，两侧边呈波浪形。

克拉克胶粘剂为超弹性石英胶粘剂（H40），外观为白色或灰色粉末，有高度粘合力。

粘合剂（P6）为白色胶状物，用来加强胶粘剂的粘合力，增强防水用途。

填补剂（G）为彩色粉末，用来填 4～15mm 的砖缝，有优良的抗水性、抗渗性及抗压性。

B. 基层处理：

清理干净墙面，陶粒砖墙与混凝土墙交接处在抹灰前铺 300mm 宽点焊网，凿出混凝土墙上穿螺杆的 PVC 管，用膨胀砂浆填补，在混凝土表面喷水泥素浆（加 3%的 107 胶）。

C. 砂浆找平：

在房屋阴阳角位置用经纬仪从顶部到底部测定垂直线，沿垂直线做标志。

抹灰厚度宜控制在 12mm 以内，局部超厚部分加铺点焊网，分层抹灰。为防止空鼓，在抹灰前满刷 YJ-302 混凝土界面剂一遍，1∶2.5 水泥砂浆找平层完成后洒水养护 3d。

D. 镶贴仿石砖：

选砖：按砖的颜色、大小、薄厚分选归类。

预排：在装好室外铝窗的砂浆基层上弹出仿石砖的横竖缝，并注意窗间墙、阳角处不得有非整砖。

镶贴：砂浆养护期满达到基本干燥，即开始贴仿石砖，仿石砖应保持干燥但应清刷干净，镶贴胶浆配比为 H40∶P6∶水＝8∶1∶1。镶贴时用铁抹子将胶浆均匀地抹在仿石砖背面（厚度 5mm 左右），然后贴于墙面上。仿石砖镶贴必须保持砖面平整，混合后的胶浆须在 2h 内用完，粘结剂用量为 4～5kg/m^2。

填缝：仿石砖墙后 6h 即可进行，填缝前砖边保持清洁，填缝剂与水的比例为 G∶水

=5∶1。填缝约1h后用清水擦洗仿石砖表面，填缝剂用量0.7kg/m²。

12）垂直运输设施选择

本工程工期紧，平行交叉作业多，尤其是主体、维护墙、装修同期组织施工，故垂直运输设施方案安排如下：

选择一台法国产POAINT（FO/3B）型塔式起重机，最小起重量23kN，服务幅度61.6m两部井架各服务一个施工段。双龙人货电梯一部。

另外选择一台HBT-50型混凝土地泵。

本工程主要施工机具见表4-16。

主要机具一览表 **表4-16**

序号	机具名称	规格型号	单位	数量	计划进场时间	备注
	塔吊	POAINT	台	1	2013.2	
	双吊笼上人电梯	SCD100/100	台	1	2013.5	
	井架（配3吨卷扬机）	角钢2×2m	套	2	2013.5	
	水泵	扬程120m	台	1	2013.1	
	对焊机	B11-01	台	1	2013.1	
	电渣压力焊	MHS-36A	台	3	2013.1	
	电弧焊机	交直流	台	3	2013.1	
	钢筋弯曲机	WJ-40	台	4	2013.1	
	钢筋切断机	QJ-40	台	2	2013.1	
	剥肋滚丝机	GHG-40	台	2	2013.1	
	输送泵	HBT-50	台	1	2013.2	
	强制式搅拌机	JF-500	台	1	2013.5	
	砂石配料机	HP1200	套	1	2013.5	
	砂浆搅拌机	150L	台	2	2013.6	
	平板式振动器		台	2	2013.5	
	插入式振动器		台	8	2013.1	
	木工刨床	HB300-15	台	2	2013.1	
	圆盘锯		台	3	2001.1	

（4）主要组织管理措施

1）质量保证措施

① 建立质量保证体系。

② 加强技术管理，认真贯彻国家规定规范及公司的各项质量管理制度，建立健全岗位责任制，熟悉施工图纸，做好技术交底工作。

③ 重点解决大体积高强混凝土施工、钢筋连接等质量难题。装饰工程积极推行样板间，经业主认可后再进行大面积施工。

④ 模板安装必须有足够的强度、刚度和稳定性，拼缝严密。

⑤ 钢筋焊接质量应符合规范规定，钢筋接头位置数量应符合图纸及规范要求。

⑥ 混凝土浇筑应严格按配合比计量控制，若遇雨天及时调整配合比。

⑦ 加强原材料进场的质量检查和施工过程中的性能检测，对于不合格的材料不准使用。

⑧ 认真搞好现场内业资料的管理工作，做到工程技术资料真实、完整、及时。

2）安全及消防技术措施

① 成立以项目经理为核心的安全生产领导小组，设 2 名专职安全员统抓各项安全管理工作，班组设兼职安全员，对安全生产进行目标管理，层层落实责任到人，使全体施工人员认识到“安全第一”的重要性。

② 加强现场施工人员的安全意识，对参加施工的全体职工进行上岗安全教育，增加自我保护能力，使每个职工自觉遵守安全操作规程，严格遵守各项安全生产管理制度。

③ 坚持安全“三宝”（安全帽、安全带、安全网），进入现场人员必须戴安全帽，高空作业必须系安全带，建筑四周应有防护栏和安全网，在现场不得穿硬底鞋、高跟鞋、拖鞋。

④ 工地上的沟坑应有防护，跨越沟槽的通道应设渡桥，20～150cm 的洞口上盖固定盖板，超过 150cm 的大洞口四周设防护栏杆。电梯井口安装临时工具式栏栅门，高度 120cm。

⑤ 现场施工用电应按《施工现场临时用电安全技术规范》JGJ 46—88 执行。工地设配电房，大型设备用电处分设配电箱，所有电源闸应有门、有锁、有防雨盖板、有危险标志。

⑥ 现场施工机具，如电焊机、弯曲机、手电钻、振捣棒等应安装灵敏有效的漏电保护装置。塔吊必须安装超高、变幅限位器，吊钩和卷扬机应安装保险装置，有可靠的避雷接地装置。操作机械设备人员必须考核合格，持证上岗。

⑦ 脚手架的搭设必须符合规定要求，所有扣件应拧紧，架子与建筑物应拉结，脚手板要铺严、绑牢；模板和脚手架上不能过分集中堆放物品，不得超载，拆模板、脚手架时，应有专人监护，并设警戒标志。

⑧ 夜间施工应装设足够的照明，深坑或潮湿地点施工应使用低压照明，现场禁止使用明火，易燃易爆物要妥善保管。

3）文明施工管理

① 遵守城市环卫、市容、场容管理的有关规定，加强现场用水、排污的管理，保证排水畅通无积水，场地整洁无垃圾，搞好现场清洁卫生。

② 在工地现场主要入口处，要设置现场施工标志牌，标明工程概况、工程负责人、建筑面积、开竣工日期、施工进度计划、总平面布置图、场容分片包干和责任人管理图及有关安全标志等，标志要鲜明、醒目、周全。

③ 对施工人员进行文明施工教育，做到每月检查评分，总结评比。

④ 物件、机具、大宗材料要按指定的位置堆放，临时设施要求搭设整齐，脚手架、小型工具、模板、钢筋等应分类码放整齐，搅拌机要当日用完当日清洗。

⑤ 坚决杜绝浪费现象，禁止随地乱丢材料和工具，现场要做到不见零散的砂石、红砖、水泥等，不见剩余的灰浆、废铅丝、铁丝等。

⑥ 加强劳动保护，合理安排作息时间，配备施工补充预备力量，保证职工有充分的休息时间。尽可能控制施工现场的噪声，减少对周围环境的干扰。

4）降低成本措施

① 加强材料管理，各种材料按计划发放，对工地所使用的材料按实收缴，签证单据。

② 材料供应部门应按工程进度，安排好各种材料的进场时间，减少二次搬运和翻仓工作。

③ 钢筋集中下料，合理利用钢筋，标准层墙柱钢筋采用2层一竖，柱钢筋及墙暗柱钢筋采用电渣压力焊及冷挤压套筒连接，节约钢材。

④ 混凝土内掺高效减水剂及粉煤灰，节约水泥。

⑤ 混凝土搅拌机采用自动上料（电脑计量），并使用运输泵送混凝土，节约人工，保证质量。

⑥ 加强成本核算，做好施工预算及施工图预算，并力求准确，对每个变更设计及时签证。

5）工期保证措施

① 进行项目法管理，组织精干的、管理方法科学的承包班子，明确项目经理的责、权、利，充分调动项目施工人员的生产积极性，合理组合交叉施工，以保证工期按时完成。

② 配备先进的机械设备，降低工人的劳动强度，不仅可加快工程的进度，而且可以提高工程质量。

③ 采用“四新”技术，以先进的施工技术提高工程质量，加快施工速度，本工程主要采用以下一些“四新”技术：

A. 竖向钢筋电渣压力焊；

B. 任意方向钢筋直螺纹套筒连接；

C. C50高强混凝土施工技术；

D. 高层建筑泵送混凝土技术；

E. 高效减水剂及粉煤灰双掺技术的应用；

F. YJ-302混凝土界面剂在抹灰工程中的应用；

G. “确保时”刚性防水涂料的应用；

H. 陶粒空心砌块的应用；

I. “克拉克”粘结剂的应用。

6）雨期施工措施

1）工程施工前，在基坑设集水井和排水井沟，及时排除雨水及地下水，把地下水的水位降至施工作业面以下。

2）做好施工现场排水工作，将地面水及时排出场外，确保主要运输道路畅通，必要时路面要加铺防滑材料。

3）现场的机电设备应做好防雨、防漏电措施。

4）混凝土连续浇筑，若遇雨天，用棚布将已浇筑但尚未初凝的混凝土和继续浇筑的混凝土部位加以覆盖，以保证混凝土的质量。

（5）施工进度计划

本工程±0.00以下施工合同工期为4个月，地上为11个月，比合同工期提前一个月。总进度计划如图4-14所示。标准层混凝土结构工程施工网络计划如图4-15所示。

序号	主要工程进度表	第1年度												第2年度		
		1	2	3	4	5	6	7	8	9	10	11	12	1	2	3
1	机械挖土	—														
2	桩基工程		—	—												
3	地下室主体工程			—	—											
4	地上主体工程					—	—	—	—	—	—					
5	砌墙						—	—	—	—	—	—				
6	顶棚抹灰								—	—	—	—	—			
7	楼地面										—	—	—	—		
8	外装饰											—	—	—	—	
9	油漆施工													—	—	—
10	门窗安装							—	—	—	—	—	—	—		
11	屋面工程													—		
12	设备安装			—	—	—	—	—	—	—	—	—	—	—	—	—
13	室外工程															—

图4-14 施工综合计划

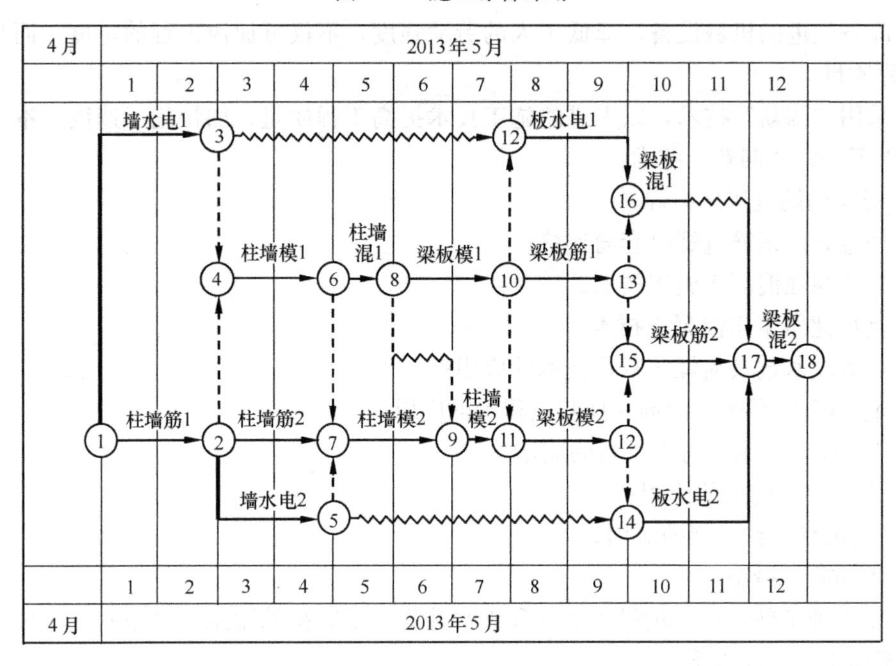

图4-15 标准层混凝土结构工程施工网络计划

(6) 施工平面布置图

地下室施工时，场地内无法设置各种加工工厂，钢筋、模板均须在场地外加工运至现场安装，混凝土采用商品混凝土，所有工人均住在基地，每天用客车接送至施工现场。

当地下室混凝土结构工程完成，室外土方回填结束后，现场设搅拌站，可布置各种加工场及材料堆场。施工平面布置图如图4-16所示。

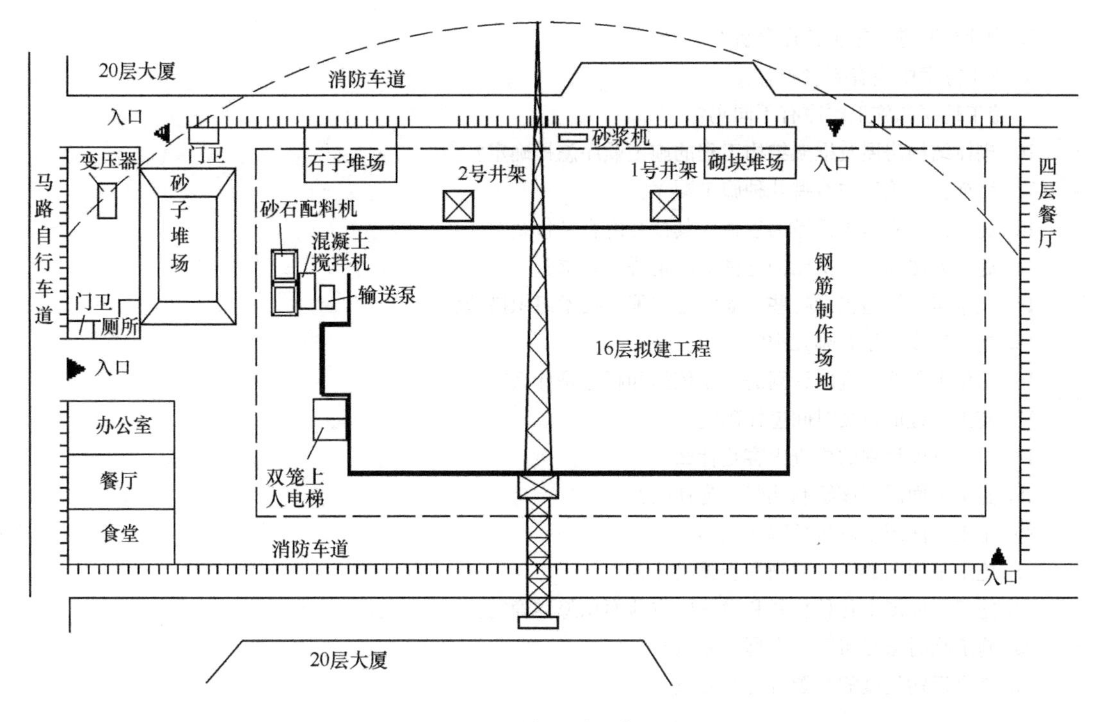

图 4-16　施工平面布置图

(7) 主要技术经济指标

1) 工期：工程合同工期（含土方、桩基）共 16 个月，计划 15 个月，提前 1 个月完成。

2) 用工：总用工数 19.38 万工日，其中地下室主体 1.16 万工日，地上主体结构 9.24 万工日，装修 5.58 万工日，安装 3.40 万工日。

3) 质量要求：合格。

4) 安全：无重大伤亡事故，轻伤事故频率在 1.5‰以下。

5) 主材节约指标：水泥共 5500t，拟节约 300t；钢材共 1200t，拟节约 40t；木材 $800m^3$，拟节约 $25m^3$；成本降低率 4%。

【教学指导建议】

1. 本单元的教学应以形成一个整体的职业能力为教学目标，在流水施工、网络计划的基础上，重点明确单位工程施工组织设计的全貌和编制概要。

2. 各部分学习训练时，均应注重多让学生阅读真正有指导意义的参考文件和实例。

3. 最好各部分的训练集中在一个单位工程中，最终形成整体编制能力。

复 习 思 考 题

1. 施工组织设计分为哪些类型？
2. 什么是单位工程施工组织设计？
3. 单位工程施工组织设计的编制依据是什么？
4. 单位工程施工组织设计的编制程序是什么？
5. 单位工程施工组织设计的内容有哪些？
6. 工程概况一般包括哪些内容？

7. 为什么要进行施工特点分析?
8. 施工方案中应有哪些内容?
9. 施工程序和施工顺序有不同吗?
10. 砌体结构房屋及框架结构工程的施工顺序怎样确定?
11. 装饰工程施工中有哪几种施工顺序?
12. 施工方法和施工机械的选择，其核心内容是什么?
13. 施工方法和施工机械的选择应满足哪些要求?
14. 技术组织措施包括哪些方面? 怎样编写技术组织措施?
15. 施工进度计划有哪几类?
16. 单位工程施工进度计划的编制依据和程序是什么?
17. 施工过程的持续时间怎样确定?
18. 施工进度计划的检查内容是什么?
19. 施工平面图应该绘制几张? 为什么?
20. 施工平面图中应包括哪些内容?
21. 施工平面图的设计原则和步骤是什么?
22. 施工平面图中各种材料和设施的占地面积怎样确定?
23. 施工临时道路布置时有哪些要点?
24. 垂直运输机械的布置有哪些要点?

训 练 题

1. 完成某框架类结构工程施工组织设计文件的编制。根据不同地区、教学时间、教学对象等各种因素由教师拟定，并详细具体地给定全部设计条件、设计要求等，编制教学实训任务书。

2. 利用假期开展社会调查，对某一建筑材料或设备了解社会企业生产供应情况。

5 专项工程施工组织设计的编制

【教学任务】 某高层写字楼工程，地上32层，地下2层，平面形状为"一字型"，长110m，宽15m，建筑面积58000m^2，采用干作业成孔灌注桩基础，混凝土等级为C25，框架剪力墙结构，承台及防水底板混凝土等级为C35，S6级抗渗。在该工程一侧（长度方向）有相邻建筑物，基坑边缘距原建筑物仅5m，其他三个侧面施工场地开阔，根据施工方案，基坑全部整体开挖完成后，再进行桩基础施工。基坑开挖深度为11m，采用H型钢板桩加两道锚杆支护，两道锚杆分别位于距基坑上口2.5m和6.5m处，试编制该工程土方开挖的专项施工方案。

【问题5-1】 对于单位工程施工，是否仅编制单位工程施工组织设计？

专项工程施工组织设计是以某一专项技术为编制对象，用以指导该专项技术施工组织的综合性文件。专项施工组织设计也常简称为专项施工方案。专项技术可能涉及的有：局部的施工技术较复杂；需要具备独立资质的施工安装技术（如一般土建工程中的钢结构安装、预应力施工、桩基础施工等）；特殊条件下的施工技术（如冬期施工及越冬维护、软弱地基、大跨结构、高耸结构等）；高新技术；专项分包的施工技术（如大型土石方）；重要的安全技术（如基坑支护与降水、模板、起重吊装、脚手架、拆除与爆破等）。

专项施工组织设计的编制内容、编制原理同单位工程施工组织设计，但企业应根据专项施工方案的特点，加强对专项施工方案的编制、审批、执行等的管理。

【问题5-2】 专项工程施工有什么特点？为什么要编制专项工程施工组织设计？

5.1 专项施工方案的编制范围

在国家有关的法律法规指导下，不同的施工企业根据其资质等级、施工技术力量等因素一般制定企业内部的相关规定，对专项施工方案的编制范围应作出明确具体的要求。如某企业规定下列分部分项工程应编制专项施工方案：

（1）基坑支护与降水工程；

（2）土方开挖工程；

（3）模板工程；

（4）起重吊装工程；

（5）脚手架工程；

（6）拆除、爆破工程；

（7）临时用电工程；

（8）国务院建设行政主管部门或者其他有关部门规定的其他危险性较大的工程。

5.2 专项施工方案的论证

专项施工方案所针对的工程内容往往存在技术、安全等复杂条件，在满足国家有关规定的条件下，可根据企业自身状况，在专项施工方案监督管理过程中，也常常制定对专项施工方案中有关内容的论证要求。

如某施工企业规定下列专项施工方案应进行专家论证后方可施工（仅供参考）：

（1）深度5m以上（含5m）深基坑或者深度虽未超过5m（含5m），但地质条件和周围环境及地下管线复杂的基坑；

（2）地下暗挖及遇有溶洞、暗河、瓦斯、岩爆、涌泥、断层等隧道工程；

（3）水平混凝土构件模板支撑系统高度超过8m，或者跨度超过18m，施工总荷载大于10kN/m^2，或者集中线荷载大于15kN/m的模板支撑系统；

（4）30m以上（含30m）高空作业工程；

（5）大江、大河中深水作业工程；

（6）城市房屋拆除爆破和其他土石大爆破工程。

5.3 专项施工方案编制的基本要求

大型施工企业常常制定有关规定，对专项施工方案的编制提出基本要求。如某企业对专项施工方案编制的基本要求（仅供参考）：

（1）专项施工方案应对相应分部（分项）工程施工过程进行详尽的策划，以确凿的文字、数据和图表对拟采取的措施、方法进行推证、论述。

（2）专项施工方案应提出相应分部（分项）工程所需人力资源、机械设备、仪器、材料、资料计划，并就如何控制加以论述。

（3）专项施工方案需对相应分部（分项）工程中的特殊过程、关键部位进行确定，并从人、机、料、法、环、测等方面进行论述。

（4）专项施工方案应说明原材料的检验和试验方法，必须有合格证、推广证书、检测报告等相关证明文件。

（5）专项施工方案应说明检验批或工序验收的时间和程序（自检、监理验收、第三方验收、隐蔽等程序）及分项工程验收标准。

（6）编制专项施工方案要有针对性，能够结合工程实际指导施工，避免照搬照抄。方案中涉及语言文字要准确，且具有肯定性，它不同于规范，尽量不使用“可”、“宜”等用词。

（7）凡未按本要求执行的专项施工方案不予办理审批和工程阶段验收等手续。

【问题5-3】 专项工程施工组织设计应包括哪些内容？

5.4 专项施工方案编制的内容

专项施工方案的编制，其内容也应相对固定，企业可结合自身情况，并参照单位工程施工组织设计的内容，作出相关的规定。如某企业规定专项施工方案编制应包含的主要内容有（仅供参考）：

1. 编制依据

应保证规范全面，不漏项；编制依据应包括工程合同、地质勘测报告、施工图纸、设计变更、国家（行业）标准、规范及强制性条文、地方标准和企业标准、作业指导书以及本工程所涉及的技术、文明施工、环保、职业健康安全等方面的内容，其中应列出所使用部分名称。

引用的规范、标准、操作规程、作业指导书等版本应有效，列出规范名称的同时，还要列出其版本号。

2. 工程概况

应对工程名称、地理位置、建筑面积、层数、层高、结构形式、基础形式等简单介绍。同时对专项施工方案所属类别进行详细描述（如模板工程专项施工方案应对混凝土的情况进行描述，脚手架工程专项施工方案应对楼体外围形状、结构形式、楼层高度、楼体总高度、出屋面情况等进行描述），同时注意对不同专项方案的工程概况的名称描述是不一致的（如临时用电的工程概况为现场勘察，模板工程的工程概况为混凝土的工程概况等）。

3. 材料、设备、器具选择

通常有些材料设备器具是预先选用的，事先就可以根据工程规模的大小、质量要求、结构形式、资金情况等进行选择。如脚手架使用的材料、模板使用的材料、起重吊装用的设备等。而有些材料器具的选择必须经过计算，结合相关的要求进行选择。如施工现场临时用电的电缆，电气设备等必须根据计算才能进行选型、选材，按要求配备。

4. 相关计算（验算）

应按照国家相关规范要求进行详细计算，特别是对关键部位进行计算（验算）。计算方法为：先进行相关荷载汇集，对每个荷载都要详细列出，并按相应的分项系数计算出设计荷载。同时在计算书上要附有结构计算图。然后按要求对相关的弯矩、剪力、轴力、扭矩、承载力、抗拔、抗倾覆、刚度、电流等相关内容进行计算（验算），不得漏项。计算时要先列出相应的详细公式，再进行代数，最后得出结论。

5. 施工方法

施工方法包括施工工艺，安装、拆除、挖、支等相关要求、施工顺序及要点。

6. 验收标准及程序

7. 施工图

施工图的绘制、标注必须全面、详实、准确，施工图一般包括平面图、立面图、节点图等。

8. 安全技术措施

一般的安全技术措施的编制方法：通过对与该分部分项工程的相关内容进行危险源的辨识、评价，对评价出的重大危险源有针对性地进行编制防范措施，同时也包括一般的安全要求、管理规定、操作规程及注意事项。

9. 环境保护、文明施工措施

10. 应急救援措施

按应急救援的有关要求编制。

11. 其他要求

指在个别方案中有特殊要求或需要说明的事项。如：相关的施工准备、组织保障措施、季节性措施、人员证件、协议等内容。

【案例 5-1】 列出模板工程专项施工方案的编制要点。

解：

根据专项施工方案编制内容的有关要求，现对模板工程专项施工方案的编制要点列出如下：

（1）编制依据；

（2）混凝土的工程概况；

（3）模板、支撑结构材料的选择及配板图；

（4）重要杆件的结构计算及特殊关键部位的计算（如集中荷载堆放处、悬挑构件等），附计算图示；

（5）模板的安装工艺及方案（含模板工程安装的技术质量标准等内容）；

（6）模板的拆除工艺及方案；

（7）保证模板安、拆的安全技术措施；

（8）环境保护及文明施工措施；

（9）与模板安拆有关的应急措施；

（10）其他措施（如施工准备、组织保障措施、季节性施工措施等）。

【案例 5-2】 列出施工现场临时用电专项施工方案编制框架目录。

解：

根据专项施工方案编制内容的有关要求，现对施工现场临时用电专项施工方案的编制要点列出如下：

（1）编制依据；

（2）现场勘测；

（3）确定电源进线、变电所或配电室、配电装置、用电设备位置及线路走向；

（4）进行负荷计算；

（5）选择变压器；

（6）设计配电系统：

1）设计配电线路，选择导线或电缆；

2）设计配电装置，选择电器；

3）设计接地装置；

4）绘制临时用电工程图纸，主要包括用电工程总平面图、配电装置布置图、配电系统接线图、接地装置设计图。

（7）设计防雷装置；

（8）验收标准、方法及程序；

（9）确定防护措施；

（10）制定安全用电措施和电气防火措施；

（11）触电及电气火灾应急措施。

【案例 5-3】 列出塔吊（井架、龙门架、升降机）安拆专项施工方案的编制要点。

解：

根据专项施工方案编制内容的有关要求，现对塔吊安拆专项施工方案的编制要点列出如下：

(1) 编制依据；

(2) 工程概况；

(3) 安拆作业资质、安拆协议；

(4) 设备概况；

(5) 安拆机具、器具、材料配备；

(6) 基础及相关资料；

(7) 准备工作；

(8) 人员组成及职责；

(9) 安、拆工艺、方法及技术质量要求；

(10) 扶墙架（缆风绳）设置设计；

(11) 安装过程检验和安装后技术检测标准、程序、方法（试车）等；

(12) 安、拆安全技术措施；

(13) 作业人员技术交底资料；

(14) 与安拆有关的应急预案；

(15) 其他（如作业人员证书影印件、设备的出厂合格证影印件等相关资料)。

5.5 专项施工方案的审批

专项施工方案往往涉及重大技术、安全问题，必须在企业内部经过逐层逐级审批。不同的施工企业可根据自身的情况、项目规模、等级等因素，对专项施工方案的审批应有明确和严格的规定，确定审批部门、流程等。一般地，对于大型企业集团，对专项施工方案参与审批的部门主要有：

(1) 项目经理部的技术、质量、安全、生产等相关负责人审核，项目经理审批。

(2) 子（分）公司的技术、质量、生产、安全等相关部门审核，总工程师审批。

(3) 总承包事业管理部的技术、质量、生产、安全等部门对方案进行审核，总工程师进行审批。

(4) 总包的特级资质项目，报送集团公司，由技术、质量、生产、安全等部门审核，并提出修改意见；各部门审核后，由技术质量（安全）处统一报送集团总工程师审批。

【案例 5-4】 某医科大学附属医院外科病房楼工程，位于×××市辽阳街。结构形式为框架剪力墙结构，地上 24 层，地下 2 层。负 2 层层高 6m，负 1 层层高 5.4m；桩基础承台为独立桩承台，防水混凝土底板厚 400mm，混凝土等级均为 C40、S8 抗渗混凝土。基坑挖土标高为－11.45m，由于该工程桩基础承台尺寸大，均为大体积混凝土，且地下防水施工也是保证工程质量的关键，施工场地狭窄，周围原建密集，此前已编制了基坑支护和降水的专项施工方案，现要求针对该工程基础承台和底板施工编制专项施工组织设计。

解：

(1) 工程概况

工程主要基本情况见案例中文字，其主要工程量详见表 5-1。

主要工程量一览表　　表 5-1

分项工程名称	单位	工程量	分项工程名称	单位	工程量
承台、承台梁挖土	m^3	3100	细石混凝土保护层	m^3	180
人工凿截桩头	个	587	承台、承台梁钢筋绑扎	t	290
承台及底板垫层	m^3	200	防水底板钢筋绑扎	t	120
保护墙砌筑及抹灰	m^3	650	钢板止水带	m	256
SBC120 防水卷材	m^2	7500	底板及承台抗渗混凝土	m^3	4000

（2）编制依据（略）

（3）项目经理部组织机构（略）

（4）施工准备

1）依据施工图对已施工的桩位进行检查核对，并报监理工程师进行验收。

2）组织放线测量人员熟悉图纸，将施工图尺寸、标高校验后，制定放线方案，并向放线人员交底。

3）所有进场的材料均有合格证，进场后均已进行见证取样复试，并合格。

（5）施工工艺流程

承台、承台梁、防水底板挖土→C15 混凝土垫层→砖保护墙砌筑→工作面土方回填→20 厚水泥砂浆找平层→卷材防水→平面 50 厚细石混凝土保护层、立面 20 厚 1∶2.5 水泥砂浆找平→钢筋绑扎、柱、墙插筋及验收→防水混凝土浇筑。

（6）施工段及检验批划分

根据现有的施工图，依据现场的实际情况及防水要求，本工程基础承台及防水底板施工不划分施工段，整体施工，其中采取大量的搭接施工，以加快进度。

分项工程检验批划分：

钢筋工程整体为一个检验批。

混凝土工程：混凝土垫层为一个检验批；C20 细石混凝土保护层为一个检验批；承台及抗渗底板共计 4000m^3 混凝土以 1000m^3 混凝土为一个检验批划分为 4 个检验批；外挡土墙上以 400 高 C50 混凝土为一个检验批；基础底板防水为一个检验批；保护墙砌筑为一个检验批；保护墙抹灰为一个检验批。

（7）主要分项工程施工方法与技术措施

1）测量放线

① 平面控制测量

在建筑物各轴线控制点定位于护壁桩冠梁上，架设经纬仪，向下传递轴线平面位置。

② 标高点的竖向传递

用水准仪、塔尺及钢尺等向下传递。为便于基础施工操作方便，在护壁桩上标定－11m标高点（每侧不小于 3 点），由此点作为基础各阶段标高控制依据。

③ 轴线投测方法

用激光经纬仪在轴线投测过程中，投测误差不得超过 2mm。对电梯井位的平面控制，在测量放线中是一个该注意的问题，在电梯井位附近设置纵、横控制轴线各一条，确保电梯井平面位置的正确性。施工放样技术要求见表5-2。

施工放样技术要求 **表5-2**

建筑物结构特征	测距相对中误差	测角中误差(″)	测站测定高差中误差(mm)	起始与施工测定高程中误差	竖向传递轴线点中误差(mm)
混凝土结构	1/20000	5	1	6mm	4

④ 各分项工程高程控制

A. 钢筋工程

利用往返观测将工作基点的引测至柱、墙竖向钢筋上，此项工作的精度不得低于水准网的精度要求，此工作经复测无误后，交给工长作为整个施工层标高控制的依据。

现场标高点用红或蓝胶带纸进行标识，应注意胶带纸上下边的统一。

工长在过程控制中，应注意检查以下部位标高情况：梁接头钢筋的顶标高，看钢筋是否有保护层。

B. 混凝土工程

工作重点：控制混凝土顶面标高。

待板底钢筋绑扎完成后，架设水准仪，将距混凝土面500mm的控制标高测设在剪力墙竖筋及柱立筋上，测设标高的数量应保证每面墙上有一标高点。

混凝土浇筑过程中，应随时将各标高点拉线，检查找平，此外工作面上也架设一台水准仪随时动态地进行监控，发现问题，及时改正，将混凝土顶面标高偏差值控制在±5mm以内。

⑤ 施工测量质量保证措施

为保证施工测量精确度，必须对所有测量标志进行标定和保护，包括轴线桩、水准基点等不能被碰动、误用或毁坏。定时对控制点进行复测，以便及时纠正点位。放线后应采取闭合、联测等方式检验且必须经有关人员复测，相对精度符合规范要求后方可施工。控制网的建立必须精心施测，相互检验，确保施测角度控制在2mm以内，量距相对误差控制在1/5000以内。

所需测量放样器具必须经检验合格，精度与数量应满足工程需要，测量工作应配备专职人员。

2）承台挖、填土

原基坑挖土标高为－11.45m，按照设计承台顶标高，结合建筑图垫层、保护层、防水层厚度，防水底板、承台及电梯基坑、集水坑等部位土方下挖，挖至垫层底标高处，采用人工挖土，机械运土。

① 土方开挖：基坑剩余土方采用人工开挖，小推车运至槽边，利用塔机作为垂直运输运至基坑上。基坑外采用挖掘机装土，自卸汽车运土。

② 基坑回填：承台、承台梁外侧采用2：8灰土回填，回填土的含水率控制在8%～12%，回填时每次回填厚度不得大于250mm。采用蛙式打夯机由四周向中间进行夯打，夯打时要一夯压半夯，夯夯相接、行行相连，两遍纵横交叉，分层夯实，土的压实系数不得小于0.94。由于施工场地狭小，现场周围无存土地点，基坑挖土土方全部外运，运距11km以外。基础外为水撼砂回填，回填用砂均为外购中砂，采用装载机装土、自卸汽车

运砂、运距 11km、人工回填砂如图 5-1 所示。

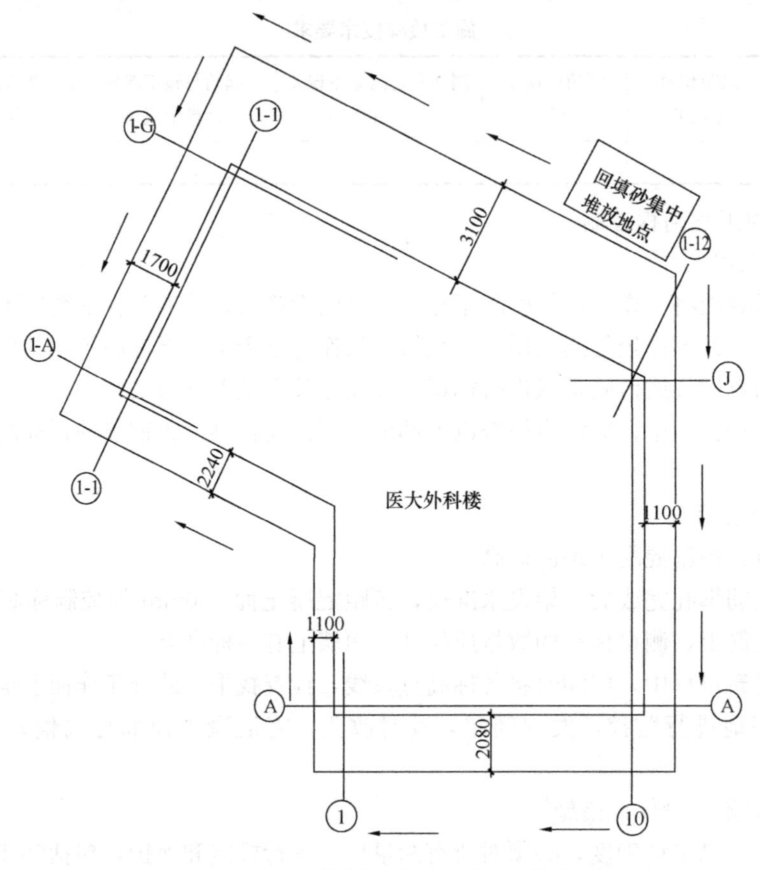

图 5-1 基坑人工回填砂区域示意图

经与建设单位、监理公司共同商定，外科楼地下两层外墙回填局部处理方法如下：自⑩轴外端起沿 A 轴方向共 26.9m，采用 C10 毛石混凝土回填，以确保原 4# 楼基础不受侵害，并保证消防通道地面不沉陷。毛石混凝土顶部回填至−0.55m。由于场地狭小，毛石自卸汽车卸至大门处后，人工手推车运至 4# 楼下集中堆放，以备施工所需。

除上述轴段外其他部分采用水撼砂回填。人工手推车运输，每层填充高度为 1.5m，采用水沉（砂含水量为 80%左右），人工夯实。采用四周同标高施工。至−0.45m 处无地基变形时最后用饱和水沉实。

施工中严格保护外墙防水层和保温苯板不受破坏。

各相关专业注意外出入管的预埋。

3）截桩、凿桩头

凿截桩头前对同条件混凝土试块试压，强度达到 50%后，方可进行施工。

截除桩头前用水准仪对桩头进行抄平，在桩上标注截桩线和桩头控制线（保证桩主筋锚入承台长度和桩头伸入承台高度），采用人工沿所标注的截桩线由桩四周向中间开凿，桩身混凝土凿除后，将桩头吊出基坑，再进行凿桩头。桩头凿除由手工采用专用工具进行修凿。凿成的桩头要求基本平整，不得有明显凹凸不平的现象。

4）模板工程

① 基础筏板电梯井、集水坑、排水沟槽等，模板采用木模，木方支撑；模板以多层胶合板和复合板为主，所用的模板应保证结构和构件各部位几何尺寸位置的正确，要具有足够的强度、刚度和稳定性，能可靠承受新浇筑混凝土的重量和侧压力，以及在施工过程中所产生的荷载。模板的构造要简单、安拆方便，便于钢筋绑扎、安装以及混凝土浇筑养护等要求。模板表面应平整、接缝严密，以保证不漏浆为原则，接缝宽度不得大于1.5mm。

② 砖保护墙砌筑：

A. 基础承台外侧砖保护墙用MU10砖M5水泥砂浆砌筑，砖保护墙厚为120mm（承台、电梯井、集水坑等局部加深部位砖保护墙高度大于1m时砌筑240 mm厚砖墙），内侧抹1∶2水泥砂浆，抹光。

B. 砖保护墙部位的混凝土垫层做法同基础承台混凝土垫层，混凝土垫层抗压强度须达到1.2N/mm^{2}后方能进行砖保护墙砌筑。

C. 砖保护墙砌筑前必须将基层清理干净，砖保护墙必须依据垫层上的墨线进行砌筑，对砖模的标高加以控制。

D. 砖保护墙侧回填土，分层回填、分层夯实，防止砖模变形。

E. 砖保护墙砌筑的允许偏差：轴线位移5mm；标高±5mm；截面尺寸＋4mm、－5mm；垂直度3mm；表面平整度5mm。

5）钢筋工程

项目部技术人员在施工前组织操作人员认真熟悉图纸，做好技术交底工作。

钢筋进场时必须有出厂合格证，并按规格分别堆放整齐。有片状老锈的钢筋严禁进入施工现场用于本工程，浮锈、油污等在使用前必须清理干净，未经二次检验合格的钢筋不得加工成型使用。

钢筋直径≥16mm竖向结构的主筋采用电渣压力焊连接，钢筋直径≤14mm竖向结构的主筋采用绑扎搭接；基础承台、承台梁、防水底板钢筋直径≥22mm的均采用滚轧直螺纹机械连接，钢筋直径≤20mm采用绑扎搭接。

在受压构件中同一截面内受力钢筋的接头相互错开，在任一焊接接头的中心至长度为钢筋直径35倍且不少于500mm区段范围内，同根钢筋不得有两个接头；在该区段内有接头的钢筋截面面积占受力钢筋总截面面积的百分比不得超过50％。

各焊工必须待焊接试件检验合格后方可正式焊接，焊工要持证焊接。钢筋均采用调直机调直，切割机切割，人工、机械弯曲成型，人工绑扎。

地下室剪力墙插筋与上部钢筋接头处留置在防水底板上800mm及1300mm处，且相互错开，同一截面的接头数量不得大于受力钢筋总数的50％。

钢筋保护层的控制：承台及底板下部钢筋保护层用50mm×50mm同保护层厚度的大理石垫块控制，底板上部主筋与承台下部主筋间用Φ25钢筋作为支撑杆，间距为@1000mm梅花状布置，如图5-2所示。防水底板上、下层钢筋之间采用Φ16钢筋制作马凳，间距为@1200mm梅花状布置以保证上下层钢筋间距的准确，如图5-3所示。

墙、柱插筋插入承台底，承台内柱及墙（暗柱）至少设三道箍筋及水平筋，柱主筋与承台底筋焊牢；框架柱钢筋插入、固定时，在四角用长度为2m的Φ20钢筋作为斜支撑；

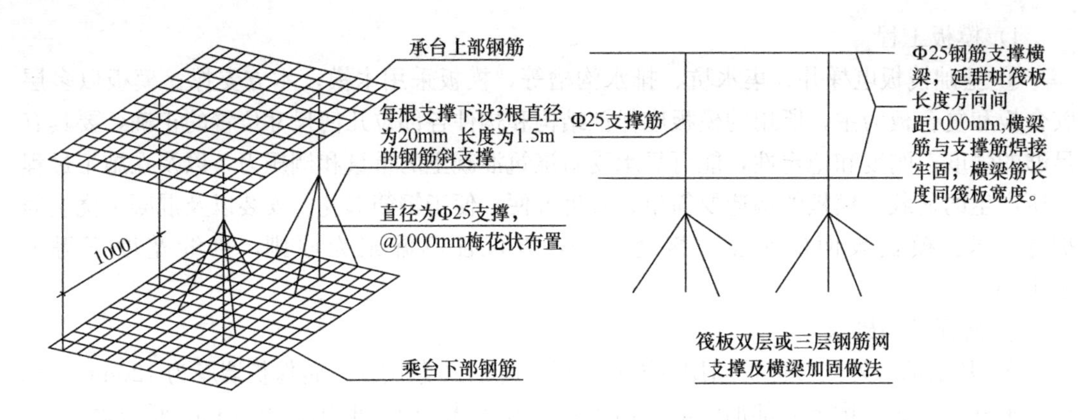

图 5-2 承台处钢筋保护层控制方法示意图

墙插筋固定采用 Φ48 钢管架固定。

为加固剪力墙、框架柱模板，在每根框架柱侧面预埋 4 根 Φ25 钢筋地锚环，距柱 1.5m；地下室剪力墙处距墙 500mm、1500mm、3500mm 设三道模板拉结地锚，沿墙长度方向间距 800mm 设置一道，如图 5-4 所示。地锚埋于底板混凝土中 300mm 深。射波刀、加速器等大于 1m 厚的墙体距墙 200mm、1500mm 处沿墙长度方向设置支撑钢板埋件，埋件为 200mm×200mm×3mm（厚）钢板，锚固段为 4Φ12 螺纹钢，长度为 200mm。

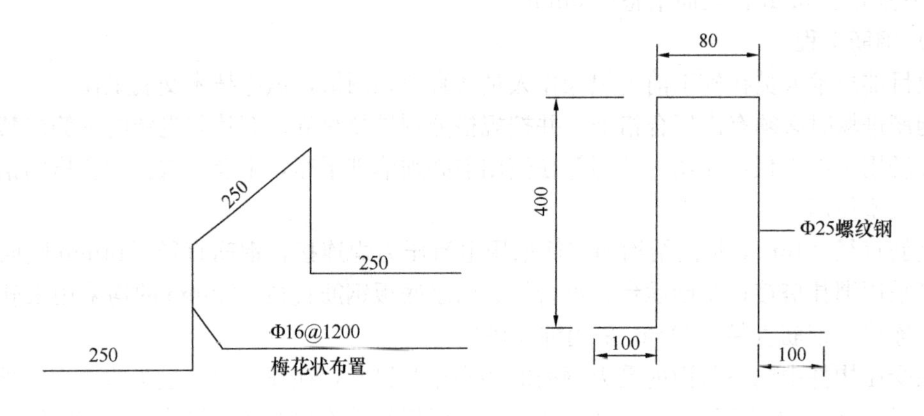

图 5-3 400mm 厚底板钢筋马凳示意图　　图 5-4 底板预埋钢筋地锚示意图

Ⅰ级钢筋末端作 180°的弯钩，其弯曲直径 D 不小于钢筋直径的 2.5 倍，平直部分长度不小于钢筋直径的 3.5 倍，Ⅱ级钢筋末端作 90°弯钩，弯钩长度根据图纸下料长度施工。箍筋的末端做成 135°弯钩，弯钩的平直部分长度不少于其直径的 10 倍。

钢筋绑扎：钢筋相交叉点用 22＃铁丝扎牢，梁和柱的箍筋与受力钢筋垂直设置，箍筋弯钩叠合处沿受力钢筋方向错开设置。

钢筋在绑扎安装前，将模板内的垃圾、杂物、木头、刨花等清扫干净，并经监理工程师验收合格后方可绑扎。

安装钢筋时，配置的钢筋级别、直径、根数和间距均应符合设计要求，钢筋安装的允许偏差为：网的长度、宽度±10mm；网眼尺寸±20mm；骨架的长度±10mm；受力钢筋间距±10mm；排距±5mm；箍筋、构造筋间距±20mm；受力钢筋保护层：承台底面及外侧50mm，内侧及顶面为35mm，基础梁及底板底面为40mm，基础梁顶面30mm，底板顶面为20mm；允许偏差为梁±5mm，板±3mm。

6）钢筋滚轧直螺纹机械连接

根据本工程的实际情况，承台基础梁直径≥22mm的钢筋均采用滚轧直螺纹机械连接。滚轧直螺纹接头是一种能充分发挥钢筋母材强度的钢筋接头，待接钢筋端部滚轧后其表面强度大大增强，连接接头强度高于钢筋母材强度，其性能指标满足《钢筋机械连接通用技术规程》JGJ 107—2003中A级接头的性能要求。

① 施工准备：

凡参加接头施工的操作人员、技术管理和质量管理人员应参加技术规程培训，操作工人应经考核合格后持证上岗。

钢筋应先调直再下料，切口端面应平整，不得有马蹄形或挠曲，宜用切割机下料，不得用气割下料。

钢筋加工场地搭设临时棚，做好防水、防雨措施。

加强对施工人员的技术、安全交底工作，使施工人员均能掌握施工要点。

② 丝头加工：

加工丝头的牙形、螺距必须与连接套的牙形、螺距一致，有效丝扣段内的秃牙部分累计长度小于一扣的周长。并用相应的环规和丝头卡板检测合格。

钢筋丝头螺纹公差应满足《普通螺纹公差与配合》GB 197-T/—81标准中6f级精度要求。

滚轧钢筋直螺纹时，采用水溶性切削润滑液，不得用机油作切削润滑液或不加润滑液滚轧丝头。

滚轧钢筋直螺纹前，先进行试加工，待检查完全达到要求后方可批量加工。

③ 丝头的检查：

操作人员应对自己作业的丝头逐个进行检验。

经自检合格的丝头，按要求对每种规格加工批量随机抽检10%，且不得少于10个，并按要求填写丝头加工检验记录。如有一个丝头不合格，即应对该批全数检查，不合格的丝头应重新加工，经再次检验合格方可使用。

已检验合格的丝头要加以保护。钢筋一端丝头应戴上保护帽，另一端拧上连接套，并按规格分类堆放整齐待用。

④ 连接套施工：

经检验合格的连接套，一端应盖好保护盖，并有明显的规格标记。

连接套进场时应有产品合格证。

连接套不能带有油脂等影响混凝土质量的污物。

连接套螺纹精度为6H级，并符合《普通螺纹公差与配合》GB/T 97—81的规定。

⑤ 钢筋连接：

连接套处混凝土保护层厚度要满足规范要求，但不得小于15mm，接头间的横向净距不宜小于25mm。

在任一接头中心至长度为钢筋直径35倍的区段范围内，有接头的受力钢筋截面面积占受力钢筋总截面面积的百分率，应符合下列规定：

A. 受拉区的受力钢筋接头百分率不宜超过50%。

B. 在受压区的钢筋受力较小的部位，接头百分率不受限制。

C. 接头宜避开有抗震设防要求的梁端和柱端的箍筋加密区。

⑥ 成品保护：

钢筋进场和制作加工后均按规格分别堆放，并做好标识。加强对丝头的保护工作，在其他工序施工过程中注意加以保护。

⑦ 接头施工现场检验与验收：

所用钢筋滚轧直螺纹连接，由厂方负责提供有效的形式检验报告。连接钢筋前，检查连接套的出厂合格证，钢筋丝头加工检验记录。钢筋连接工程开始施工过程中，对每批进场钢筋和接头进行工艺检验。工艺检验应符合下列要求：

A. 每种规格钢筋的接头试件不少于三根。

B. 对接头试件的钢筋母材进行抗拉强度试验。

C. 接头试件的抗拉强度母材均应满足《钢筋机械连接通用技术规程》JGJ 107—2003中A级强度的规定，试件抗拉强度应大于或等于0.9倍钢筋母材的实际抗拉强度。计算实际抗拉强度时，采用钢筋的实际横截面积。

随机抽取同规格接头数的10%进行外观检查，钢筋与连接套规格一致，接头外露完整丝扣不大于2扣，并按要求填写施工检查记录。

对接头的每一验收批，在工程结构中随机截取3个试件作单向拉伸试验。

7）混凝土工程

本工程所有混凝土均采用商品混凝土。

① 混凝土的运输：

承台、防水底板混凝土强度等级C40，抗渗等级S8（掺F102防水剂），防水保护层混凝土C20细石混凝土，垫层C15混凝土。混凝土的运输采用混凝土输送泵作为水平、垂直运输工具，将混凝土输送到浇筑地点。现场设两台80泵同时工作，保证混凝土浇筑的连续性。

② 泵送混凝土的注意事项：

使用混凝土输送泵时，混凝土的供应必须保证混凝土输送泵能连续工作。

输送泵管道宜直，转弯宜缓，如管道向下倾斜，要防止混入空气产生阻塞；泵送混凝土前先用适量的与混凝土成分相同的水泥浆或水泥砂浆润滑输送管内壁。

③ 施工准备：

及时掌握天气的变化情况，特别是雨、大风、寒流袭击之际，避免浇筑混凝土。

检查模板各部位的尺寸是否正确，是否与设计相符合。

浇筑混凝土前，将模板内的积水、垃圾、杂物等和钢筋上的油渍、浮锈等清除干净。

检查安全设施、劳动力配备是否妥当，以满足浇筑速度的要求。

④ 混凝土的浇筑：

设专人经常观察模板支撑、钢筋的位置情况，当出现变形或移位时，立即停止浇筑，并在新浇筑混凝土凝结前修复完好。浇筑混凝土时，其自由倾落高度不宜超过2.0m。混凝土的浇筑必须连续进行，如必须间歇，其时间应尽量缩短（不得超过2小时），并应在前层混凝土凝结之前将次层混凝土浇筑完毕，否则必须留置施工缝。施工缝的留置要符合有关规范规定。混凝土浇筑过程中，连续浇筑 1000m³ 混凝土，标准养护试块每 200 m³ 留置一组试块，同条件养护试块留置试块的数量不少于 2 组；抗渗试块每 500m³ 混凝土留置一组。

⑤ 混凝土的振捣：

混凝土的振捣做到：快插慢拔、均匀排列、不漏振。

混凝土分层浇筑，每层混凝土的厚度不大于 600mm，且每层混凝土的浇筑厚度不超过棒长的 1.25 倍（约 500mm）。振捣上一层混凝土时插入下层混凝土内的深度不小于 50mm，以消除两者之间的缝隙。在振捣上、下层混凝土时，应在下层混凝土初凝之前进行。每一振点要掌握好振捣时间，以混凝土表面呈现浮浆且不再下沉即可。

振捣器振点要均匀排列，以免漏振，每次移动距离不大于 400～500mm；振捣器使用时距模板不得小于 150～200mm，并不宜紧靠模板，尽量避免碰撞钢筋等。

新浇混凝土表面不得走人或有重物击压，表面用塑料布和草袋覆盖浇水养护，以保证其表面保持湿润状态。

⑥ 施工缝的留置及处理：

基础防水底板连续浇筑，不留置施工缝。地下室一2 层外挡土墙的混凝土施工缝留置在底板上 300mm 处，墙混凝土浇筑应在底板混凝土初凝前施工。

地下室墙施工缝的留置、做法：外墙混凝土施工缝留置在筏板上 300mm 处，在施工缝处交圈设置一道 300mm 宽、1.5mm 厚的钢板止水带，钢板长度不足时采用搭接焊，搭接长度不小于 10cm；止水带用 Φ12 钢筋进行支撑、加固，加固做法如图 5-5 所示。

⑦ 混凝土养护：

在自然条件下（大于 5℃），混凝土浇筑完毕后 12 小时，即用塑料布覆盖及时浇水养护，以保证混凝土表面足够的湿润，其浇水养护时间不少于 7 昼夜，掺加外加剂的混凝土浇水养护时间不少于 14 昼夜。

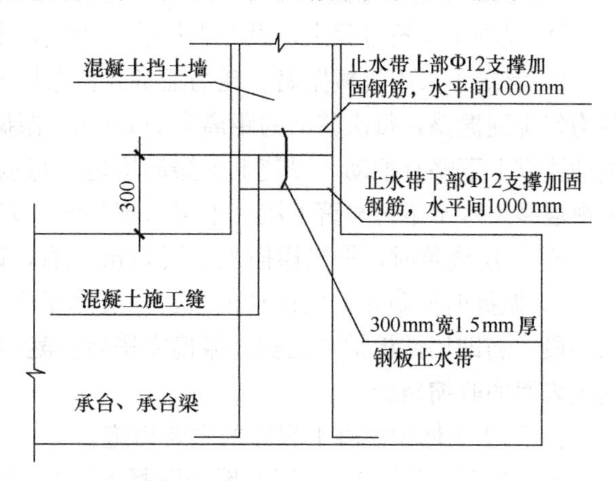

图 5-5 止水带支撑加固做法

⑧ 混凝土质量要求：

现浇结构的外观质量不应有严重缺陷。对已经出现的严重缺陷，应由施工单位提出技术处理方案，并经监理（建设）单位认可后进行处理。对经处理的部位，应重新检查验收。

现浇结构不应有影响结构性能或使用功能的尺寸偏差。对超过尺寸允许偏差且影响结构性能和安装、使用功能的部位，应由施工单位提出技术处理方案，并经监理（建设）单位认可后进行处理。对经处理的部位，应重新组织检查验收。

现浇混凝土构件的允许偏差，轴线位移：基础 15mm、柱梁 8mm；标高：±5mm；截面尺寸：±5mm；表面平整：8mm。

8）大体积混凝土施工技术措施

本工程桩承台混凝土浇筑属于大体积混凝土施工。根据现场实际情况，为保证大体积混凝土分层浇筑有效结合，降低混凝土初期水化热，提高防水底板防水性能，选用水化热较低的 42.5 等级的矿渣水泥，掺入高效缓凝剂，初凝时间控制在 8～10 小时。

① 施工准备工作：

大体积混凝土施工的准备工作，除按一般混凝土施工前必须进行的物质准备、机具准备、技术准备和现场准备外，根据其施工的特殊性，做好附属材料和辅助设施的准备工作。

在保证结构整体性的原则下，采用分层浇筑（每层厚度 80cm），尽量减少浇筑块在硬化过程中内外约束，分层的时间间隔做到既有利于散热，又考虑到底层对上层的约束。

控制内外温差，加强养护，防止产生贯通裂缝和其他有害裂缝。

② 施工工艺：

大体积混凝土的施工，一般宜在低温条件下进行，即最高气温不大于 30℃。本工程基础大体积混凝土的浇筑时间在 5 月中下旬，浇筑混凝土时的室外平均气温为 20℃左右，符合小于 30℃的要求。

③筏板大体积混凝土的施工方法和浇筑要点：

A. 混凝土浇筑顺序：混凝土从 1-1～1-3 轴方向浇筑；1 轴往 10 轴方向浇筑。

B. 大体积混凝土的浇筑，根据整体连续浇筑的要求，结合结构尺寸的大小、钢筋疏密、混凝土供应条件等具体情况，选用全面分层。即大体积承台结构分层浇筑（每层厚度 60cm），当已浇筑的下层混凝土尚未凝结时，即开始浇筑第二层，如此逐层进行，直至浇筑完成。基础混凝土浇筑从短边开始并沿长边推进浇筑。

C. 混凝土浇筑现场，设专人控制混凝土浇筑厚度和振捣的质量。

D. 混凝土浇筑过程中，设专人护筋、护模，发现变形、移位及时修复和调整。

E. 混凝土采用机械振捣。现场配备 8 台振捣器（其中 2 台备用），混凝土由 6 台振捣器均匀排列振捣，每次移动的距离为 500mm。振捣的操作做到快插慢拔，在振捣过程中，振动棒宜上下略有抽动，以使上下振动均匀。每点振捣时间一般以 20～30 秒为宜，但还应视混凝土水平不再显著下沉、不再出现气泡、表面泛浆为准。

F. 分层浇筑时，振捣棒插入下层 5cm 左右，以消除两层之间的接缝。

G. 振捣时要防止避免振动模板，并应尽量避免碰撞钢筋、管道、预埋件等。每振捣完一段，随即用铁板拍平压实，振捣完毕后初凝前对混凝土表面进行二次抹面，以减少混凝土表面的收缩裂缝。

④ 防止大体积混凝土裂缝的主要措施：

A. 采用降温法施工，即在搅拌混凝土时掺加混凝土缓凝减水剂，以降低混凝土的水化热，减少混凝土内、外的温差。

B. 作好温度计算工作，控制混凝土的内部温度与表面温度，表面温度与环境温度之差不超过 25℃。

⑤ 混凝土测温：

为了掌握大体积混凝土的温升和降温的变化规律以及各种材料在各种条件下的温度影响，需要对混凝土进行温度检测控制。

A. 测温点的布置：必须具有代表性和可比性；沿浇筑的高度在底部、中部和表面设置；平面测点间距布置在边缘与中间。

B. 混凝土的测温：在混凝土温度上升阶段每 2～4 小时测一次，温度下降阶段每 8 小时测一次，同时应测大气温度。

C. 所有的测温孔均按附图编号，测温工作由责任心强的专人进行，测温记录应及时交技术负责人阅审，并作为对混凝土施工和质量的控制依据。

D. 在测温过程中，当发现温度差超过 25℃时，应及时加强保温或延缓拆除保温材料，以防止混凝土产生温度应力和裂缝。

混凝土测温记录见表 5-3。

混凝土测温记录表　　**表 5-3**

测温孔编号：　　　　混凝土浇筑时间：

测温时间	混凝土表面温度（℃）	孔内温度（℃）	混凝土内、外温差（℃）	大气温度（℃）	天气情况	测温人	备注

测温点平面布置如图 5-6 所示。

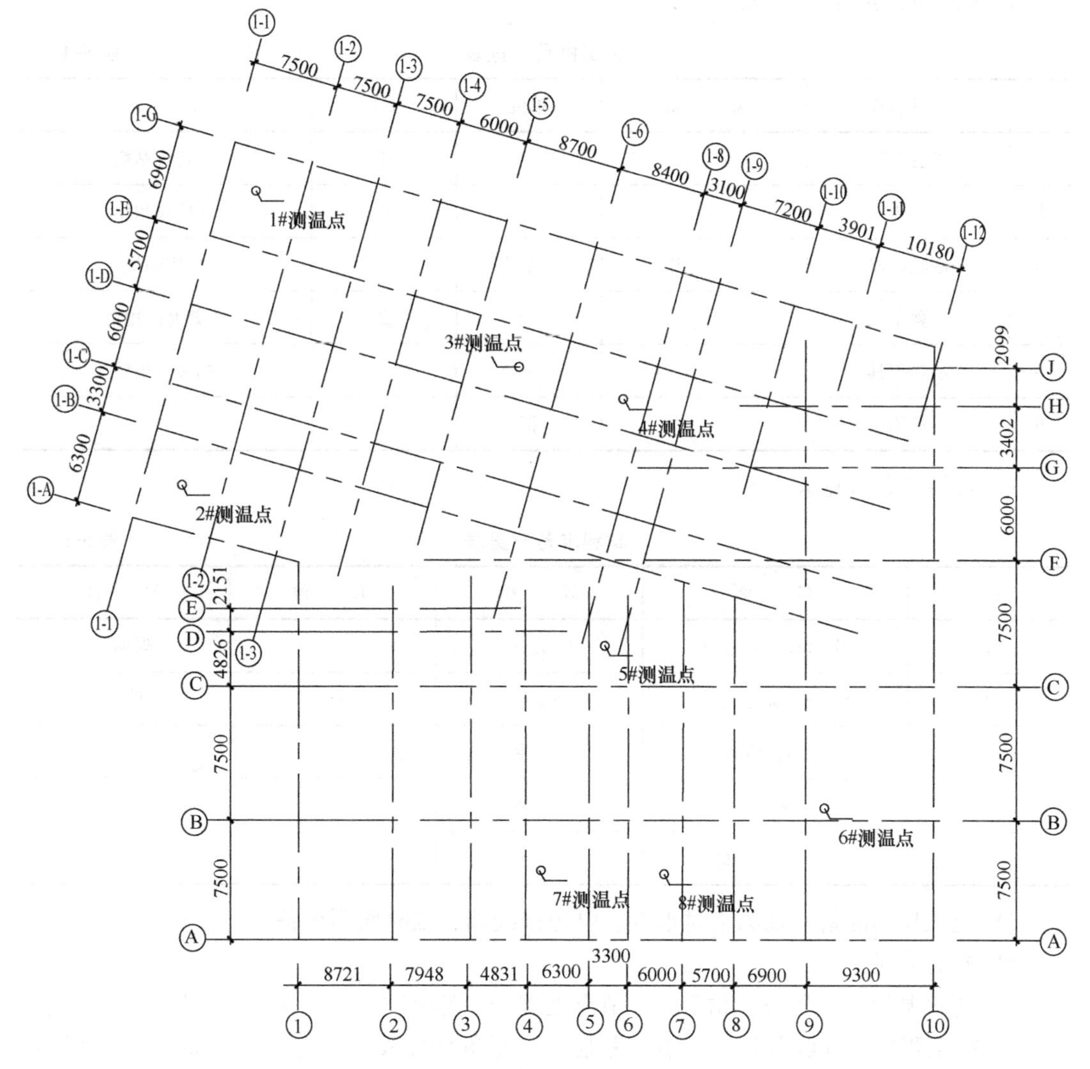

图 5-6　测温点平面布置图

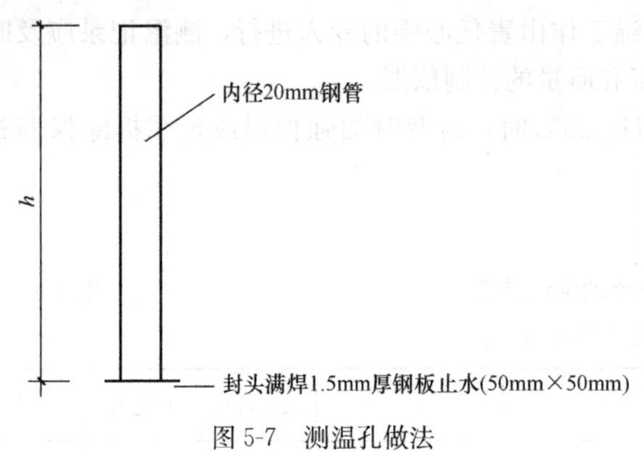

图 5-7 测温孔做法

（注：测温管长度 h=承台高度的三分之二）

测温孔做法如图 5-7 所示。

⑥ 混凝土养护：

为了保证新浇筑的混凝土有适宜的硬化条件，防止在早期由于干缩而产生裂缝，大体积混凝土浇筑完毕后，在 12 小时内用塑料布进行覆盖，混凝土的养护时间不少于 14 天。

9）SBC 卷材防水工程

①施工准备：

A. 人员准备：可根据实际进度适当调整人员，满足施工质量及施工进度要求。

B. 施工机具准备（见表 5-4）：

施工机具一览表　　表 5-4

序号	器具名称	规　格	单位	数 量	备　注
1	搅拌器		个	1	制备胶粘剂
2	刮板		个	10	硬橡胶制作
3	制胶容器	≥100 升	个	2	可用油桶
4	剪子		把	2	普通民用
5	清扫工具		把		扫帚、小铲
6	滚刷		把	4	

C. 材料准备（见表 5-4）：

材料准备一览表　　表 5-5

序号	名　称	规　格	单　位	备　注
1	SBC120 防水卷材	300g/m^2		附加层
2	SBC120 防水卷材	500g/m^2	m^2	主防水层
3	专用胶粘剂	1kg/袋	kg	
4	水泥	32.5 级	kg	
5	桩头节点型材			桩头防水

D. 施工现场准备：现场临时水管、电源接线端、临时照明设备等。

② 施工步骤：

A. 清理基层——制备胶粘剂——节点处理——卷材防水层施工——自检——验收。

B. 施工程序：验收基层——清扫基层——制备粘接胶——处理节点部位——铺贴底板和临时保护墙卷材——自检复合卷材施工质量——报验。

C. 基层验收：找平层应抹平、压光，不应有脱皮、起砂、空鼓、开裂等现象。坡向均匀一致，符合设计要求，阴阳角处应做成直角。

D. 粘接剂配制工艺：专用胶粘剂为水泥重量的2%，配制时将1kg胶粘剂与6～10kg水泥干混均匀，然后边搅拌边将其加入到27.5～32.5kg的水中，搅拌均匀后逐渐加入剩余的水泥，边加入边搅拌，至无凝快、无沉淀、无气泡即可使用。

E. 节点部位（阴阳角）处理如图5-8所示。防水层节点部位采用500g/m²SBC120做附加层。

F. 桩头节点防水

桩头采用SGN承载防水卷材，结合施工现场基层实际情况，桩头卷材采用预制配套节点型材施工，粘接高度依据现场桩头实际高度，上表面涂刷聚合物水泥基防水涂料，底板防水卷材铺帖至桩头根部，形成封闭整体。

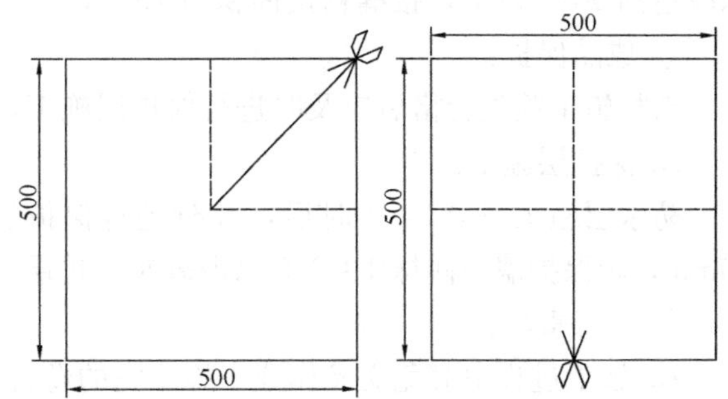

图5-8 阴阳角卷材下料图

检查、清理、修补基面，基面应为坚实基体。若有污渍应清理干净，基面出现破损应进行修复。桩头侧壁及转角处要求平整、光滑、均匀一致。

桩头侧壁防水采用600g桩头节点型材，节点型材在桩头侧面粘接，施工高度为桩头实际高度，要求无空鼓、无翘边、无打皱。

桩头上表面涂刷水泥基聚合物水泥防水涂料厚度约1mm。

钢筋根部采用橡胶止水条（20mm×30mm），如图5-9所示。

G. 基础及剪力墙防水结构如图5-10所示。

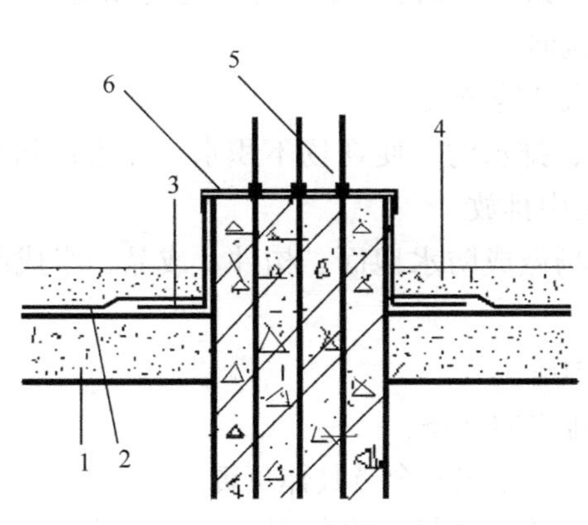

图5-9 钢筋根部橡胶止水条

1—底板垫层、找平层；2—底板500g/m² 防水卷材防水层；3—桩头节点型材；4—细石混凝土保护层；5—橡胶止水条；6—水泥基聚合物防水涂料

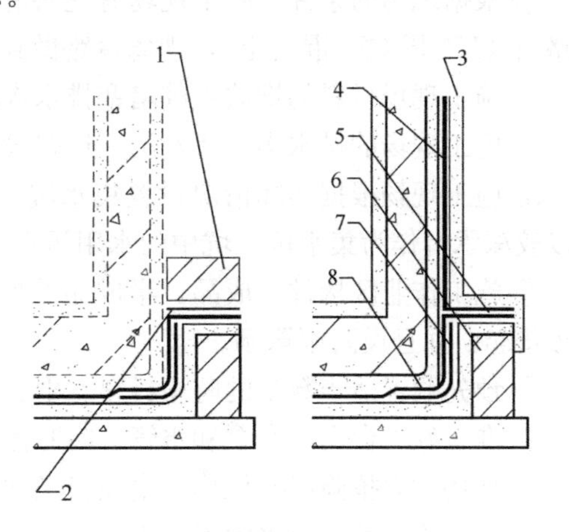

图5-10 基础及剪力墙防水结构

1—临时保护挡墙；2—卷材防水层；3—保护层；4—高分子胶粘剂；5—卷材防水层接缝；6—永久性保护挡墙；7—附加层；8—主防水层

H. 复合卷材铺贴：将卷材预放3～12m，找正方向后在预放长度的中间处固定卷材，再将卷材一端卷至固定处，将水泥胶涂刷到基层滚动卷材用刮板排气压实。垂直面的卷材

必须纵向铺贴，自上向下对正，自下向上排气压实，要求基层与卷材同时涂胶，厚度约1.0mm。

I. 接缝施工：复合卷材接缝采用搭接方式，搭接宽度长边80～100mm，短边80～100mm，接缝应错开转角处，接缝位置应距转角0.3m以上，垂直转角处卷材接缝应在水平面上，距转角0.6m以上。

J. 复合卷材粘贴应目视无空鼓现象，粘贴层必须连续均匀，铺贴完整。有效粘接面积应达到90%以上，接缝粘接面积为100%。

③ 成品保护：

卷材施工验收合格后应及时进行保护层施工，防止人为、机械意外损坏。

④ 保护层施工：

防水层施工完毕24小时后，及时进行保护层施工，保护层用C20细石混凝土浇筑50mm，砖保护墙内侧抹1∶2.5水泥砂浆保护层。

⑤ 注意事项：

A. 施工过程中避免交叉作业，施工完的卷材24小时严禁踩踏。

B. 施工人员必须穿软底鞋，避免损坏卷材。

C. 复合卷材严禁与有机溶剂接触，避免溶胀变形、起鼓。

D. 防水层验收合格后方可进行下道工序施工。

(8) 雨季施工技术措施

根据目前工程进度，该工程的基础及地下室施工将在雨季进行。虽然地处北方，为了圆满完成雨季施工任务，确保雨季期间施工的工程质量，特编制本措施。

1) 施工准备

① 根据现场的条件，施工现场有完善有效的排水措施，施工现场的道路做成混凝土硬路面（150厚C20混凝土），现场道路做到雨过路干不积水，保证车辆运行畅通。

② 施工现场材料的堆放不准堵塞排水沟的流向。

③ 施工现场的排水沟、泄水沟、道路设专人挂牌负责。

④ 施工现场根据实际情况设置集水坑、井、排水沟，使现场不积水、存水；基坑内借以较深承台作为集水坑，坑中的水用污水泵集中排放。

⑤ 施工作业区构件、成品、半成品的堆料场做成防水地面。构件、成品、半成品设垫板垫起，并且设防雨罩棚。

⑥ 预先购置适当数量的防雨材料、雨衣、雨靴等。

⑦ 准备好4台污泥水泵和水管，随时做好排水的准备。

⑧ 现场建立抢险组织机构，由项目经理牵头，专职安全员具体负责。

⑨ 雨季施工前，对水泥库、半成品、成品等构配件场地设好罩棚，做好防水、防潮处理。管理人员认真保管，每日查看，及时排除隐患，保护好材料。

⑩ 对怕雨、怕潮湿的材料、物品尽可能放在库内，否则必须架起垫离地面、封闭好，使其不受潮。

⑪ 对水泥库的屋面、墙面进行检查，不得有渗、漏的现象，水泥堆放时必须架空堆放且距墙面、地面的距离均不少于300mm。

2) 分项工程施工技术措施

混凝土分项工程施工技术措施：

① 施工之前要掌握气象预报，雨天不宜在露天条件下浇筑混凝土，新浇筑的混凝土用塑料彩条布覆盖，以防止雨水破坏混凝土表面。

② 大雨过后及时对模板的支撑系统进行检查，确认无变形和松动后方可浇筑混凝土。

钢筋工程分项工程施工技术措施：

① 钢筋进场后放置在棚内，按规格、品种分别堆放，盘圆钢筋成捆堆放，长条钢筋顺直堆放，不准乱扔乱放。

② 成型加工完的钢筋按规格、编号分别堆放，距地面不少于150mm，用塑料彩条布覆盖，以防止淋雨。

③钢筋在运输、倒运过程中，要注意不能被泥土、泥浆等污染，如有污染的必须及时用自来水冲洗干净。

（9）拟投入的各项资源计划

1）机械设备计划（见表5-6）

机械设备计划表 **表5-6**

主要机械名称	台　数	能　力	备　注
塔吊	1	QTZ-63	垂直、水平运输
混凝土输送泵	2	HTB80	
装载机	1	ZL30B	
钢筋弯曲机	2	GB-40	
钢筋切断机	2	JQ40	
卷扬机	1	JJK-1.57	
圆盘锯	2	直径1000mm	
水准仪	1	S2苏州	
经纬仪	1	J2苏州	
电焊机	3	15kW直流	
电渣压力焊机	2		
直螺纹套丝机	2	DY-40	
插入式振捣器	10	DZ50	
平板振捣器	2	BZ50	

2）劳动力计划（见表 5-7）

劳动力计划表 **表 5-7**

工　种	单位	数量	工　种	单位	数量
管理人员	人	15	瓦工	人	20
特殊工种	人	10	力工	人	50
钢筋工	人	60	防水工	人	10
木工	人	10	混凝土工	人	6
架子工	人	6			

3）主要材料计划（见表 5-8）

主要材料计划表 **表 5-8**

材料名称	单位	数量	材料名称	单位	数量
商品混凝土	m^3	5000	竹胶板	m^2	200
钢筋	t	420	木方	m^3	10
水泥	t	100	脚手钢管	t	50
砂	m^3	300			

（10）施工进度计划

本工程施工进度计划如图 5-11 所示。

序号	分项工程　日期	工程量	人数	天数	四月份						五月份																								
					25	26	27	28	29	30	1	2	3	4	5	6	7	8	9	10	11	12	13	14	15	16	17	18	19	20	21	22	23	24	25
1	工程桩施工	880m^3	15	16																															
2	承台、承台梁挖土	3100m^3	45	18																															
3	承台垫层	200m^3	40	20																															
4	人工凿桩头	587根	50	19																															
5	砖模砌筑、抹灰	650m^3	50	21																															
6	SBC120防水卷材	7500m^2	15	21																															
7	细石混凝土保护层	180m^3	20	19																															
8	承台、承台梁钢筋绑扎	290t	80	17																															
9	试桩（1—8#）	8组	10	8																															
10	防水底板钢筋绑扎	120t	60	12																															
11	墙、柱定位放线		4	10																															
12	柱插筋	12	20	5																															
13	墙插筋	10	20	7																															
14	焊止水钢板	256m	5	7																															
15	基础验筋		3	1																															
16	底板、承台混凝土浇筑	4100m^3	30	2																															
17																																			
18																																			
19																																			
20																																			
说明：本计划根据正常施工情况下编制，未考虑恶劣天气等不可抗力因素以及其他外部因素的影响。																																			

图 5-11　施工进度计划

(11) 施工平面图

本工程施工平面布置图如图 5-12 所示。

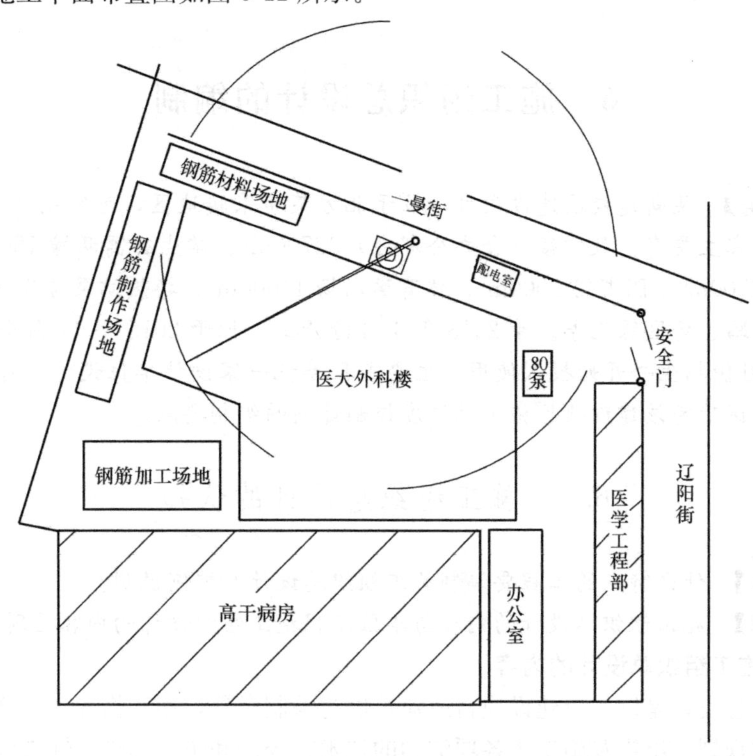

图 5-12 外科楼基础施工平面布置图

【教学指导建议】

1. 在单位工程施工组织设计学习领会的基础上，本单元应重点认清专项工程施工组织设计的内涵，深入了解其编制的范围。

2. 在单位工程施工组织设计编制训练的基础上，对专项工程施工组织设计的具体编制工作，不一定训练过多。根据有限的教学时间，应重点熟悉专项工程施工组织设计的编写框架或编写目录。

3. 应通过多个具体的专项工程施工组织设计范例，帮助学生加强领会专项工程施工组织设计的编制内容。

复习思考题

1. 什么是专项工程施工组织设计？其编制对象是什么？
2. 专项施工方案与专项工程施工组织设计两种名称是否有不同？为什么？
3. 专项工程施工组织设计与分部分项工程施工组织设计有什么区别？
4. 专项工程施工组织设计与单位工程施工组织设计在编写内容上是否有区别？

训 练 题

每位学生收集一份专项工程施工组织设计文件实例，并讲解其中的要点。

6　施工组织总设计的编制

【教学任务】 某新建校区建设项目，位于北方某市采暖地区，可容纳3000名学生就读，其工程内容主要有：教学楼（含办公部分）38700m²、学生公寓两幢15000m²、食堂（含洗浴室）2800m²、图书馆2000m²、体育运动场14000m²、换热站泵房300m²、水电外网以及场区道路、场区绿化等。于2013年4月份开工，拟于2015年11月全部竣工。要求2014年8月份招生并开始投入使用。主要工程委托一家设计单位设计，时间紧只能陆续出施工图，试确定该建设项目施工总进度控制计划的编制要点。

6.1　施工组织总设计的认知

【问题6-1】 什么特点的工程要编制施工组织总设计？举例说明？

【问题6-2】 施工组织总设计的内容与单位工程施工组织设计的内容区别在哪？

6.1.1　施工组织总设计的内容

施工组织总设计是以一个建设项目或建筑群为编制对象，用以指导一个建设项目或建筑群全过程的规划、组织及施工等各项活动的技术、经济和组织的综合性文件。施工组织总设计的内容一般包括：

（1）建设概况；

（2）施工总目标及管理组织；

（3）施工部署和主要工程项目施工方案；

（4）施工总进度计划；

（5）施工总资源计划；

（6）施工总准备计划；

（7）施工总平面图；

（8）主要技术经济指标。

根据不同的建设项目和具体要求，还可增加施工总质量计划、施工总成本计划、施工总安全计划及施工风险总防范等相关内容。

施工组织总设计由建设总承包单位或工程项目经理部的总工程师编制。其主要作用是：为建设项目或建筑群的施工作出全局性的战略部署；为做好全局性施工准备工作、保证资源供应提供依据；为建设单位编制工程建设计划提供依据；为施工企业编制施工计划提供依据；为编制单位工程施工组织设计提供依据。

6.1.2　施工组织总设计的编制依据和编制程序

1. 编制依据

（1）计划文件。包括国家批准的基本建设计划、主管部门的批件、可行性研究报告或上级下达的施工任务计划等。

(2) 设计文件。包括建设项目的初步设计与扩大初步设计或技术设计的有关图纸、设计说明书、建筑总平面图、建设地区区域平面图、建筑竖向设计、总概算或修正概算等。

(3) 工程勘察和原始资料。包括建设地区的地形、地貌、工程地质及水文地质、气象等自然条件；交通运输、能源、预制构件、建筑材料、水电供应及机械设备等技术经济条件；建设地区的政治、经济、文化、生活、卫生等社会生活条件。

(4) 法律法规、技术和安全规范、规程、标准及其他有关资料。

(5) 有关合同。包括签订的工程承包合同、工程材料和设备的订货合同等。

(6) 类似工程的施工组织总设计及有关参考资料。

2. 编制程序

施工组织总设计的编制也应按照特定的程序进行。施工组织总设计编制的一般程序如图 6-1 所示。

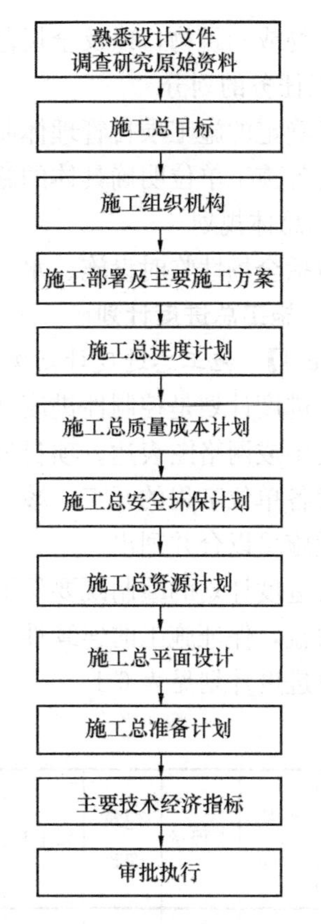

图 6-1 施工组织总设计的编制程序

6.2 施工组织总设计的编制

6.2.1 施工部署

【问题 6-3】 怎样理解“施工部署”的含义？它与施工方案有什么不同？

施工部署是对整个建设项目全局作出的统筹规划和全面安排。建设项目的性质、规模和施工条件等不同，但其内容主要应包括：工程开展程序、主要工程项目的施工方案、施工任务划分、现场总体规划等。

1. 工程开展程序

建设项目的建设规模、投资较大，建设周期较长等，考虑及早投产使用、及早发挥经济效益、社会效益以及建设条件、生产工艺要求、建设资金状况等多方面因素，往往采取分期分批建设，所以应合理规划所属各项工程的开工完工时间，在全局上实现施工的连续性和均衡性，并降低工程总成本。总的原则应是：优先安排工程量大、施工难度大、工期长的项目；供施工、生活使用的项目及临时设施；按生产工艺要求，先期投入生产或起主导作用的工程项目等。

2. 主要施工项目的施工方案

施工组织总设计针对的范围较大，但应对其中一些主要工程项目制定施工方案。建设项目中主要工程项目是指工程量大、施工难度大、工期长，对整个建设项目的完成起关键作用的建筑物或构筑物，以及全场范围内工程量大、影响全局的特殊分项工程等。

3. 施工任务的划分

依据已确定的施工项目管理体制，建立施工现场统一的组织领导机构及职能部门，对参与建设的各施工单位明确具体的施工任务，明确各施工单位之间的分工与协作关系。

4. 现场总体规划

主要包括全场性临时设施、水、电、道路、测量以及平面利用等方面。

6.2.2 施工总进度计划

【问题 6-4】 *施工总进度计划编制时，其施工过程的划分有什么特点？为什么？*

施工总进度计划是控制性进度计划，主要起控制总工期及各分项目施工进程的作用，可以用横道图或网络图表达。项目划分不宜过细，可按照确定的主要工程项目的开展顺序排列，明确各单位工程的开工、竣工时间和相互搭接关系，其中的一些附属项目、辅助工程及临时设施可以合并列出。

施工总进度计划的编制既要保证拟建工程在规定的期限内完成，又要及时发挥投资效益、社会效益，保证施工的连续性和均衡性，节约施工成本费用。

施工总进度计划见表 6-1。

施工总进度计划 **表 6-1**

序号	工程项目名称	结构类型	工程量	建筑面积	总工日	施工进度计划														
						20××年度					20××年度					20××年度				
						1	2	3	…	…	1	2	3	…	…	1	2	3		
1	…	…	…	…	…															
2	…	…	…	…	…															
3																				
…																				

施工总进度计划也可以用网络图进行表达，编制网络进度控制性计划。如某 30 层高层框剪结构工程控制性网络计划如图 6-2 所示。

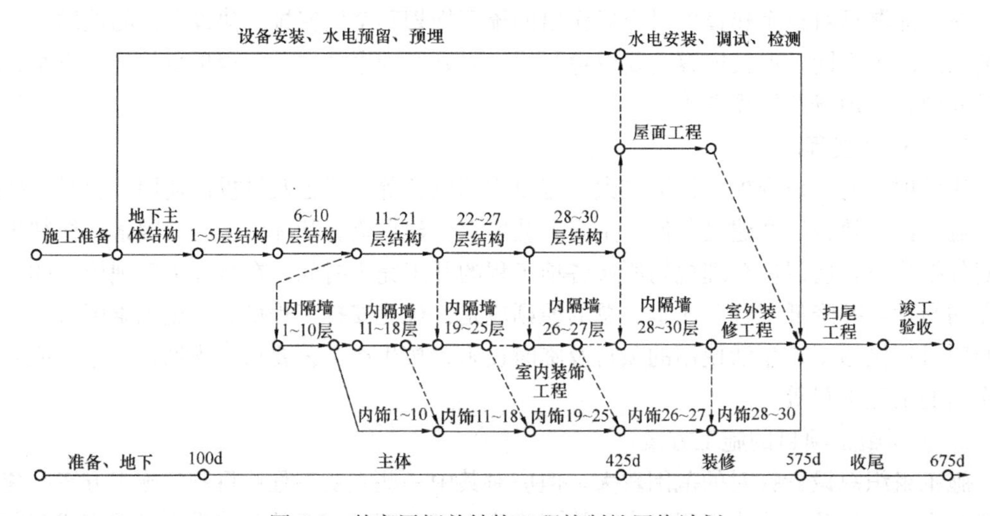

图 6-2 某高层框剪结构工程控制性网络计划

6.2.3　施工总资源计划及施工总准备计划

1. 施工总资源计划

施工总资源计划主要包括劳动力需要量计划、主要材料和预制品需要量计划、施工机具和设备需要量计划。

根据建设项目施工总进度计划，按工程项目分别统计主要劳动力、材料、机械设备等需要计划，见表6-2～表6-4。

劳动力需要量计划　　**表6-2**

施工阶段	工程类别	单项工程		劳动量（工日）	专业工种		需要量计划									
		编码	名称		编码	名称	20××年					20××年				
							1	2	3	4	…	Ⅰ	Ⅱ	Ⅲ	Ⅳ	…
Ⅰ	…	…	…	…	…	…	…	…	…							
	…	…	…	…	…	…	…	…	…							
Ⅱ																
…	…															

主要材料和预制品需要量计划　　**表6-3**

施工阶段	工程类别	单项工程		工程材料/预制品				需要量计划									
		编码	名称	编码	名称	种类	规格	20××年（月）					20××年（季）				
								1	2	3	4	…	Ⅰ	Ⅱ	Ⅲ	Ⅳ	…
Ⅰ	…	…	…	…	…	…	…	…	…	…							
	…	…	…	…	…	…	…	…	…	…							
Ⅱ																	
…	…																

施工机具和设备需要量计划　　**表6-4**

施工阶段	工程类别	单项工程		施工机具和设备				需要量计划									
		编码	名称	编码	名称	型号	电功率	20××年（月）					20××年（季）				
								1	2	3	4	…	Ⅰ	Ⅱ	Ⅲ	Ⅳ	…
Ⅰ	…	…	…	…	…	…	…	…	…	…							
	…	…	…	…	…	…	…	…	…	…							
Ⅱ																	
…	…																

2. 施工总准备计划

在编制完成施工总进度计划、施工总资源计划的基础上，编制施工总准备计划。施工总准备计划既要体现全部建设项目的共同准备内容，也要明确主要施工项目的准备内容。可以按照技术准备、现场准备、资源准备等分别列出，明确责任单位、责任人及完成时间等，形成计划表，见表6-5。

施工总准备工作计划　　**表6-5**

序号	施工准备项目	内容	负责单位	负责人	起止时间		备注
					××年	××月	
1	…	…	…	…	…	…	
2	…	…	…	…	…	…	
3							
…							

6.2.4 施工总平面图

施工总平面图是对拟建设项目施工场地的总体规划，形成施工总平面布置图。是按照施工部署、施工总进度计划的要求，将施工现场的交通道路、材料仓库、附属企业、临时房屋、临时水电管线等作出合理的规划布置，处理全工地施工期间所需各项临时设施和永久建筑以及拟建项目之间的空间关系。

施工总平面图的设计应依据各种设计资料（包括建筑总平面图、地形图、区域规划图）及已有和拟建的各种设施位置；建设地区的自然条件和技术经济条件；施工部署、施工总进度计划和施工总需求等。

施工总平面图设计的内容应包括：

（1）建设项目建筑总平面图上的建筑物、构筑物以及其他设施的位置和尺寸。

（2）为全工地施工服务的所有临时设施的布置。

（3）场区内外永久道路和施工临时道路。

（4）永久性测量放线标志桩位置。

施工总平面图设计确定加工厂等各种临时设施、材料构件等占地面积时，可参考附表8～附表15。绘图图例参考附表16。

【案例6-1】 某大型建设项目，位于南方某市，共有旅馆、友谊商店和办公/公寓楼三个主要单项工程，计划于2013年1月破土动工，2015年末至2016年初竣工，具体工程条件资料如下：

本工程为中外合资工程，占地4.86万m^2，建筑面积16万m^2，总投资3亿美元。

工程的旅馆作为建筑群的主体，位于场地的中轴线上，友谊商店居西，邻近东三环干线，办公/公寓楼位于东侧，北面为建筑群的主出入口，如图6-3所示。

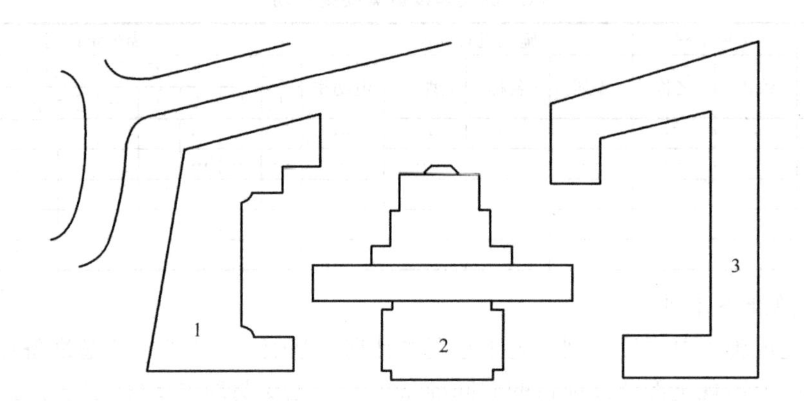

图6-3 工程平面布置图

1—友谊商店；2—旅馆；3—办公/公寓楼

旅馆为钢筋混凝土框架剪力墙结构，建筑面积58924m^2，地上18层，高54.5m，地下3层，深15.18m，1～3层为各种宴会厅、会议厅和服务厅，顶层设有游泳池和康乐设施，可以通过穹形玻璃屋面眺望观赏本市风光；标准层设客房499套，旅馆在平面上北侧有一层裙房，南侧有二层裙房，各项设施齐全。

友谊商店和办公/公寓楼为钢筋混凝土框架剪力墙结构。友谊商店地上6层，地下1层，建筑面积45784m²，商店首层和地下室设有不同风味的餐厅7个和自选市场；2～5层均为大型售货区，有少量办公用房；6层设有900m²的商品展览室和职工食堂等。

办公/公寓楼地上8层，地下1层，建筑面积48283m²，作为建筑群体的有机组成部分，它是旅馆功能的延续和扩展，为客户提供成套完整的居住和服务设施。地下车库在整个旅馆北侧，有东、西两个出入口，建筑面积6694m²，可停车246辆（地面上也可停车191辆）。

主要建筑物工程特征表见表6-6。

试根据以上条件编制该建设项目的施工组织总设计。

解：

（1）工程概况及工程特点

本工程实行建设项目总承包（有三家大型企业联合），由承包商根据“标书”有关资料，承揽从建设准备到全部竣、交工的工作，即从工程设计、各项设施的设备供货以及全部建筑安装的施工。其主要特点有：

1）施工准备工作时间短

从签订合同2个月后就要计算工期（签订合同后开始设计）。为了确保施工总进度，所以必须缩短施工准备工作时间，编制“施工组织总设计”必然成为“龙头”工作。

2）有大量的工程设施设备和施工材料、机具需要进口

工程设施的设备100%从国外进口，施工材料除大部分土建材料由国内供应外，其余绝大部分的装修材料和彩色挂板等材料、部件以及一部分特殊的中小型施工机具等均要从国外进口，且从货源选择到材料送批（未经批准的各类材料不准进场）、订货、运输等过程慢、时间长。

3）协调工作量大

本工程由三家主承包商联合总包，另有几十家分包商，所有施工单位组织在一个现场上协同作战，以“施工总进度”作为施工生产控制管理的主线。应完善互相配合、互相遵守、互相制约的控制约束文件，并强化组织协调管理。

4）国外建筑技术应用较多，给施工人员带来一定的挑战和新课题。

（2）项目建设及施工总部署

1）组织系统

为了适应联合总承包的机制，建立建设项目组织管理系统，设立总公司经理部，进行全面管理，其中设立专门的材料采购管理体系，建立专门的控制协调调度系统等，成立现场施工经理部，全面管理现场施工生产任务。

2）总进度控制

由于合同规定，在签订合同2个月后就计算正式工期，采取边准备、边设计、边施工的方式。

本项目是中外合资项目，项目规模大，建设工期短。全部工程由结构、装修、机电、室外（管网、道路、园林绿化）四大部分组成，又有包括旅馆、友谊商店、办公/公寓楼等构成的建筑群，故总体上安排同步平行施工。其中旅馆工程是建筑群的主体，它基础

主要建筑物工程特征表 **表 6-6**

序号	工程项目	建筑面积（m²）	层数		高度（m）			结构形式	基础	楼层	内墙	外墙	屋面	建筑功能	其他
			地下	地上	檐高	最高	最低								
1	旅馆	88924	3	18	47.40	54.50	−15.18	现浇钢筋混凝土框架剪力墙	箱基，混凝土自防水加止水带	钢筋混凝土肋形梁板，最大柱网 8.40m×8.55m	剪力墙为现浇钢筋混凝土，其余大部分为混凝土空心砖	现浇钢筋混凝土墙，玻璃幕墙面	钢筋混凝土梁板，部分为钢-铝桁架，玻璃屋面，嵌有铝箔（铜箔）的沥青防水卷材屋面	自然间 585 间、客房 499 套及多种公用、技术服务和供应设施	1～5 层为梁柱体系，标准层为剪力墙体系
	南裙房		1	2	17.00	17.00	−6.75			钢筋混凝土肋形梁板，最大柱网 8.40m×8.40m		钢筋混凝土墙，玻璃幕墙面，北裙房全部采用天然花岗石饰板		厨房、餐厅、咖啡馆、多功能厅、会议室等	舞厅采用跨径 25.2m 钢桁架屋盖
	北裙房		1	1	4.90	8.60	−5.06			地下层为车库，上层为钢筋混凝土梁板，最大柱网 8.40m×8.40m				中央入口大厅，另有服务及管理用房	入口大厅上部为钢-铝桁架轻型屋盖
2	友谊商店	45784	1	6	24.10	27.50	−7.00		片筏基础，设部分夹层，混凝土自防水加止水带	钢筋混凝土梁板，柱网 9.60m×9.60m，主梁网格 9.60m，次梁网格 3.20m		现浇钢筋混凝土，玻璃幕墙面		餐厅、货厅、超级市场、商品展室、仓库、办公用房等	
3	办公/公寓楼	48283	1	8	25.57	32.90	−7.87			钢筋混凝土梁板，外立面柱距 9.60m，内柱柱距 6.40m				由办公楼及公寓两部分组成，另有服务中心、俱乐部等	
4	地下停车场	8694	1				−5.06		箱基，混凝土自防水加止水带	钢筋混凝土梁板，主梁间距 8.60m，次梁间距 2.34m，柱网柱距 7.30m×8.00m				246 辆汽车的停车场，一个卸货区	

深、楼层高、新技术项目多、机电设备新颖而量多、施工复杂、精装修工程量大、施工交叉面广，是三个建筑物中施工周期最长的一个。因此，突出保证旅馆工程的进度是总进度安排中的主导思想。

2013 年初以旅馆深基础为重点，并全面开始友谊商店、办公/公寓楼、锅炉房及冷冻机房的地下工程，从第三季度起逐步转入地下结构的施工。

2014 年主体结构施工全面展开，其中办公/公寓楼将于年底封顶，同时三项工程均插入粗装修作业，机电设备安装工作亦配合进行，室外管网在第四季度开工。

2015 年初友谊商店结构封顶，旅馆上半年封顶，全面进行精装和机电设备安装的施工；室外管网、道路基本完成，园林部分完成。

施工总控制进度计划（略），旅馆施工总进度计划见表 6-7。

3）加强总体组织设计工作

全面及时进行施工组织总设计的编制。编制施工组织总设计以土建结构为总控制框架，在总平面布置图的基础上进行大型临时设施的施工设计。根据开工施工总体程序，先编制三个单项工程的地下室施工方案，而后编制单位工程施工组织设计、专项施工组织设计（如测量方案大体积自防水混凝土的配合比设计等），制订适应本工程特点的各项管理制度等。

4）强化建设施工准备工作

制定施工准备工作计划，列出项目、准备内容、主办单位（人员）、协作单位（人员）、要求完成日期等，形成详细的“施工准备工作一览表”。

施工准备工作，根据施工组织总设计和施工方案的数据，初步完成 2013 全年度的宏观安排，落实开工初期的劳动力、材料和施工机具等各项资源，落实来源，作出计划，组织分批分期进场。进行全场性大型临时设施的修建，包括现场办公室、食堂、小型料具库、临时小型搅拌站、浴厕等；现场临时用水、用电、交通道路、围墙等施工；修建集中搅拌站、钢筋加工车间和工人宿舍等。

技术准备要突出组织有关人员熟悉标书资料和合同文本，与设计单位商定设计图纸的交付进度。核查标书工程量，熟悉标书中的施工技术要求，如特种材料的性能要求等。对即将施工的图纸进行会审。

（3）主要工程的施工方案和施工方法

1）土方开挖与回填

根据地质勘察资料，静止地下水位埋置较深，但旅馆基础底板以上有三层滞水层，而渗透系数较小，故一般降水方法不易取得理想的效果，所以原则上采用放坡大开挖、明沟和集水井排水的方案。即土方开挖时，沿基坑周边挖好排水沟和集水井，做好抽水工作。仅旅馆深基础部分北侧东段约 90m 长范围内采用灌注护坡桩。

旅馆工程土方开挖分三次进行。如图 6-4、图 6-5 所示。第一次挖土，现场整个开挖范围均挖至－4.00m；第二次挖土，旅馆深基础和锅炉房、冷冻机房部分挖至－8.00m 或设计标高，此时，施工灌注护坡桩；第三次挖土，旅馆深基础部分挖至设计标高－15.13m。

考虑到地质情况恐有变异，特别是邻近河流，可能影响地下水位的变化，因此要求做好轻型井点降水的准备，作为应急措施。

表 6-7

旅馆施工总进度计划

序号	施工过程	2013年												2014年												2015年												2016年		
		1	2	3	4	5	6	7	8	9	10	11	12	1	2	3	4	5	6	7	8	9	10	11	12	1	2	3	4	5	6	7	8	9	10	11	12	1	2	3
1	地下三层																																							
2	地下二层																																							
3	地下一层																																							
4	一、二层																																							
5	三层																																							
6	四层																																							
7	五层																																							
8	六层																																							
9	七层																																							
10	八层																																							
11	九层																																							
12	十层																																							
13	十一层																																							
14	十二层																																							
15	十四层																																							
16	十五层																																							
17	十六层																																							
18	十七层																																							
19	十八层																																							
20	屋面工程																																							
21	整理竣工																																							

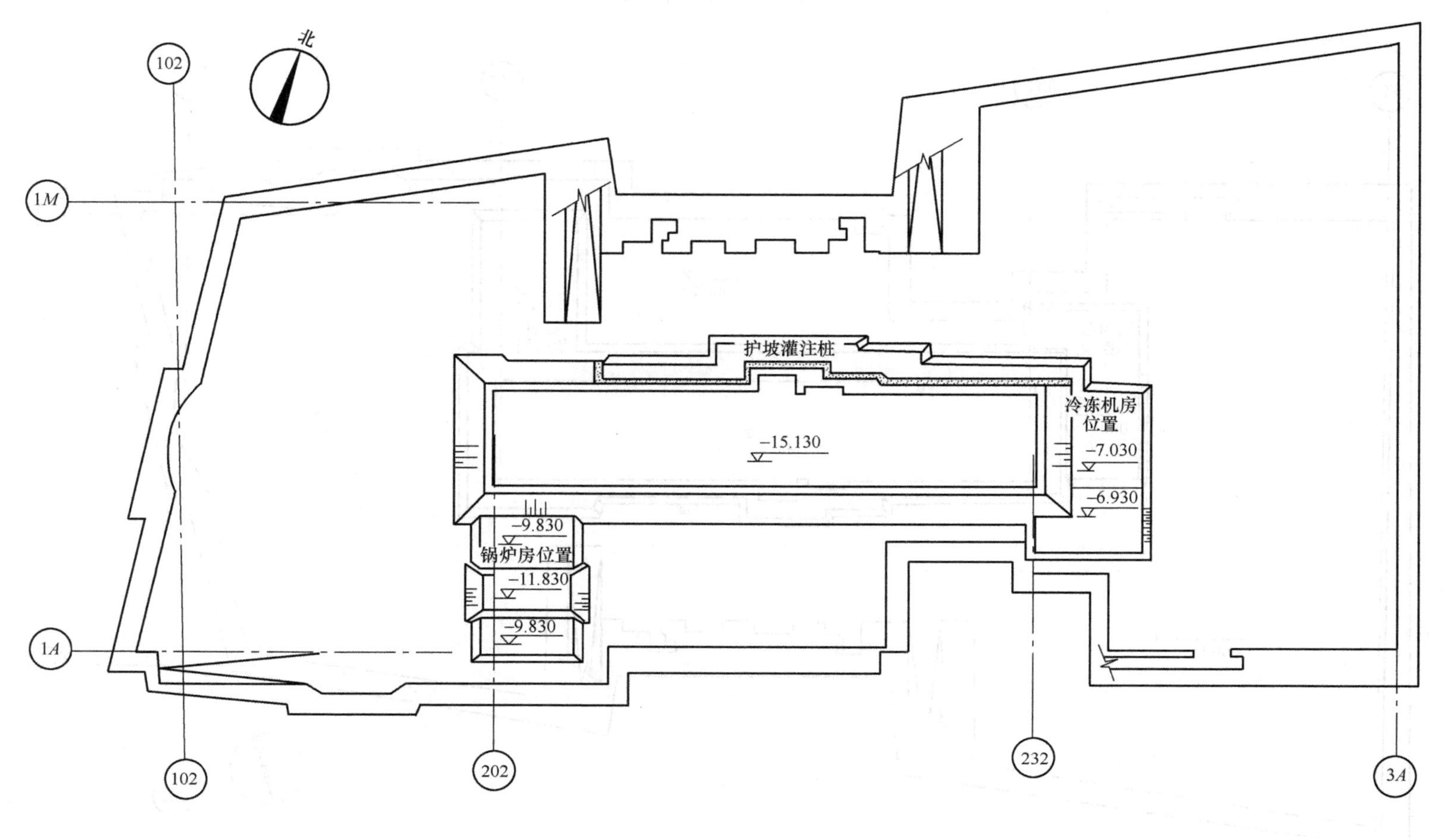

图 6-4 第一、二次土方开挖平面图

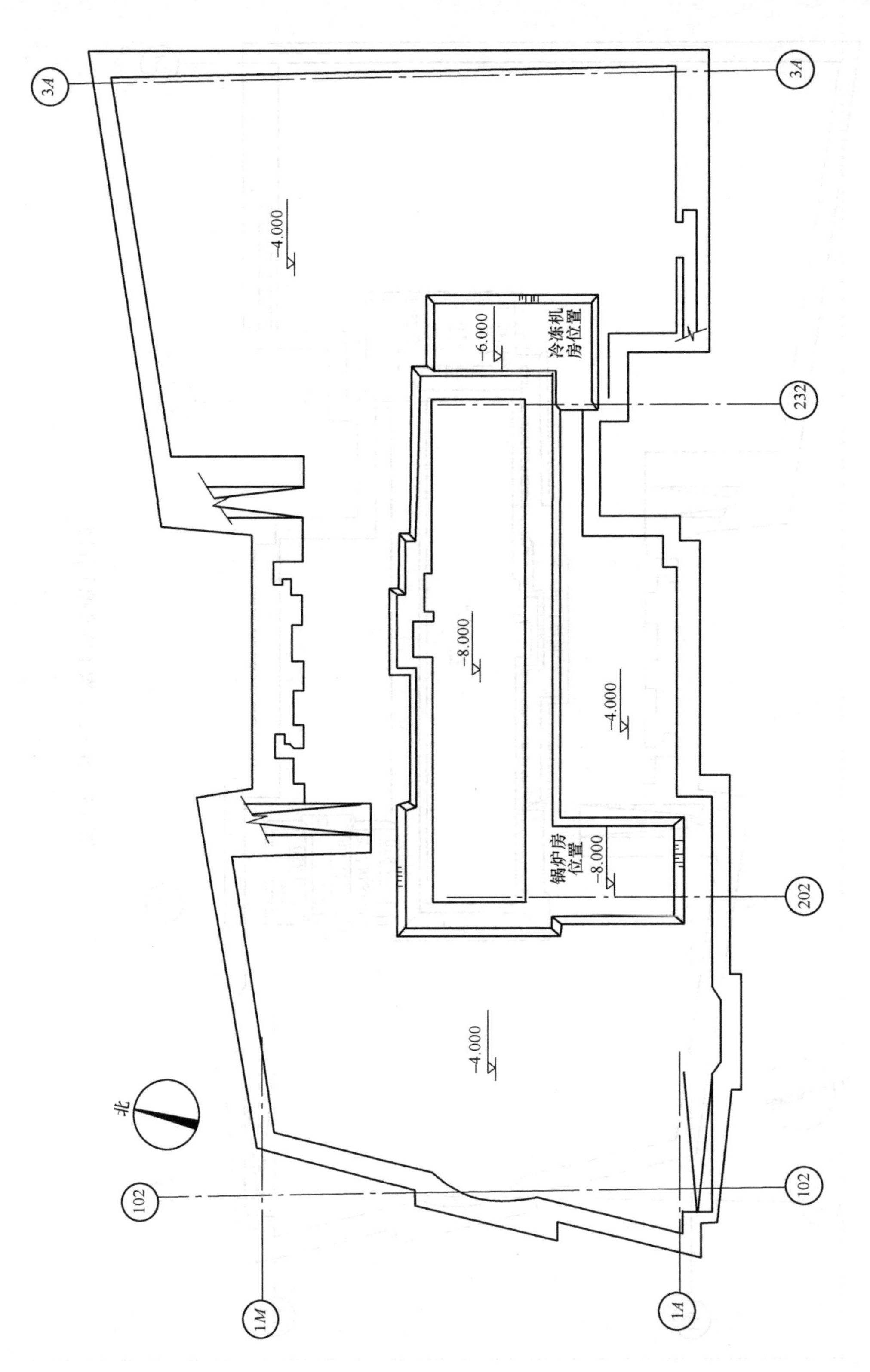

图 6-5 第三次土方开挖平面图

采用机械开挖，土层潮湿，含水量大，挖掘机和车辆运输行驶困难，加垫 30～50cm 厚夹砂石。

为解决旅馆深基础和裙房基础之间可能产生的沉降差异，在采用护坡桩的部位，护坡桩顶部距裙房基础底板底部标高位置至少不得小于 2m。

护坡桩沿基础边线 2m 布置，桩径 0.4m，机械成孔，现场浇筑。按双排梅花式排列，排距 0.8m，桩距 1.2m，锚杆间距 1.8m，仰角 40°和 50°交错排列。护坡桩由某地下工程公司施工，将另行制定详细的专项施工方案。

本工程土方开挖量 28.17 万 m^3，回填量 3.7 万 m^3，需弃土约 24.5m^3。现场无存土条件，开挖时，土方将运至某砖厂卸土区，将符合于回填土质量的弃土另行堆放，以供回填之用。

由于采用大开挖，故部分地下结构将设置在回填土上，这样对回填土的质量要求极高(不低于原土容积密度的 95%)。故在回填前必须测定土源土方的最佳含水率和采用合适的夯实机械，同时加强对回填土质量的检查，以确保基础工程质量。

2）锚桩施工

锅炉房、冷冻机房基础底标高以下，设有₵400 现浇钢筋混凝土锚桩（基坑抗浮力锚桩），桩长为 7m 、12m、23m 三种，共 230 根，拟与旅馆地下室结构同时施工。采用机械成孔，泥浆护壁成型，压浆浇筑混凝土。锚桩由某地下工程公司施工，将另行编制专项施工方案。

3）钢筋混凝土工程

① 大体积混凝土

所有地下室均采用自防水混凝土，在设计上不设伸缩缝，不另设防水层和其他防漏措施。基础底板均属大体积混凝土。为防止因温度应力产生裂缝，宜采用低发热量水泥，选择合理的配合比，分层浇筑，加强养护。施工前必须另订详细的施工措施方案。

该自防水混凝土，由中方提供原材料，交国外某公司实验室进行级配试验，以确定配合比，因此要求砂、石、水泥的货源要稳定，以确保配合比的正确性。

② 流水段的划分和施工缝处理

三个单项工程的主体结构实行多段小流水施工，并设置施工缝。旅馆高层部分的流水段，按照施工图中后浇施工缝的设置来划分。

为了确保地下室不产生渗漏，结构止水带和施工缝止水带的设置要严格按图施工，在施工中不得破坏或任意移位。

③ 后浇带混凝土

箱形基础按规程设置后浇施工缝，为不同高度的建筑产生不均匀下沉而设置的其他后浇施工缝均需按规程规定，在顶板浇筑完成后至少相隔两周，待混凝土体积变化及结构沉降趋于稳定，再予以浇筑；混凝土等级必须提高一级。

因钢筋设置较密，后浇带清理困难，故后浇施工缝设置后要专门予以保护，免使杂质进入。在浇筑后浇带前，仍应将钢筋玷污部分及其他杂物清除干净。

④ 混凝土运输

混凝土由集中搅拌站供应，以专门为本工程服务而设置在安家楼的搅拌站为主，本市市建公司商品混凝土搅拌站为辅。每个搅拌站的供应能力为 50m³/h。

混凝土运输由搅拌车运至现场，再用混凝土泵输送至浇筑地点。当混凝土泵不足时，则用混凝土吊斗，以塔吊作垂直水平运输。

⑤ 混凝土浇筑

大体积混凝土必须按设计（或施工方案）规定进行分块浇筑，必须一次连续浇筑完成，不能留施工缝。浇筑前必须制订方案，将垂直、水平运输方法、浇筑顺序、分层厚度、初终凝时间的控制、混凝土供应的确定等作出详细规定，以免产生人为的施工缝。

⑥ 钢筋

钢筋由某公司联合厂加工成型，配套供应到现场。在现场设小型加工车间，以供应少量和零星填平补齐部分。

钢筋接头₵25 以上均采用气压焊接，以便节约钢筋和加快工期。由于数量庞大，约有二十多万个接头要组织专业焊接队伍，便于充分发挥设备和人员的作用。

⑦ 模板

本工程采用中建某公司生产的“××模板”体系，剪力墙用模数化大型组合钢模板；楼板结构采用配套的独立式钢支撑或门式组合架、空腹工字钢木组合梁和胶合板模板。筒体（楼梯间、电梯井）用爬升模板。

有较多的 F3 墙面，要一次成活，为了确保墙面平整度，所以不能用小钢模拼接。

主楼有大量剪力墙，标书要求采用抹灰，为了减少大量湿作业和缩短工期，采用大钢模板（专门设计、制作供主楼使用）。

4）脚手架

① 结构施工阶段，旅馆高层部分用挑架作脚手架，其他部分采用双排钢管脚手架。

② 整个脚手架方案，应同装修阶段的外挂板、玻璃幕墙、内部装修等相协调，待设计资料较完整后，与外方公司共同商定。

5）预制彩色混凝土外挂板

三个单项工程的外装修除局部采用天然花岗石外，其他采用大型彩色混凝土预制外挂板，约一万多块，二万多平方米。这种数量庞大、单件面积较大（一般约 2m²/块）的预制挂板，虽然在国外使用较广泛，但在我国尚属首次采用，在制作过程中如何保证几何尺寸和色泽均匀，以及安装过程中对锚件的固定、脚手架的选择、吊装机具的采用等均没有成熟的经验。因挂板是最终饰面，它的好坏将影响整个建筑群的整体观感，因此必须十分重视施工技术措施。

① 制作

由某公司联合厂承担该项预制任务，在已有的固定加工场地施工；

混凝土配合比（包括颜料的掺合）由中方提供原材料，外资方试验后确认；

模板采用钢底模，侧模采用角钢或槽钢；

采用反打法和低流动性混凝土，设立专用搅拌站供料。砂石必须一次进料和清洗，以便保证色彩均匀性；

达到一定强度后用机械打磨，斜边部分用手工打磨；

表面保护薄膜层的涂刷，待国外订货到达后，根据厂方规定的要求进行施工。

② 现场安装

脚手架的搭设必须与玻璃幕墙的安装和室内装修的施工互相配合，所以外脚手架的固定不能穿墙、穿窗，必须采用由外方推荐的脚手架与墙体固定的特殊构件。主楼六层以下的脚手架采用双杆立柱。

锚件的设置必须绝对准确，因此必须采用特殊的钻孔设备，可以打穿密布的钢筋。

大量的标准板（一般为 $2m^2$/块）可以采用屋面小型平台吊就位。部分可用塔吊、汽车吊就位。

由于缺乏经验，挂板施工时，制作与安装必须经过试验，经中外双方监理确认，报请建设、设计单位批准后才可大量生产。现场安装也必须在局部作试点后才可全面展开。

6）屋面工程

屋面工程基本分两大类：一是建筑物屋顶部分；二是地下室顶部的防水（面覆土再绿化，对防水材料有特殊要求）。

屋面防水材料根据国外标准，采用玻纤胎、聚酯胎、玻纤加铝箔、玻纤加铜箔等胎体。卷材采用的沥青经氧化催化并加高分子材料改性。其材料的生产和施工要求，均要遵循国外规范的规定。

施工方法：

① 处理好基层及做好找坡。

② 铺贴按设计要求的分层和操作规程规定的方法，用喷灯热熔，并要有足够的搭接长度和宽度。

③ 特殊部位（落水口、伸缩缝、泛水等）是容易产生渗漏的薄弱环节，要严格按设计要求进行预埋和铺贴，不得遗漏及疏忽。

7）钢结构

三个单项工程均有钢结构，以旅馆为最多，南裙房有大跨度的宴会厅，主楼穹顶结构较复杂，北裙房的入口处造型及结构均较奇特，采用的钢结构构件多，节点处理复杂。钢结构委托外加工，装吊可以利用结构施工时的塔吊，不足部分可用汽车吊辅助。另行编制专项施工方案。

8）装饰部分

本工程的粗细装修量很大，即使是粗装修的抹灰，在旅馆标准客房要采用水平、垂直斗方以保证阴阳平直，属高精度要求。其他如大开间的预制水磨石铺设、铝合金吊顶、石膏板和矿棉板吊顶、铝合金幕墙和铝合金窗、墙纸、地毯、瓷砖墙面、缸砖地面、花岗石墙面、地面等施工，由于量大、面广而且采用新材料多，故于施工前必须另定施工操作方案。

主楼精装修由国外公司分包，届时由他们制定方案。

在设备安装方面，如电气、采暖、通风、空调、给水排水、通信等也均由国外公司分包，待资料较完整后由他们另定方案。

9）季节性施工措施

① 冬季施工

本工程开工正值冬施期，土方开挖为防止受冻，基底要加以遮盖。回填土不准使用冻土，在每层夯实后必须用草垫覆盖保温，尽量避免严冬时节回填土的施工。

混凝土和砂浆采用热水搅拌，加早强抗冻剂，并提高混凝土入模温度。下雪前把砂石遮盖，防止冰雪进入。

柱、梁、板、墙新浇筑混凝土采用电热毯保温，加强混凝土测温工作。

② 雨季施工

对临时道路和排水明沟要经常维修和疏通，以保证通行和排水，特别在雨季时要有专人和班组进行养护。

经常巡视土方边坡的变化，防止塌方伤人；基坑的排水沟、集水井要清理好，以便及时排除积水。

保证排水设备的完好，并要有一定的储备，以保证暴雨后能在较短的时间内排除积水。

塔吊、脚手架等高耸设施要设避雷装置并防止其基础下沉。

(4) 保证工程质量和安全措施

1) 保证质量措施

① 联合承包商成立联合监理组，中外双方各派一名经理负责全面质量监理工作，并密切配合建设单位和本市质量监督站的现场监理人员做好各项工作。

② 对每道工序，由中外监理人员共同进行检查，上一道工序不合格的，不准进行下一道工序的施工；尤其像混凝土浇筑，必须取得中外双方经理签字的凭证（黄色凭证，简称“黄票”）才可申请混凝土，然后施工。

③ 以优质工程为目标，积极开展质量管理小组活动。

④ 严格按照施工图纸规定和指定的有关（中方、外方）规范进行施工。

⑤ 加强图纸会审和技术核定工作，并设专人管理图纸和技术资料，以便将新修改的再版图及时送到现场。要编制好各类施工组织设计或施工技术措施，并严格付诸实施。

⑥ 各种材料进场前，必须送样检查，经过批准，才可订货、进场。材料要有产品的出厂合格证明，并根据规定做好各项材料的试验、检验工作，不合格的材料不准进入现场。

2) 安全措施

① 联合承包商成立安全监督组，管理各施工单位的施工安全事宜。项目经理部亦专门设立安全管理机构进行各项工作。

② 所有施工必须要有安全技术措施，在施工过程中加强检查和督促执行。在施工前要进行安全技术交底。

③ 完善和维护好各类安全设施和消防设施。对锅炉房、配电房等要派专人值班。本工程的东、南、北三面均有架空的高压线通过，邻近建筑物和施工用塔吊，高压线下有大量临时建筑，因此必须作出严格规定，高压线下不准有明火，对塔吊的使用和保护要严格管理。

(5) 施工总平面图规划

本工程占地约5公顷，有大量地下室和地下停车场同时施工，因此现场施工用地十分紧张，可利用的场地只有红线外特征的 $6000m^2$ 场地；现场东、南、北三面均有高压线通过；西侧建设单位已修建了临时办公用房。

1）临时设施

① 现场南侧设旅馆、商场施工用的临时办公用房、工具房、小型材料库等，因设置在高压线下，必须注意安全。

② 联合承包商的办公用房设在西侧，为两层建筑，采用钢筋混凝土盒子结构。土建施工单位的职工食堂、锅炉房、浴池等也设在西侧，为一般砖混结构。

③ 混凝土供应设集中搅拌站。以本市某公司商品混凝土供应站为辅。钢筋由本市某公司联合厂加工后运至现场。

现场设小型钢筋加工车间和小型混凝土搅拌站，用作垫层等用量小、等级要求不高的混凝土等。

④ 在现场设置临时建筑约 $4400m^2$，其中，办公用房约 $500m^2$，食堂约 $1000m^2$，锅炉、开水房、浴厕等约 $520m^2$，各种料具库棚 $1900m^2$，木工车间、配电间等 $480m^2$。除办公、食堂、浴厕等有特殊要求外，其余的结构一般都采用砖墙石棉瓦顶。

2）交通道路

① 现场设临时环形道，宽 6m，卵石垫层，泥结碎石路面，路旁设排水沟。旅馆与办公/公寓楼之间设一条南北向的临时道路，但在地下车库顶板完工后通车使用。

② 临时出入口均设在场地北侧，共三处，其中西出入口因紧靠城市交通的东三环十字路口，仅通行通勤车和人员，另两个出入口可通行材料、半成品、设备运输车辆。

3）塔吊设立

从 2013 年第四季度起，将进入主体结构的全面施工阶段，拟设置 9 台塔吊。因场地条件限制，致使部分塔吊将设置在已施工的工程底板上。场地东、南、北三面均有高压线通过，所以塔吊臂宜用较短的，具体安排时仍要注意起重臂与高压线之间的安全距离，有特殊情况时，应采取专门措施。

4）供水、供电

① 场地两端已接好 $\phi100$ 的供水管一处，另建设单位正在申请另一 $\phi200$ 的供水点。

② 估算总用水量 16～18L/s，布置 $\phi150$ 的环形管；为了满足消防用水的要求，其余管也采用 $\phi100$ 的水管。

③ 预计结构施工阶段用电量高峰约 800kW。目前建设单位已提供 1 台 180kV·A 和 2 台 500kV·A 的变压器，在北侧中部红线外设置临时配电间，可以满足要求。全部采用埋地电缆，干线选用 $150mm^2$ 和 $185mm^2$ 的铜芯聚氯乙烯电缆。

④ 由于施工地区每周要定期停电一天，为防止突然停电，故在现场设置柴油发电机 2 台（1 台为 225kV·A，另一台为 275kV·A）。

施工现场平面布置图、供电平面图及供水平面图分别如图 6-6～图 6-8 所示。

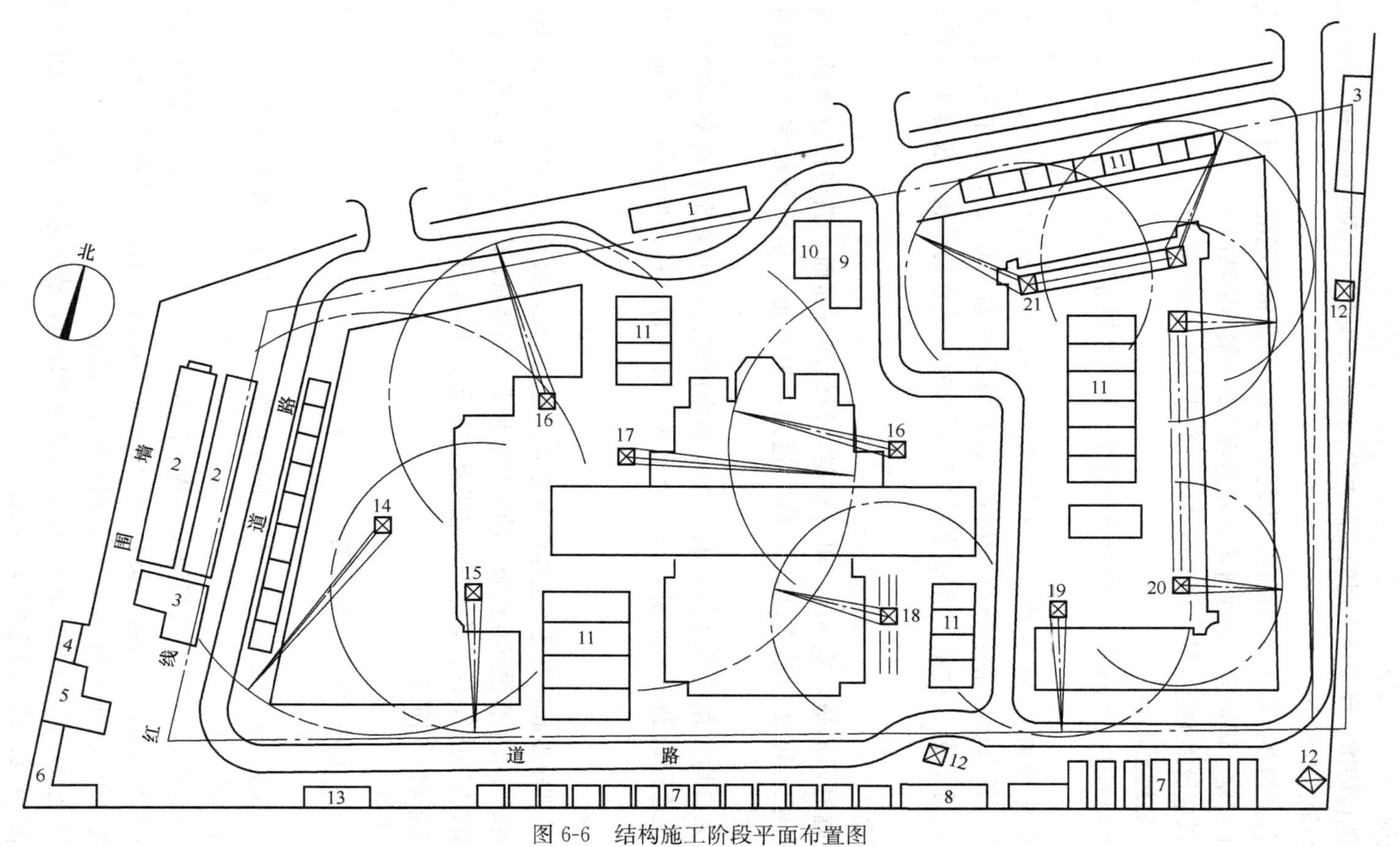

图 6-6　结构施工阶段平面布置图

1—配电房；2—雇主办公室；3—食堂；4—开水房；5—浴室；6—材料库；7—工具房；8—设备库房；9—搅拌站；10—砂石堆场；11—材料堆场；12—高压线塔；13—厕所；14—塔吊 E60.26/B12，臂长 60m；15—塔吊，E60.26/B12，臂长 45m；16—塔吊 E60.26/B12，臂长 50m；17—塔吊 256HC，臂长 70mm；18—塔吊 F0/23B，臂长 35m；19—塔吊 QT80，臂长 30m；20—塔吊 F0/23B，臂长 30m；21—塔吊 F0/23B，臂长 38m

说明：1. 东南角 F0/23B 塔吊用 30m 臂，以保证与高压线的安全距离。覆盖东南角时采用角度限位大臂操作。

2. 旅馆与办公/公寓楼之间道路在地下停车场顶板施工完后铺设。

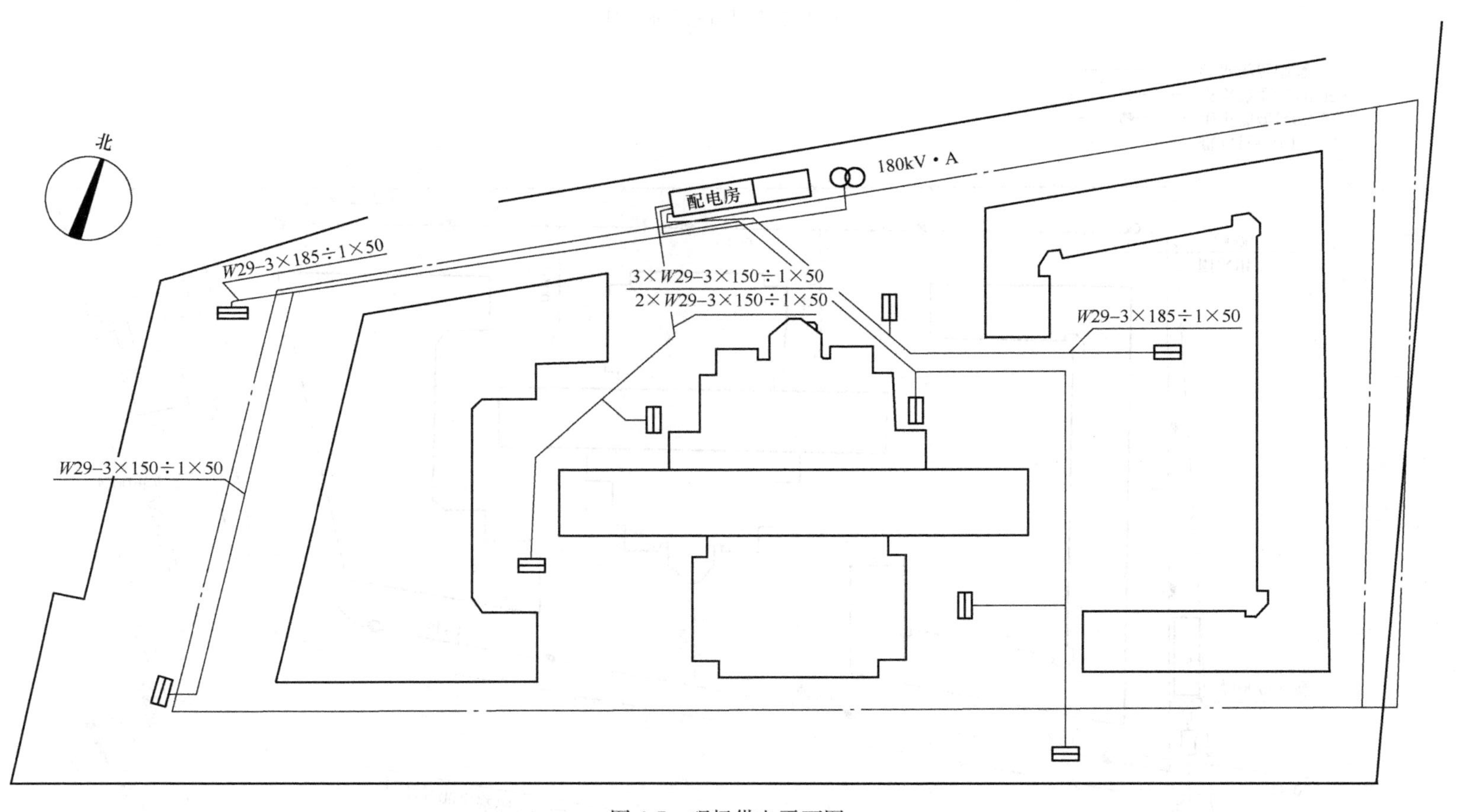

图 6-7　现场供电平面图

说明：1. 变电引入 10kV，双路共 1000kVA 施工电源（各 500kV・A）。

2. 图中所示配电箱均为电源总箱，根据用电设备的性质，增加动力配电箱或照明配电箱。

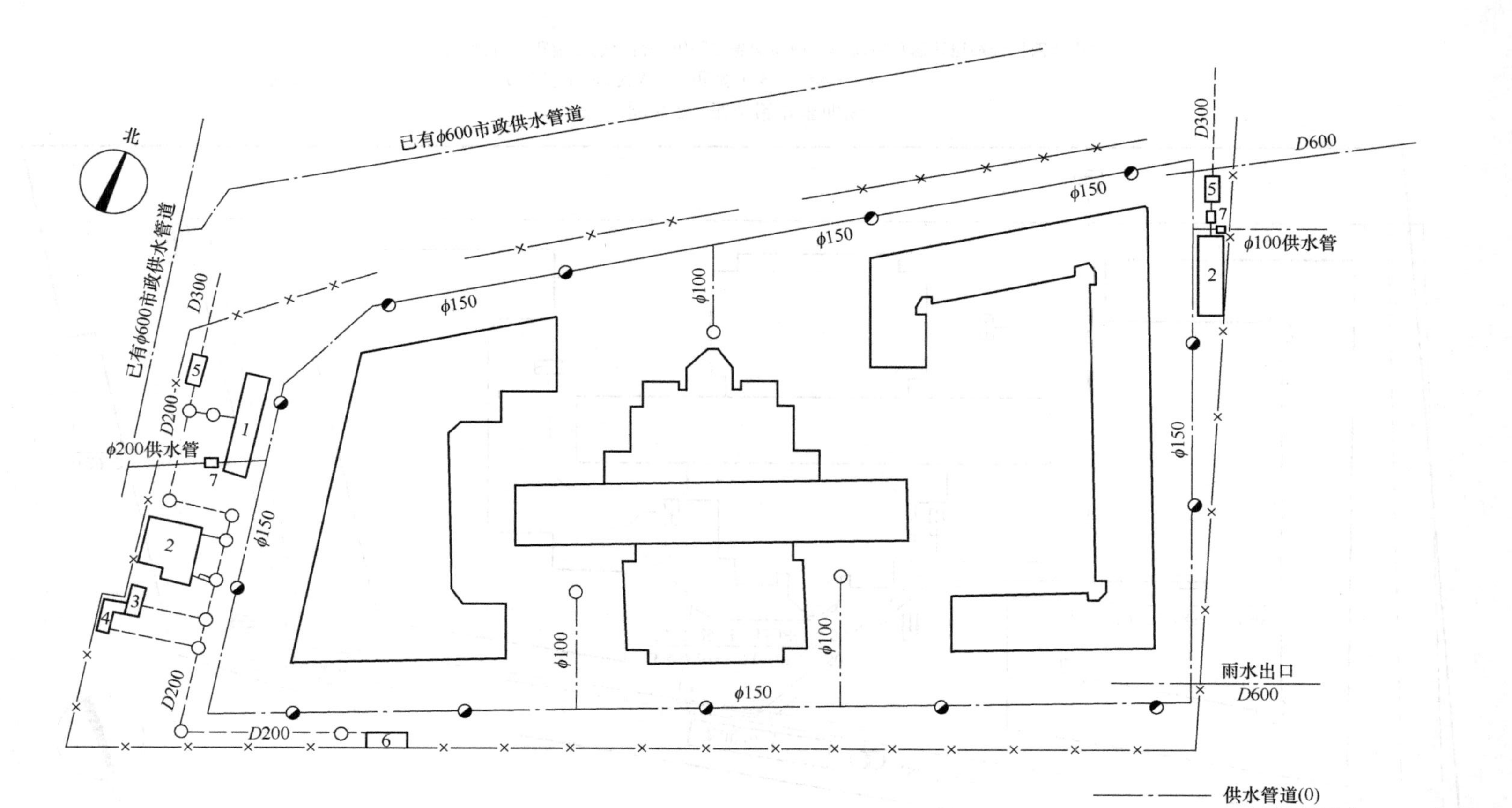

图 6-8 现场供水平面图

1—办公室；2—食堂；3—锅炉房；4—浴室；5—化粪池；6—水表井；7—阀门

【教学指导建议】

1. 本单元不宜过于详细地学习讲授。在掌握了单位工程施工组织设计的基础上，主要应由教师提出一些思考的问题，以学生自己多思考、多比较、总结归纳为主。

2. 教学过程中，尽量多提供给学生施工组织总设计编制样例，由学生多读多看为主，并从中发现一些不同点。

复习思考题

1. 什么是施工组织总设计？
2. 施工组织总设计的内容一般有哪些？
3. 施工组织总设计由谁编制？谁审批？
4. 施工组织总设计的编制程序应如何安排？
5. 施工组织总设计的编制条件有哪些？

训 练 题

学生收集（或教师帮助提供）一份施工组织总设计文件，解读其中的要点。

附　录

向建设单位与设计单位调查的项目　　**附表 1**

序号	调查单位	调查内容	调查目的
1	建设单位	1. 建设项目设计任务书、有关文件 2. 建设项目性质、规模、生产能力 3. 生产工艺流程、主要工艺设备名称及来源、供应时间、分批和全部到货时间 4. 建设期限、开工时间、交工先后顺序、竣工投产时间 5. 总概算投资、年度建设计划 6. 施工准备工作的内容、安排、工作进度表	1. 施工依据 2. 项目建设部署 3. 制定主要工程施工方案 4. 规划施工总进度 5. 安排年度施工计划 6. 规划施工总平面 7. 确定占地范围
2	设计单位	1. 建设项目总平面规划 2. 工程地质勘察资料 3. 水文勘察资料 4. 项目建筑规模，建筑、结构、装修概况，总建筑面积、占地面积 5. 单项（单位）工程个数 6. 设计进度安排 7. 生产工艺设计、特点 8. 地形测量图	1. 规划施工总平面图 2. 规划生产施工区、生活区 3. 安排大型临建工程 4. 概算施工总进度 5. 规划施工总进度 6. 计算平整场地土石方量 7. 确定地基、基础的施工方案

自然条件调查的项目　　**附表 2**

序号	项目	调查内容	调查目的
1		气象资料	
(1)	气温	1. 全年各月平均温度 2. 最高温度、月份，最低温度、月份 3. 冬天、夏季室外计算温度 4. 霜、冻、冰雹期 5. 小于−3℃、0℃、5℃的天数，起止日期	1. 防暑降温 2. 全年正常施工天数 3. 冬期施工措施 4. 估计混凝土、砂浆强度增长
(2)	降雨	1. 雨季起止时间 2. 全年降水量、一日最大降水量 3. 全年雷暴天数、时间 4. 全年各月平均降水量	1. 雨期施工措施 2. 现场排水、防洪 3. 防雷 4. 雨天天数估计
(3)	风	1. 主导风向及频率（风玫瑰图） 2. 大于或等于 8 级风的全年天数、时间	1. 布置临时设施 2. 高空作业及吊装措施

续表

序号	项目	调查内容	调查目的
2		工程地形、地质	
(1)	地形	1. 区域地形图 2. 工程位置地形图 3. 工程建设地区的城市规划 4. 控制桩、水准点的位置 5. 地形、地质的特征 6. 勘察文件、资料等	1. 选择施工用地 2. 合理布置施工总平面图 3. 计算现场平整土方量 4. 障碍物及数量 5. 拆迁和清理施工现场
(2)	地质	1. 钻孔布置图 2. 地质剖面图（各层土的特征、厚度） 3. 土质稳定性：滑坡、流砂、冲沟 4. 地基土强度的结论，各项物理力学指标：天然含水量、孔隙比、渗透性、压缩性指标、塑性指数、地基承载力 5. 软弱土、膨胀土、湿陷性黄土分布情况；最大冻结深度 6. 防空洞、枯井、土坑、古墓、洞穴，地基土破坏情况 7. 地下沟渠管网、地下构筑物	1. 土方施工方法的选择 2. 地基处理方法 3. 基础、地下结构施工措施 4. 障碍物拆除计划 5. 基坑开挖方案设计
(3)	地震	抗震设防烈度的大小	对地基、结构影响，施工注意事项
3		工程水文地质	
(1)	地下水	1. 最高、最低水位及时间 2. 流向、流速、流量 3. 水质分析 4. 抽水试验、测定水量	1. 土方施工基础施工方案的选择 2. 降低地下水位方法、措施 3. 判定侵蚀性质及施工注意事项 4. 使用、饮用地下水的可能性
(2)	地面水 （地面河流）	1. 临近的江河、湖泊及距离 2. 洪水、平水、枯水时期，其水位、流量、流速及航道深度，通航可能性 3. 水质分析	1. 临时给水 2. 航运组织 3. 水工工程
(3)	周围环境及障碍物	1. 施工区域现有建筑物、构筑物、沟渠、水流、树木、土堆、高压输变电线路等 2. 临近建筑坚固程度及其中人员工作、生活、健康状况	1. 及时拆迁、拆除 2. 保护工作 3. 合理布置施工平面 4. 含理安排施工进度

地区交通运输条件调查内容　　**附表 3**

序号	项目	调查内容	调查目的
1	铁路	1. 邻近铁路专用线、车站至工地的距离及沿途运输条件 2. 站场卸货路线长度，起重能力和储存能力 3. 装载单个货物的最大尺寸、重量的限制 4. 运费、装卸费和装卸力量	1. 选择施工运输方式 2. 拟定施工运输计划

续表

序号	项目	调 查 内 容	调 查 目 的
2	公路	1. 主要材料产地至工地的公路等级，路面构造宽度及完好情况，允许最大载重量 2. 途经桥涵等级，允许最大载重量 3. 当地专业机构及附近村镇能提供的装卸、运输能力，汽车、畜力、人力车的数量及运输效率，运费、装卸费 4. 当地有无汽车修配厂、修配能力和至工地距离、路况 5. 沿途架空电线高度	1. 选择施工运输方式 2. 拟定施工运输计划
3	航运	1. 货源、工地至邻近河流、码头渡口的距离，道路情况 2. 洪水、平水、枯水期和封冻期通航的最大船只及吨位，取得船只的可能性 3. 码头装卸能力，最大起重量，增设码头的可能性 4. 渡口的渡船能力，同时可载汽车、马车数，每日次数，能为施工提供的能力 5. 运费、渡口费、装卸费	

供水、供电、供气条件调查内容 **附表 4**

序号	项目	调 查 内 容
1	给水排水	1. 与当地现有水源连接的可能性，可供水量，接管地点、管径、管材、埋深、水压、水质、水费，至工地距离，地形地物情况 2. 临时供水源：利用江河、湖水的可能性，水源、水量、水质，取水方式，至工地距离，地形地物情况，临时水井位置、深度、出水量、水质 3. 利用永久排水设施的可能性，施工排水去向、距离、坡度，有无洪水影响，现有防洪设施、排洪能力
2	供电与通信	1. 电源位置，引入的可能，允许供电容量、电压、导线截面、距离、电费、接线地点，至工地距离、地形地物情况 2. 建设单位、施工单位自有发电、变电设备的规格型号、台数、能力、燃料、资料及可能性 3. 利用邻近电信设备的可能性，电话、电报局至工地距离，增设电话设备和计算机等自动化办公设备和线路的可能性
3	供气	1. 蒸气来源，可供能力、数量，接管地点、管径、埋深，至工地距离，地形地物情况，供气价格，供气的正常性 2. 建设单位、施工单位自有锅炉型号、台数、能力、所需燃料、用水水质、投资费用 3. 当地单位、建设单位提供压缩空气、氧气的能力，至工地的距离

注：1. 资料来源：当地城建、供电局、水厂等单位及建设单位。

2. 调查目的：选择给水排水、供电、供气方式，作出经济比较。

三大材料、特殊材料及主要设备调查内容　　附表 5

序号	项目	调查内容	调查目的
1	三大材料	1. 钢材订货的规格、牌号、强度等级、数量和到货时间 2. 木材订货的规格、等级、数量和到货时间 3. 水泥订货的品种、强度等级、数量和到货时间	1. 确定临时设施和堆放场地 2. 确定木材加工计划 3. 确定水泥储存方式
2	特殊材料	1. 需要的品种、规格、数量 2. 试制、加工和供应情况 3. 进口材料和新材料	1. 制定供应计划 2. 确定储存方式
3	主要设备	1. 主要工艺设备的名称、规格、数量和供货单位 2. 分批和全部到货时间	1. 确定临时设施和堆放场地 2. 拟定防雨措施

建设地区社会劳动力和生活设施的调查内容　　附表 6

序号	项目	调查内容	调查目的
1	社会劳动力	1. 少数民族地区的风俗习惯 2. 当地能提供的劳动力人数、技术水平、工资费用和来源 3. 上述人员的生活安排	1. 拟定劳动力计划 2. 安排临时设施
2	房屋设施	1. 必须在工地居住的单身人数和户数 2. 能作为施工用的现有房屋栋数、每栋面积、结构特征、总面积、位置、水、暖、电、卫、设备状况 3. 上述建筑物的适宜用途，用作宿舍、食堂、办公室的可能性	1. 确定现有房屋为施工服务的可能性 2. 安排临时设施
3	周围环境	1. 主副食品供应，日用品供应，文化教育，消防治安等机构能为施工提供的支援能力 2. 邻近医疗单位至工地的距离，可能就医情况 3. 当地公共汽车、邮电服务情况 4. 周围是否存在有害气体、污染情况，有无地方病	安排职工生活基地，解除后顾之忧

参加施工的各单位能力调查内容　　附表 7

序号	项目	调查内容
1	工人	1. 工人数量、分工种人数，能投入本工程施工的人数 2. 专业分工及一专多能的情况、工人队组形式 3. 定额完成情况、工人技术水平、技术等级构成
2	管理人员	1. 管理人员总数，所占比例 2. 其中技术人员数，专业情况，技术职称，其他人员数
3	施工机械	1. 机械名称、型号、能力、数量、新旧程度、完好率，能投入本工程施工的情况 2. 总装备程度（马力/全员） 3. 分配、新购情况

续表

序号	项目	调 查 内 容
4	施工经验	1. 历年曾施工的主要工程项目、规模、结构、工期 2. 习惯施工方法，采用过的先进施工方法，构件加工、生产能力、质量 3. 工程质量合格情况，科研、革新成果
5	经济指标	1. 劳动生产率，年完成能力 2. 质量、安全、降低成本情况 3. 机械化程度 4. 工业化程度设备、机械的完好率、利用率

注：1. 来源：参加施工的各单位。
　　2. 目的：明确施工力量、技术素质，规划施工任务分配、安排。

临时加工厂所需面积参考资料 **附表 8**

序号	加工厂名称	年产量		单位产量所需建筑面积	占地总面积（m^2）	备　注
		单位	产量			
1	混凝土搅拌站	m^3	3200	0.022(m^2/m^3)	按砂石堆场考虑	400L 搅拌机 2 台
		m^3	4800	0.021(m^2/m^3)		400L 搅拌机 3 台
		m^3	6400	0.020(m^2/m^3)		400L 搅拌机 4 台
2	临时性混凝土预制厂	m^3	1000	0.25 (m^2/m^3)	2000	生产屋面板和中小型梁柱板等，配有蒸汽养护设施
		m^3	2000	0.20(m^2/m^3)	3000	
		m^3	3000	0.15(m^2/m^3)	4000	
		m^3	5000	0.125(m^2/m^3)	小于 6000	
3	半永久性混凝土预制厂	m^3	3000	0.6(m^2/m^3)	9000～12000	
		m^3	5000	0.4(m^2/m^3)	12000～15000	
		m^3	10000	0.3(m^2/m^3)	15000～20000	
4	木材加工厂	m^3	16000	0.0244(m^2/m^3)	18000～3600	进行原木、大方加工
		m^3	24000	0.0199(m^2/m^3)	2200～4800	
		m^3	30000	0.0181(m^2/m^3)	3000～5500	
	综合木工加工厂	m^3	200	0.30(m^2/m^3)	100	加工门窗、模板、地板、屋架等
		m^3	600	0.25(m^2/m^3)	200	
		m^3	1000	0.20(m^2/m^3)	300	
		m^3	2000	0.15(m^2/m^3)	420	
	粗木加工厂	m^3	5000	0.12(m^2/m^3)	1350	加工屋架、模板
		m^3	10000	0.10(m^2/m^3)	2500	
		m^3	15000	0.09(m^2/m^3)	3750	
		m^3	20000	0.08(m^2/m^3)	4800	
	细木加工厂	万 m^3	5	0.140(m^2/m^3)	7000	加工门窗、地板
		万 m^3	10	0.0114(m^2/m^3)	10000	
		万 m^3	15	0.0106(m^2/m^3)	14300	

续表

序号	加工厂名称	年产量		单位产量所需建筑面积	占地总面积(m^2)	备　注
		单位	产量			
5	钢筋加工厂	t	200	0.35(m^2/t)	280～560	加工、成型、焊接
		t	500	0.25(m^2/t)	380～750	
		t	1000	0.20(m^2/t)	400～800	
		t	2000	0.15(m^2/t)	450～900	
	现场钢筋拉直或冷拉	所需场地(长×宽)				
	拉直场	(70～80)×(3～4)(m^2)				包括材料及成品堆放
	卷扬机棚	15～20(m^2)				3～5t 电动卷扬机一台
	冷拉场	(40～60)×(3～4)(m^2)				包括材料及成品堆放
	时效场	(30～40)×(6～8)(m^2)				包括材料及成品堆放
	钢筋对焊	所需场地(长×宽)				
	对焊场地	(3～40)×(4～5)(m^2)				包括材料及成品堆放
	对焊棚	15～24(m^2)				寒冷地区应适当增加
	钢筋冷加工	所需场地(m^2/台)				
	冷拔、冷轧机	40～50				
	剪断机	30～50				
	弯曲机 Φ12 以下	50～60				
	弯曲机 Φ40 以下	60～70				
6	金属结构加工(包括一般铁件)	所需场地(m^2/t) 年产 500t 为 10 年产 1000t 为 8 年产 2000t 为 6 年产 3000t 为 5				按一批加工数量计算
7	石灰消化					每两个贮灰池配一套淋灰池和淋灰槽，每 600kg 石灰可消化 $1m^3$ 石灰膏
	贮灰池	5×3=15(m^2)				
	淋灰池	4×3=12(m^2)				
	淋灰槽	3×2=6(m^2)				
8	沥青锅场地	20～24(m^2)				台班产量 1～1.5t/台

现场作业棚所需面积参考资料　　附表 9

序号	名　称	单位	面积(m^2)	备　注
1	木工作业棚	m^2/人	2	占地为建筑面积的 2～3 倍
2	电锯房	m^2	80	863～914mm 圆锯 1 台
	电锯房	m^2	40	小圆锯 1 台
3	钢筋作业棚	m^2/人	3	占地为建筑面积的 3～4 倍
4	搅拌棚	m^2/台	10～18	
5	卷扬机棚	m^2/台	6～12	

续表

序号	名 称	单 位	面积(m^2)	备 注
6	烘炉房	m^2	30～40	
7	焊工房	m^2	20～40	
8	电工房	m^2	15	
9	百铁工房	m^2	20	
10	油漆工房	m^2	20	
11	机、钳工修理房	m^2	20	
12	立式锅炉房	m^2/台	5～10	
13	发电机房	m^2/kW	0.2～0.3	
14	水泵房	m^2/台	3～8	
15	空压机房(移动式)	m^2/台	18～30	
	空压机房(固定式)	m^2/台	9～15	

仓库面积计算所需数据参考指标 **附表 10**

序号	材料名称	储备天数(d)	每 m^2 储存量	堆置高度(m)	仓库类型
1	钢材	40～50	1.5t	1.0	露天
	工槽钢	40～50	0.8～0.9t	0.5	露天
	角钢	40～50	1.2～1.8t	1.2	露天
	钢筋(直筋)	40～50	1.8～2.4t	1.2	露天
	钢筋(盘筋)	40～50	0.8～1.2t	1.0	棚或库约占 20%
	钢板	40～50	2.4～2.7t	1.0	露天
	钢管 Φ200 以上	40～50	0.5～0.6t	1.2	露天
	钢管 Φ200 以下	40～50	0.7～1.0t	1.0	露天
	钢轨	20～30	2.3t	1.0	露天
	铁皮	40～50	2.4t	1.0	库或棚
2	生铁	40～50	5t	1.4	露天
3	铸铁管	20～30	0.6～0.8t	1.2	露天
4	暖气片	40～50	0.5t	1.5	露天或库
5	水暖零件	20～30	0.7t	1.4	库或棚
6	五金	20～30	1.0t	2.2	库
7	钢丝绳	40～50	0.7t	1.0	库
8	电线电缆	40～50	0.3t	2.0	库或棚
9	木材	40～50	0.8m^3	2.0	露天
	原木	40～50	0.9m^3	2.0	露天
	成材	30～40	0.7m^3	3.0	露天
	枕木	20～30	1.0m^3	2.0	露天
	棚	灰板条	20～30	5 千根	3.0

续表

序号	材料名称	储备天数(d)	每 m^2 储存量	堆置高度(m)	仓库类型
10	水泥	30～40	1.4t	1.5	库
11	生石灰(块)	20～30	1～1.5t	1.5	棚
	生石灰(袋装)	10～20	1～1.3t	1.5	棚
	石膏	10～20	1.2～1.7t	2.0	棚
12	砂、石子(人工堆置)	10～30	1.2m^3	1.5	露天
	砂、石子(机械堆置)	10～30	2.4m^3	3.0	露天
13	块石	10～20	1.0m^3	1.2	露天
14	红砖	10～30	0.5千块	1.5	露天
15	耐火砖	20～30	2.5t	1.8	棚
16	黏土瓦、水泥瓦	10～30	0.25千块	1.5	露天
17	石棉瓦	10～30	25张	1.0	露天
18	水泥管、陶土管	20～30	0.5t	1.5	露天
19	玻璃	20～30	6～10箱	0.8	棚或库
20	卷材	20～30	15～24卷	2.0	库
21	沥青	20～30	0.8t	1.2	露天
22	液体燃料润滑油	20～30	0.3t	0.9	库
23	电石	20～30	0.3t	1.2	库
24	炸药	10～30	0.7t	1.0	库
25	雷管	10～30	0.7t	1.0	库
26	煤	10～30	1.4t	1.5	露天
27	炉渣	10～30	1.2m^3	1.5	露天
28	钢筋混凝土板	3～7	0.14～0.24m^3	2.0	露天
	钢筋混凝土梁、柱	3～7	0.12～0.18m^3	1.2	露天
29	钢筋骨架	3～7	0.12～0.18t	—	露天
30	金属结构	3～7	0.16～0.24t	—	露天
31	钢件	10～20	0.9～1.5t	1.5	露天或棚
32	钢门窗	10～20	0.65t	2	棚
33	木门窗	3～7	30m^2	2	棚
34	木屋架	3～7	0.3m^3	—	露天
35	模板	3～7	0.7m^3	—	露天
36	大型砌块	3～7	0.9m^3	1.5	露天
37	轻质混凝土制品	3～7	1.1m^3	2	露天
38	水、电及卫生设备	20～30	0.35t	1	棚、库各约占1/4
39	工艺设备	30～40	0.6～0.8t	—	露天各约占1/2
40	多种劳保用品		250件	2	库

按系数计算仓库面积参考系数　　　　附表 11

序号	名称	计算基数(m)	单位	系数 φ	备　注
1	仓库(综合)	按年平均全员人数(工地)	m^2/人	0.7～0.8	陕西省统计手册
2	水泥库	按当年水泥用量的 40%～50%	m^2/t	0.7	黑龙江、安徽省用
3	其他仓库	按当年工作量	m^2/万元	1～1.5	
4	五金杂品库	按年建安工作量计算时	m^2/万元	0.1～0.2	
5	五金杂品库	按年平均在建建筑面积计算时	$m^2/100m^2$	0.5～1	原华东院施工组织设计手册
	土建工具库	按高峰年(季)平均全员人数	m^2/人	0.1～0.2	建研院、一机部一院资料
6	水暖器材库	按年平均在建建筑面积	$m^2/100m^2$	0.2～0.4	建研院、一机部一院资料
7	电器器材库	按年平均在建建筑面积	$m^2/100m^2$	0.3～0.5	建研院、一机部一院资料
8	化工油漆危险品仓库	按年建安工作量	m^2/万元	0.05～0.1	
9	三大工具堆场	按年平均在建建筑面积	$m^2/100m^2$	1～2	
	脚手、跳板、模板	按年建安工作量	m^2/万元	0.3～0.5	

临时道路路面种类和厚度　　　　附表 12

路面种类	特点及其使用条件	路基土	路面厚度(cm)	材料配合比
级配砾石路面	雨天照常通车，可通行较多车辆，但材料级配要求严格	砂质土	10～15	体积比： 黏土：砂：石子=1：0.7：3.5 重量比： 1. 面层：黏土 13%～15%，砂石料 85%～87% 2. 底层：黏土 10%，砂石混合料 90%
		黏质土或黄土	14～18	
碎(砾)石路面	雨天照常通车，碎(砾)石本身含土较多，不加砂	砂质土	10～18	碎(砾)石>65%，当地土含量≤35%
		砂质土或黄土	15～20	
碎砖路面	可维持雨天通车，通行车辆较少	砂质土	13～15	垫层：砂或炉渣 4～5cm 底层：7～10cm 碎砖 面层：2～5cm 碎砖
		黏质土或黄土	15～18	
炉渣或矿渣路面	可维持雨天通车，通行车辆较少，当附近有此项材料可利用时	一般土	10～15	炉渣或矿渣 75%，当地土 25%
		较松软时	15～30	

续表

路面种类	特点及其使用条件	路基土	路面厚度(cm)	材料配合比
砂土路面	雨天停车，通行车辆较少，附近不产石料而只有砂时	砂质土	15～20	粗砂50%，细砂、粉砂和黏质土50%
		黏质土	15～30	
风化石屑路面	雨天不通车，通行车辆较少，附近有石屑可利用	一般土	10～15	石屑90%，黏土10%
石灰土路面	雨天停车，通行车辆少，附近产石灰时	一般土	10～13	石灰10%，当地土90%

简易道路技术要求　　　　**附表13**

指标名称	单　位	技 术 标 准
设计车速	km/h	≤20
路基宽度	m	双车道6～6.5；单车道4.4～5；困难地段3.5
路面宽度	m	双车道5～5.5；单车道3～3.5
平面曲线最小半径	m	平原、丘陵地区20；山区15；回头弯道12
最大纵坡	%	平原地区6；丘陵地区8；山区11
纵坡最短长度	m	平原地区100；山区50
桥面宽度	m	木桥4～5
桥涵载重等级	t	木桥涵7.8～10.4(汽-6～汽-8)

各类车辆要求路面最小允许曲线半径　　　　**附表14**

车　辆	路面内侧最小曲线半径(m)		
	无拖车	有1辆拖车	有2辆拖车
小客车、三轮汽车	6	—	—
一般二轴载重汽车：单车道	9	12	15
双车道	7	—	—
三轴载重汽车、重型载重汽车、公共汽车	12	15	18
超重型载重汽车	15	18	21

行政、生活、福利、临时设施建筑面积参考资料(m^2/人)　　　　**附表15**

序号	临时房屋名称	指标使用方法	参考指标(m^2/人)	备　注
1	办公室	按干部人数	3～4	1. 本表根据全国收集到的有代表性企业、地区的综合资料。 2. 工区以上设置的会议室已包括在办公室指标内。 3. 家属宿舍应以施工期长短和距离基地情况而定，一般按高峰年平均职工人数的10%～30%考虑。 4. 食堂包括厨房、库房，应考虑工地就餐人数和几次进餐
2	宿舍	按高峰年(季)平均职工人数	2.5～3.5	
	单层通铺	扣除不在工地住宿人数	2.5～3.0	
	双层床		2.0～2.5	
	单层床		3.5～4.0	
3	食堂	按高峰年平均职工人数	0.5～0.8	
4	食堂兼礼堂	按高峰年平均职工人数	0.6～0.9	

续表

序号	临时房屋名称	指标使用方法	参考指标（m^2/人）	备　注
5	其他合计	按高峰年平均职工人数	0.5～0.6	1. 本表根据全国收集到的有代表性企业、地区的综合资料。 2. 工区以上设置的会议室已包括在办公室指标内。 3. 家属宿舍应以施工周期长短和离基情况而定，一般按高峰年平均职工人数的10%～30%考虑。 4. 食堂包括厨房、库房，应考虑工地就餐人数和几次进餐
	医务所	按高峰年平均职工人数	0.05～0.07	
	浴室	按高峰年平均职工人数	0.07～0.1	
	理发室	按高峰年平均职工人数	0.01～0.03	
	浴室兼理发	按高峰年平均职工人数	0.08～0.1	
	其他公用	按高峰年平均职工人数	0.05～0.10	
6	小型			
	开水房		10～40	
	厕所	按工地平均职工人数	0.02～0.07	
	工人休息室	按工地平均职工人数	0.15	

施工平面图图例　　**附表 16**

序号	名　称	图　例	序号	名　称	图　例
1	水准点	⊗ 点号/高程	9	建筑工地界线	
2	原有房屋		10	烟囱	
3	拟建正式房屋		11	水塔	
4	施工期间利用的拟建正式房屋		12	房角坐标	$x=1530$ $y=2156$
5	将来拟建正式房屋		13	室内地面水平标高	105.10
6	临时房屋：密闭式　敞篷式		14	现有永久公路	
7	拟建的各种材料围墙		15	施工用临时道路	
8	临时围墙	—×—×—	16	临时露天堆场	

续表

序号	名　称	图　例	序号	名　称	图　例
17	施工期间利用的永久堆场		32	脚手、模板堆场	
18	土堆		33	原有的上水管线	
19	砂堆		34	临时给水管线	s s
20	砾石、碎石堆		35	给水阀门(水嘴)	
21	块石堆		36	支管接管位置	s
22	砖堆		37	消火栓(原有)	
23	钢筋堆场		38	消火栓(临时)	L
24	型钢堆场	LIE	39	原有化粪池	
25	铁管堆场		40	拟建化粪池	
26	钢筋成品场		41	水源	水
27	钢结构场		42	水源	
28	屋面板存放场		43	汽车式起重机	
29	一般构件存放场		44	缆式起重机	
30	矿渣、灰渣堆		45	铁路式起重机	
31	废料堆场		46	多斗挖土机	

续表

序号	名　称	图　例	序号	名　称	图　例
47	总降压变电站		59	卷扬机	
48	发电站		60	履带式起重机	
49	变电站		61	灰浆搅拌机	
50	变压器		62	洗石机	
51	投光灯		63	打桩机	
52	电杆		64	脚手架	
53	现有高压 6kV 线路	-WW6——WW6-	65	推土机	
54	施工期间利用的永久高压 6kV 线路	—LWW6—LWW6—	66	铲运机	
55	塔轨		67	混凝土搅拌机	
56	塔吊		68	淋灰池	灰
57	井架		69	沥青锅	
58	门架		70	避雷针	

参　考　文　献

［1］ 危道军．建筑施工组织．北京：中国建筑工业出版社，2008.
［2］ 李文倩．建筑工程施工组织．武汉：中国地质大学出版社，2012.
［3］ 魏鸿汉．建筑施工组织设计．北京：中国建筑工业出版社，2005.
［4］ 蔡雪峰．建筑施工组织．武汉：武汉理工大学工业出版社，2003.
［5］ 工程网络计划技术规程(JGJ/T 121—99). 北京：中国建筑工业出版社，2000.
［6］ 建设工程项目管理规范(GB/T 50326—2006). 北京：中国建筑工业出版社，2006.
［7］ 建筑施工手册(第五版缩印本). 北京：中国建筑工业出版社，2010.
［8］ 胡伦坚．建设工程专项施工方案编制．北京：机械工业出版社，2012.
［9］ 建筑工程施工质量验收统一标准(GB 50300—2001). 北京：中国建筑工业出版社，2001.